冶金工业出版社

普通高等教育“十四五”规划教材

热工测量仪表同步导学

孟繁锐　邹晓彬　编著

李先春　主审

扫码查看数字资源

北　京
冶　金　工　业　出　版　社
2024

内 容 提 要

本书是《热工测量仪表》教材的同步导学辅导书。全书共分5章，每章的结构包括重点、难点、关键词、知识体系、习题及解答，并增加了知识扩容等内容。本着加强基础、拓展专业、培养学生的自学能力和知识更新能力的原则，本书与热工基础实验内容相结合，增加了湿度测量和热量测量的原理与方法，以及与热工测量仪表密切相关的热工基础实验介绍。

本书可供高等院校能源与动力工程专业的师生阅读，也可供相关工程技术人员自学使用。

图书在版编目(CIP)数据

热工测量仪表同步导学／孟繁锐，邹晓彬编著．—北京：冶金工业出版社，2024.1

普通高等教育“十四五”规划教材

ISBN 978-7-5024-9709-5

Ⅰ.①热…　Ⅱ.①孟…　②邹…　Ⅲ.①热工仪表—高等学校—教学参考资料　Ⅳ.①TH81

中国国家版本馆 CIP 数据核字(2024)第003931号

热工测量仪表同步导学

出版发行	冶金工业出版社	**电　话**	(010)64027926
地　址	北京市东城区嵩祝院北巷39号	**邮　编**	100009
网　址	www.mip1953.com	**电子信箱**	service@mip1953.com

责任编辑　高　娜　美术编辑　吕欣童　版式设计　郑小利

责任校对　李欣雨　责任印制　禹　蕊

北京捷迅佳彩印刷有限公司印刷

2024年1月第1版，2024年1月第1次印刷

787mm×1092mm　1/16；10.5印张；253千字；160页

定价 49.00 元

投稿电话　(010)64027932　投稿信箱　tougao@cnmip.com.cn

营销中心电话　(010)64044283

冶金工业出版社天猫旗舰店　yjgycbs.tmall.com

(本书如有印装质量问题，本社营销中心负责退换)

前　言

热工测量技术是在热工基础理论的指导下，涉及多方面知识的一门特殊学科。“热工测量仪表”是高等院校能源与动力工程专业的必修专业课之一，在全国各工科院校中普遍开设。如今科学技术迅速发展，生产规模不断扩大，自动化水平也随之提高，对热工测量仪表的监测精确度也提出了更高要求。本书为张华和赵文柱编著的《热工测量仪表》教材的同步导学辅导书，目的在于使本科生更加全面、准确地掌握热工仪表的知识系统，培养学生的自学能力和知识更新能力。

本书分为5章，主要介绍了温度、压力、流量和物位等热工参数的测量原理，以及测量误差的分析。每章的结构包括重点、难点、关键词、知识体系和知识扩容等。为了加强学生对知识点的思考与理解，本书每章都提供了《热工测量仪表》教材之外的例题。此外，对应教材每章习题，本书提供了答案。结合热工测量及热工实验原理，在每章知识扩容小节里用一定的篇幅介绍了现代测试新技术和新方法，使读者从不同角度去理解并思考工程问题，对热工测量仪表有一个更全面的了解。

本书是在参考《热工测量仪表》教材的基础上完成的，同时在编写过程中也参考了其他文献资料，并得到了作者同事和研究生的大力支持，在此，一并表示诚挚的谢意。

由于编者水平所限，书中难免有疏漏及不足之处，恳请广大读者批评指正。

编　者

2023年6月

于辽宁科技大学

目　录

1 绪论

测量（measurement）是人类对自然界中的客观事物通过数量描述而达到掌握其本质和揭示自然界规律的一种手段。无论是工业生产还是科学实验，一旦离开了测量，就必然会给工作带来巨大的盲目性。只有通过可靠的测量，正确地判断测量结果的意义，才有可能进一步解决自然科学和工程技术上提出的问题。热工检测是指以确定热工过程有关参数量值为目的的操作。热工测量技术是在热工基础理论的指导下，涉及多种知识领域的一门特殊学科。因为不论是自然界还是各工程技术领域，都涉及热和能相关的许多参数，如压力、温度、热流、热焓、液位和振动等。要了解并利用和控制这些参数，离不开对它们的测量，而用来测量热工参数的仪表就称为热工测量仪表。

1.1 重点

(1) 测量方法、测量分类、测量系统及组成。

(2) 评定仪表等级的技术指标。

(3) 误差分析及处理方法。

1.2 难点

(1) 测量不确定度的评定。

(2) 评定仪表的技术指标及相关计算。

(3) 测量误差分析及相关计算。

1.3 关键词

测量；直接测量；间接测量；等精度测量；测量误差；约定真值；相对真值；系统误差；随机误差；精确度；不确定度；传感器；变换器；显示装置；传输通道。

1.4 知识体系

1.4.1 测量的基本知识

测量是以确定被测对象量值为目的的操作，是对客观事物取得数量概念的一种认识过程。

测量方法就是实现被测量与标准量比较的方法。具体是指通过实验手段，将被测量的物理量与选取单位的同类量进行比较，确定被测参数的过程。有意义的测量结果必须满足以下条件：用来进行比较的标准量应该是国际或国家所公认的，且性能稳定；进行比较所用的方法和仪器必须经过验证。

一般测量过程都需要通过测量系统来实现。通常某一物理量的测量需要若干个测量设备按一定的方式进行组合。例如测量水的流量时，首先需要一种感受元件，常用标准孔板获得与流量有关的压差信号，并将这种物理信号传递出来，感受元件也称为一次仪表；随后差压信号经过转换、运算，变成电信号，再通过连接导线将电信号传送到显示仪表，显示出被测流量值。用于转换信号和显示信号的仪表我们称为二次仪表。

1.4.2 测量的构成要素

一个完整的测量包括六要素：测量对象与被测量，测量环境，测量方法，测量单位，测量资源（测量仪器与辅助设施，测量人员等），以及数据处理和测量结果。

按照测量参数结果的获得途径将测量分为直接测量、间接测量和组合测量。直接测量是指被测量参数的数值可以直接在测量仪器上指示或者显示出来。将被测量与选用的标准量进行比较，或者用预先标定好的测量仪表进行测量，从而直接求得被测量的数值。例如温度计测量温度，万用表测量电流、电压和电阻等。间接测量是指被测量参数的数值不能直接由测量仪器提供，而是直接测得的相关参数值，以某种确定函数关系（公式、曲线或表格）计算间接获得最终的被测参数数值。例如测量一段管路的阻力损失系数，首先要测量出管路的特征速度和阻力损失，然后利用函数关系式计算阻力损失系数；再比如测量过热蒸汽的质量流量，需要直接测量过热蒸汽的温度和压力，再经过计算获得过热蒸汽的质量流量。组合测量是指以直接测量或间接测量的方式，并使各个未知量以不同的组合形式出现进行测量，根据测量所获得的数据，通过解联立方程组求得未知量的数值。组合测量法在实验室和其他一些特殊场合的测量中使用较多，例如建立测压管的方向特性、总压特性和速度特性曲线的经验关系式等。

绝对测量和相对测量的概念比较宽泛，举例来说，测量管道中两个不同位置的绝对压力值，即是绝对测量，测量这两个位置的压力差，即为相对测量。

偏差测量法在工程上应用最广泛，它是指用事先分度好的测量仪表进行测量，根据被测量引起的显示器的偏移值直接读出被测量的值。例如万用表测量电压和电流。

零位测量法是指用被测量与标准量相比较，用零式器指示被测量与标准量相等，即平衡时可获得被测量数值。例如用电桥和指零仪测量阻抗，用天平测量物体质量，以及电位差计测量电压等。

微差测量法是通过测量待测量与基准量之差来得到待测量量值。例如测量直流稳压源的稳定度。

1.4.3 测量分类

在测量活动中，为满足对被测对象的不同测量要求，依据不同的测量条件，可以从不同角度来对测量进行分类。

静态测量是指在测量过程中被测量可以认为是固定不变的。工程上通常把那些变化速度相对于测量速度十分缓慢的量的测量，按静态测量处理。例如用激光干涉仪对建筑物的缓慢沉降进行长期监测。

动态测量是指被测量随时间而具有明显的变化，如光导维陀螺仪测量火箭的飞行速度。

等精度测量是指在整个测量过程中，如果影响和决定误差大小的全部因素始终保持不变，比如由同一个测量者，用同一台仪器、同样的测量方法，在相同的环境条件下，对同一被测量进行多次重复测量的测量方法。当然，在实际中极难做到影响和决定误差大小的全部因素（条件）始终保持不变，因此一般情况下只能是近似认为是等精度测量。

不等精度测量是指在科学研究或高精度测量中，往往在不同的测量条件下，用不同精度的仪表、不同的测量方法、不同的测量次数，以及不同的测量者进行测量和对比的测量方法。理论推导发现，不等精度测量中权的大小与相应测量列的算术平均值标准差的平方成反比关系。

1.4.4 测量误差与测量不确定度

由于测量原理的局限和简化、测量方法不完善等因素，造成测量结果不能准确地反映被测量的真值而存在测量误差。

1.4.4.1 测量误差

对某一物理量不论是静态参数还是动态参数的测量，通过仪器所得到的测量结果相对于其客观存在来说，都是一种近似。假设实际客观存在的为真值，但是真值很难测到，因为不论测量系统的精度有多高，多么完善，总是存在一定的误差。因此，只有在得到测量结果的同时，指出测量误差的范围，所得的测量结果才是有意义的。测量误差分析的目的，就是根据测量误差的规律性，找出消除或减少误差的方法，科学地表达测量结果，合理地设计测量系统。

误差的数学表达式为：

$$\Delta x = x - \mu \tag{1-1}$$

式中 Δx——测量误差；

x——测量结果；

μ——真值。

Δx 称为测量的绝对误差，也可称为测量误差，其值可正可负。

测量过程中无数随机因素的影响使得即使在同一条件下对同一对象进行重复测量也不会得到完全相同的测定值。被测量总是要对传感器施加能量才能使测量系统给出测定值，这就意味着任何测定值都只能近似地反映被测量的真值。在实际测量中，一般将相对高一级的仪器测量值近似为真值。除此之外，还可以用一个与真值最接近的最佳值，即测量次数无限大时等精度测量下的算术平均值，其定义式为：

$$\overline{X} = \frac{1}{n}\sum_{i=1}^{n} X_i \tag{1-2}$$

式中 $\overline{X}$——等精度测量算术平均值；

X_i——各测量值，$i=1, 2, 3, \cdots, n$；

对于相同的被测量，用绝对误差可以评定其测量精度的高低。但对于不同的被测量，则应采用相对误差来评定，其数学表达式为：

$$\delta = \frac{\Delta X}{M} \times 100\% \tag{1-3}$$

式（1-3）中，根据 M 取值的不同，δ 代表不同形式的相对误差：当 M 取真值时，δ 为实际相对误差；当 M 取测量仪表的指示值时，δ 为标称（示值）相对误差；当 M 取测量仪表的满量程值时，δ 为引用相对误差。当 ΔX 取最大绝对误差时，δ_{max} 为最大引用误差。δ_{max} 是测量系统的主要质量指标，它表征测量系统的测量准确度，其值越大，表示测量系统的准确度越低；其值越小，表示测量系统的准确度越高。

1.4.4.2 误差的分类

在等精度测量过程中，根据误差的来源不同，可以将误差分为系统误差、随机误差和粗大误差。

系统误差也称为工具误差或者方法误差，是测量系统不完善或工作原理不完善所引起的。特点是当对同一被测量进行多次测量时，误差的大小和符号或者保持恒定，或者按一定的规律变化。前者称为恒值系统误差，后者称为变值系统误差。其中变值系统误差还可以分为累进系统误差、周期性系统误差和复杂规律变化的系统误差。比如仪表指针零点偏移产生的系统误差为恒值系统误差，电子电位差计滑线电阻的磨损会引起累进系统误差，被电磁场干扰的测量现场通常会引起周期性系统误差。引起系统误差的因素主要有四个方面：（1）测量仪器。包括仪器机构设计原理的缺陷、仪器零件制造偏差或安装不正确、电路的原理误差和电子元器件性能不稳定等。例如把运算放大器作为理想运放时忽略输入阻抗、输出阻抗等引起的误差。（2）环境。测量时实际环境条件相对于标准环境条件的偏差，以及状态参数按一定规律变化引起的误差。（3）测量方法。由于测量系统或工作原理不完善等因素引起的误差。（4）测量人员。测量时由于人员估读方式，以及动态测量时记录信号存在滞后所引起的误差。

随机误差是指在等精度测量条件下，由于大量的偶然因素，如气温和电源电压的微小波动、气流的微小改变等，多次测量同一物理量时的测量误差。其结果或大或小，而且符号都不固定，具有随机变量的特点。但对于一系列重复测量值来说，误差的分布服从统计规律，可以通过数理统计的方法处理。因此，随机误差只有在不改变测量条件的情况下，对同一被测量进行多次测量才能计算出来，随机误差越大，表明测量精度越差。随机误差和系统误差两者之间并无绝对的界限，在一定的条件下可以相互转化。对于某一具体误差，在某一条件下为系统误差，而在另一条件下可为随机误差。随着人们对误差认识的深入研究，部分曾归为随机误差的现象有可能作为系统误差被分离出来。注意，有一些变化规律复杂、难以消除或没有必要花费大代价消除的系统误差，常作为随机误差处理。

粗大误差是指测量结果中有非常明显的误差，也称为过失误差。含有粗大误差的测量值称为坏值，其原因是多方面的，如测量者的过失，读错、记错测量值，或者操作失误，测量系统突发故障等。在测量中当出现坏值时，应重新测量，不可轻易剔除。在还未知误差性质时，应按照以下方法进行处理：（1）将可疑值放在一边，先将其余测量值计算出算术平均值和平均绝对误差；（2）计算该可疑值与算术平均值的差值，如果其大于平均绝对误差的 4 倍，则可以被认定为坏值，将其剔除。

以上三类误差都会使测量结果偏离真值，影响测量结果。采用准确度、正确度和精密度来衡量测量结果与真值的接近程度。

准确度是指仪器显示值与被测量物理量真值的偏离程度，它反映了测量装置的系统误差大小。系统误差越小，准确度越高。

精密度是指仪器测量结果的分散程度。精密度的高低反映了随机误差的大小，随机误差越小，精密度越高。注意，一个测量系统准确度高，未必精密度高。真正反映仪器综合性能的指标是正确度。

正确度，也可称为精确度，即精度。它是准确度和精密度的综合指标，表示测量结果与被测量真值之间的一致程度。将测量过程中计算得到的最大引用误差 δ_{max} 去掉%后，所得值即为仪表的精度等级。一般的仪器设备都要标出它的精确度等级，普通热工仪表将精确度分为0.1、0.2、0.5、1.0、1.5、2.5和5.0七个等级。例如精度等级为1.0的仪表，表示了该仪器的允许误差值不超过满量程的±1%。可见，精度等级越低，档次越高。在精度相同的条件下，选择仪器的量程不宜过大，因为量程越大，其绝对误差也越大。因此，在选用仪表时，不应单纯追求精度等级越高越好，而应根据被测量的大小，兼顾仪表的级别和测量上限合理地选择仪表，估计最大测量值在满量程的三分之二左右较为合适。例如某待测的电压为100V，现有0.5级0~300V和1.0级0~120V两个电压表，通过式（1-3）计算可得到0.5级电压表的测量最大绝对误差是1.5V，而1.0级电压表的测量最大误差是1.2V，所以选精度较低的1.0级反而更合适。

1.4.4.3 测量不确定度的评定

除了粗大误差，系统误差和随机误差往往不容易辨别，两者有可能同时存在，没有绝对的界限。在直接测量中，一般重视对随机误差进行估计。根据随机误差的性质，确定实际误差的大小、极限误差及概率分布，用平均误差或均方误差作为测量精度的判断标准。不确定度与测量结果相关联，用于合理表征被测量值分散性的大小。其评定方法分为A和B两类，A类以实验标准差表征，B类以估计的标准差表征。测量不确定度是说明测量分散性的参数，因此，在分析不确定度之前，应首先了解随机误差特性。

随机误差是偶然误差，但当等精度测量次数无限大时，测量结果在总体上会遵循一定的统计规律。大量的测量实践证明，测量值随机误差的概率密度分布服从正态分布，也称为高斯误差分布，其具有四条公理：(1) 有界性。在一定的测量条件下，测量的随机误差总是在一定的、相当窄的范围内变动，绝对值很大的误差出现的概率接近于零，即有极大误差的上限。(2) 单峰性。即绝对值小的误差比绝对值大的误差出现的概率大。(3) 对称性。大小相等、方向相反的随机误差出现的概率相同，其分布呈对称性。(4) 相消性。在等精度测量条件下，当测量次数趋于无穷时，各次测量的随机误差的代数和趋于零。即

$$\lim_{n\to\infty}\sum_{i=1}^{n}\delta_i = 0 \tag{1-4}$$

式中 δ_i——各测量点的绝对误差，$i=1, 2, 3, \cdots, n$。

根据式（1-4）求算术平均值：

$$\lim_{n\to\infty}\frac{1}{n}\sum_{i=1}^{n}\delta_i = \lim_{n\to\infty}\frac{1}{n}\sum_{i=1}^{n}(X_i-\mu) = 0$$

可见，此时测量的平均值接近于被测量的真值 μ。

高斯于1795年提出随机误差的概率密度分布规律，分布密度函数表达式为：

$$f(\delta)=\frac{1}{\sigma\sqrt{2\pi}}\exp\left(-\frac{\delta^2}{2\sigma^2}\right) \tag{1-5}$$

式中 δ——测量值的绝对误差；

σ——均方误差或标准误差，或标准偏差。

其中，绝对误差计算公式为式（1-1）。真值 μ 可用式（1-2）计算得到，即概率论中的数学期望。标准误差 σ 是概率论中方差的平方根，表征测量值在真值周围的离散程度，其数学表达式为：

$$\sigma=\lim_{n\to\infty}\sqrt{\frac{1}{n}\sum_{i=1}^{n}\delta^2}=\lim_{n\to\infty}\sqrt{\frac{1}{n}\sum_{i=1}^{n}(X-\mu)^2} \tag{1-6}$$

概率密度分布规律说明，σ 越小，随机误差的离散性越小，或者说小误差出现的概率越大，表明测量的精度越高。反之，σ 越大，曲线越平坦，随机误差的离散性越大，测量精度越低。因此，常用 σ 作为判断测量精度的标准。但是，σ 并不是一个具体的误差。σ 的数值大小只不过说明在一定条件下进行一列等精度测量时，随机误差出现的概率密度分布情况。在这一条件下，每进行一次测量，绝对误差 δ 的数值或大或小，或正或负，完全是随机的，出现的具体误差值恰好等于 σ 值的可能性较低。如果测量的分辨率或灵敏度足够高，就有可能发现 δ 和 σ 之间的差异。在一定的测量条件下，误差 δ 的分布是完全确定的，σ 也是完全确定的。因此，在一定条件下进行等精度测量时，任何单次测定值的具体误差 δ 可能都不等于 σ，但我们却认为这一列测定值具有同样的均方误差 σ。不同条件下进行的两列等精度测量，通常 σ 值不相等。

随机误差的性质决定了在测量过程中不可能准确地获得单个测定值的具体误差 δ 数值，只能在一定的概率意义之下估计测量随机误差的范围，或者求得误差出现在某个区间的概率。

由于随机误差的对称性，所以对称区间［$-a$，a］中随机误差 δ 出现的概率可通过积分来计算：

$$P\{-\alpha\leqslant\delta\leqslant\alpha\}=P\{|\delta|\leqslant\alpha\}=2\int_0^{\alpha}\frac{1}{\sigma\sqrt{2\pi}}\exp\left(-\frac{\delta^2}{2\sigma^2}\right)\mathrm{d}\delta \tag{1-7}$$

$$\alpha=k\sigma \tag{1-8}$$

式中 k——置信系数；

σ——标准误差；

$k\sigma$——随机不确定度；

P——置信概率，即测量结果的高概率存在范围，介于（0，1）之间，常用百分数表示。

［$-a$，a］这个范围内为置信区间，其上、下限称为置信限。a 为显著性水平，表示随机误差落在置信区间以外的概率，它和 P 的关系为 $P+a=1$。

误差与不确定度是完全不同的两个概念，不应该混淆或误用。测量误差表示测量结果偏离真值的程度，而测量不确定度表征被测量的分散性。

1.4.4.4　*标准偏差的估计*

由于多数情况下测量值及其误差都服从正态分布，所以求得正态分布的特征参数 μ 和

σ 就可以将被测量的真值和测量精密度确定下来。但 μ 和 σ 都是当测量次数趋于无穷大时的理论值，而实际测量过程中测量次数无法达到无穷次，因此，在有限测量次数下，通常选择 μ 和 σ 的最佳估计值作为特征参数。

在真值未知的情况下，可根据有限次测量值的算术平均值计算残差 v_i：

$$v_i = X_i - \overline{X} \quad (i = 1,\ 2,\ \cdots,\ n) \tag{1-9}$$

残差也称为残余误差，实际上相当于没有取绝对值的平均误差。对某个物理量进行 n 次测量，其残差和为：

$$\sum_{i=1}^{n} v_i = \sum_{i=1}^{n} X_i - n\overline{X}$$

即

$$\frac{1}{n}\sum_{i=1}^{n} v_i = \frac{1}{n}\sum_{i=1}^{n} X_i - \overline{X} = \overline{X} - \overline{X} = 0$$

这里，$n \neq 0$，只有 $\sum\limits_{i=1}^{n} v_i = 0$，这一点正好符合随机误差的相消性质。

根据式（1-1），各测量值与真值的绝对误差为 $\delta_i = X_i - \mu$。

对式（1-1）两边求和：

$$\sum_{i=1}^{n} \delta_i = \sum_{i=1}^{n} X_i - n\mu$$

$$\Rightarrow \frac{1}{n}\sum_{i=1}^{n} \delta_i = \overline{X} - \mu$$

便有绝对误差：

$$\delta = \overline{X} - \mu \tag{1-10}$$

式（1-10）与定义式（1-1）并不相违背，这里的测量值用 $\overline{X}$ 来代替。

式（1-10）可以写成 $\delta_i = X_i - \overline{X} + \overline{X} - \mu$，即

$$\delta_i = v_i + \delta \tag{1-11}$$

对于 n 次测量，存在

$$\delta_1 = v_1 + \delta$$
$$\delta_2 = v_2 + \delta$$
$$\vdots$$
$$\delta_n = v_n + \delta$$

将上式两边相加得到 $\sum\limits_{i=1}^{n} \delta_i = \sum\limits_{i=1}^{n} v_i + n\delta$。

根据随机误差的相消性，$\sum\limits_{i=1}^{n} v_i = 0$，上式便成为：

$$\sum_{i=1}^{n} \delta_i = n\delta \tag{1-12}$$

将式（1-12）两边平方得：

$$\delta^2 = \frac{1}{n^2}\left(\sum_{i=1}^{n} \delta_i\right)^2 \tag{1-13}$$

将式（1-11）两边平方后再相加：

$$\delta_i^2 = (v_i + \delta)^2$$
$$\delta_1^2 = (v_1 + \delta)^2$$
$$\delta_2^2 = (v_2 + \delta)^2$$
$$\vdots$$
$$\delta_n^2 = (v_n + \delta)^2$$

$$\Rightarrow \sum_{i=1}^{n} \delta_i^2 = \sum_{i=1}^{n} (v_i + \delta)^2 \Rightarrow \sum_{i=1}^{n} \delta_i^2 = \sum_{i=1}^{n} v_i^2 + 2n^2\delta \sum_{i=1}^{n} v_i + n\delta^2$$

再由 $\sum_{i=1}^{n} v_i = 0$，得到：

$$\sum_{i=1}^{n} \delta_i^2 = \sum_{i=1}^{n} v_i^2 + n\delta^2 \tag{1-14}$$

将式（1-13）代入式（1-14），可得：

$$\sum_{i=1}^{n} \delta_i^2 = \sum_{i=1}^{n} v_i^2 + \frac{1}{n}\left(\sum_{i=1}^{n} \delta_i\right)^2 \tag{1-15}$$

由随机误差的对称性，$\sum_{i=1}^{n} \delta_i^2 \approx \left(\sum_{i-1}^{n} \delta_i\right)^2$，将其代入式（1-15）：

$$\sum_{i=1}^{n} \delta_i^2 = \sum_{i=1}^{n} v_i^2 + \frac{1}{n} \sum_{i-1}^{n} \delta_i^2 \tag{1-16}$$

由式（1-6）标准偏差的定义，可得 $\sigma^2 = \frac{1}{n} \sum_{i=1}^{n} \delta_i^2$，再将其代入式（1-16），成为：

$$n\sigma^2 = \sum_{i=1}^{n} v_i^2 + \sigma^2$$

于是可以整理出：

$$\sigma = \sqrt{\frac{\sum_{i=1}^{n} v_i^2}{n-1}} = \sqrt{\frac{\sum_{i=1}^{n} (X_i - \overline{X})^2}{n-1}} \tag{1-17}$$

式（1-17）就是贝塞尔（Bessel）公式，可以用来计算均方误差、标准误差或标准偏差。式中，$n-1$ 为自由度，根据随机误差的相消性，有残差 $\sum_{i=1}^{n} v_i^2 = 0$ 的性质，所以 n 个残差中只有 $n-1$ 个是独立的，这是自由度为 $n-1$，而不是 n。在仪表检定等工作中，如果通过标准仪表或定义点获知了约定真值 μ，则 n 个重复测量值的自由度就是 n。标准偏差用式（1-6）进行计算。

利用贝塞尔（Bessel）公式计算得到标准偏差即是测量列的实验标准差，体现了整个一组测量值 x_i 的重复性和复现性的好坏。可以认为它是无穷次测量标准偏差的估计值。

测量列中的每个测量值均围绕测量列的期望值波动。当若干组测量列时，它们各自的平均值也散布在期望值附近，服从正态分布，但比单个测量值更靠近期望值。因此，多列测量的平均值比单列测量值更准确。算术平均值标准误差为：

$$\sigma_{\bar{x}} = \sqrt{\frac{\sum_{i=1}^{n}(X_i - \bar{X})^2}{n(n-1)}} \tag{1-18}$$

对比式（1-17）和式（1-18），可见，测量值算术平均值的标准误差只有测量值标准误差的$\frac{1}{\sqrt{n}}$，体现了算术平均值的更高精密度。但是测量次数 n 并非越多越好。如图 1-1 所示，由于是平方根关系，在 n 超过 20 次时，再增加测量次数，所取得的效果就不明显了。此外，很难做到长时间的重复测量而保持测量对象和测量条件稳定。

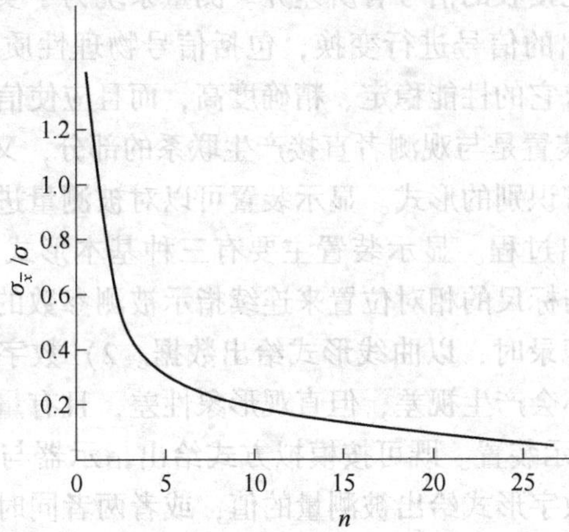

图 1-1　$\sigma_{\bar{x}}/\sigma$ 值与 n 的关系曲线

相对于较为复杂的计算，有一种估算标准偏差的快速方法，最大残差法，即指在一系列的残差值中取其最大值，数学表达式如下：

$$\sigma = k_n |v_i|_{\max} \tag{1-19}$$

式中　k_n——极差系数，与测量次数 n 值有关，其值可通过极差法系数表获取。

1.4.5 测量系统

1.4.5.1 测量系统的组成

为实现一定的测量目的而将多个测量设备组合在一起，形成的系统称为测量系统。测量系统的构成与生产过程的自动化水平密切相关。测量系统由测量设备和被测对象组成。在现代化的测量系统中，还应该包括控制功能，由控制功能对输入信号进行分析，然后发出指令执行下一步操作，如图 1-2 所示。

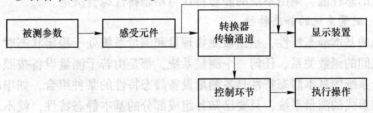

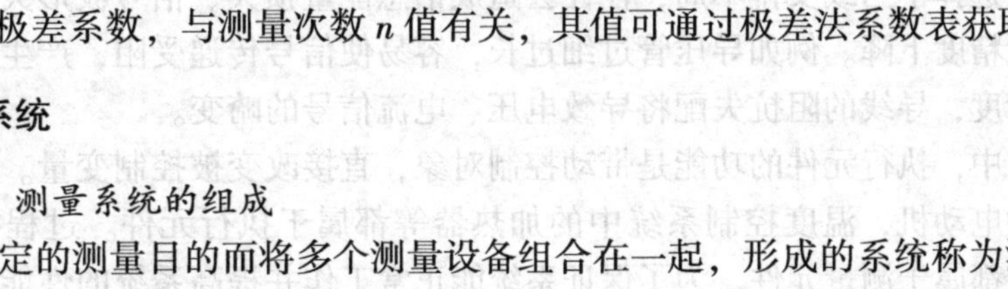

图 1-2　测量系统的组成

（1）感受元件。感受元件也称为传感器，即1.4.1节所说的一次仪表，是与被测对象直接产生联系的部分。它将被测量按一定规律转换成便于处理和传输的信号。一个理想的传感器应满足三个方面的要求：1）传感器输入与输出之间应该有稳定的单值函数关系。2）传感器应该只对被测量的变化敏感，而对其他一切可能的输入信号（包括噪声信号）不敏感。3）在测量过程中，传感器应该不干扰或尽量少干扰被测介质的状态。

（2）转换器。转换器将传感器输出的信号变换成显示装置易于接收的信号，这种信号变换可能是物理性质的变换，也可能是将同性质的物理量加以放大。通常传感器输出的信号一般是某种物理变量，如位移、压差、电阻、电压等。在大多数情况下，它们在性质、强弱上总是与显示元件所能接收的信号有所差异。测量系统为了实现某种预定的功能，必须通过转换器对传感器输出的信号进行变换，包括信号物理性质的变换和信号数值的变换。对于传感器，不仅要求它的性能稳定、精确度高，而且应使信息损失最小。

（3）显示装置。显示装置是与观测者直接产生联系的部分，又称为二次仪表。它将被测量信号变成能为人们感官识别的形式。显示装置可以对被测量进行指示、记录，有时还带有调节功能，以控制输出过程。显示装置主要有三种基本形式：1）模拟式显示装置。最常见的结构是以指示器与标尺的相对位置来连续指示被测参数的值。其结构简单、价格低廉，但容易产生视差。记录时，以曲线形式给出数据。2）数字式显示装置。直接以数字形式给出被测量的值，不会产生视差，但直观形象性差，且有量化误差。记录时，可以打印输出数据。3）屏幕显示装置。既可按模拟方式给出指示器与标尺的相对位置、参数的变化曲线，也可直接以数字形式给出被测量的值，或者两者同时显示，它是目前最为先进的显示方式。屏幕显示具有形象并能够显示大量数据的优点，便于比较判断。

如果测量系统各环节是分离的，那么就需要把信号从一个环节送到另一个环节。实现这种功能的元件称为传输通道，其作用是建立各测量环节输入、输出信号之间的联系。传输通道一般比较简单，但有时也可能相当复杂。导线、导管、光导纤维、无线电通信，都可以作为传输通道的一种形式。正因为传输通道一般较为简单，所以容易被忽视。实际上，传输通道选择不当或安排不周，往往会造成信息能量损失、信号波形失真、引入干扰等，致使测量精度下降。例如导压管过细过长，容易使信号传递受阻，产生延迟，影响动态压力测量精度，导线的阻抗失配将导致电压、电流信号的畸变。

控制环节中，执行元件的功能是带动控制对象，直接改变被控制变量。例如机电控制系统中的各种电动机，温度控制系统中的加热器等都属于执行元件。过程控制中的变送器、感受元件都属于测量元件。为了保证系统能正常工作并提高系统的性能，控制系统中还要另外补充一些元件，这些元件统称为补偿元件，又称校正元件。常用的补充元件有模拟电子线路、计算机、部分测量元件等。

测量系统的总性能，则由系统的静态特性与动态特性综合决定。

1.4.5.2 测量系统的静态特性。

测量系统的基本静态特性，是指被测物理量和测量系统处于稳定状态时，系统的输出量与输入量之间的函数关系。任何一个测量系统，都是由若干测量设备按照一定方式组合而成的。整个系统的基本静态特性是各测量设备静态特性的某种组合，如串联，并联和反馈。对于任何形式的测量系统，只要已知各组成部分的基本静态特性，就不难求得测量系统的总静态特性。

测量系统的基本静态特性可以通过静态校准来求取。在对系统校准并获得一组校准数据之后，可以用最小二乘法求取一条最佳拟合曲线，可将此曲线作为测量系统的基本静态特性曲线。

1.4.5.3 测量系统的动态特性

测量系统的动态特性是指在动态测量时测量系统输出量与输入量之间的关系，其数学表达式称为系统的动态数学模型，由系统本身的物理结构决定，可以通过支配具体系统的物理定律来获得。研究测量系统的动态特性时，广泛采用的数学模型是常系数线性微分方程。但是，一些实际测量系统不可能在相当大的工作范围内都保持线性。例如，在大信号作用下，测量系统的输出可能出现饱和，在小信号作用下，测量系统可能存在死区。在低速工作时可以看成线性的系统，在高速工作时却是非线性的（如阻尼器）。为了避免由于非线性因素而造成数学分析上的困难，人们总是忽略某些影响较小的物理特性，通过适当的假设，把一般测量系统当作线性定常系统来处理。尽管这样的处理可能会使测量系统的准确性受到一定的影响，但研究这种理想测量系统的动态特性仍然是最基本的方法。

1.4.5.4 测量系统的静态性能指标

在静态测量条件下，测量系统的输入量与输出量之间在数值上一般具有一定的对应关系。以静态关系为基础，通常可以定义一组性能指标来描述静态测量过程的品质。描述测量系统在静态测量条件下测量品质优劣的静态性能指标有很多，分析时，应根据每个测量系统的特点和对测量的要求而有所侧重。常用的主要指标如下。

（1）灵敏度。当输入量变化很小时，测量系统输出量的变化 Δy 与引起这种变化的相应输入量变化 Δx 之比值（用 S 表示），即为灵敏度。数学表达式为：

$$S = \lim_{\Delta x \to 0} \frac{\Delta y}{\Delta x} \tag{1-20}$$

静态灵敏度的量纲是系统输出量量纲与输入量量纲之比。若为理想测量系统，则静态灵敏度是常量。由于灵敏度对测量品质影响很大，所以一般测量系统或仪表都会给出这一参数。与灵敏度有关的另一性能指标是测量系统的分辨率，它是指系统能够检测出被测量最小变化量的能力。在数字测量系统中，分辨率比灵敏度更为常用。

（2）量程。量程是指测量范围的上限值和下限值的代数差。通常，人们需要对被测量有一个大致的估计，使之落在测量系统的量程之内，最好落在系统量程的2/3~3/4处。若量程选择得太小，被测量的值超过测量系统的量程，则会使系统因过载而受损。若量程选择得太大，则会使测量精度下降。

（3）误差。一般测量仪表的允许误差有五种：1）工作误差。是在额定工作条件下仪表误差的极限值，即来自仪表外部的各种影响量和仪表内部的影响特性为任意可能的组合时，仪表误差的极限值。这种表示方法的优点是对使用者非常方便，可以利用工作误差直接估计测量结果误差的最大范围。缺点是工作误差是在最不利的组合条件下给出的，而实际使用中构成最不利组合的可能性很小。因此，用仪表的工作误差来估计测量结果的误差会偏大。2）固有误差。是当仪表的各种影响量和影响特性处于基准条件时，仪器所具有的误差。这些基准条件是比较严格的，所以这种误差能够更准确地反映仪表所固有的性能，便于在相同条件下，对同类仪表进行比较和校准。3）影响误差。是当一个影响量在其额定使用范围内取任意值，而其他影响量和影响特性均处于基准条件时所测得的误差，例如温度误差、频率误差等。只有当某一影响量在工作误差中起重要作用时才给出，它是一种误差的极限。4）基本误差。所谓测量系统的基本误差是指在规定的标准条件下（所有影响量在规定值及其允许的误差范围之内），用标准设备进行静态校准时，测量系统在全量程中所产生的绝对误差绝对值的最大值。基本误差实质就是固有误差，只是基准条件宽一些。5）附加误差。是指测量仪表在非标准条件时所增加的误差，如温度附加误差、压力附加误差等。附加误差类似于影响误差，但又不完全相同。它是指规定工作条件中的一项或几项发生变化时，仪表产生的附加误差。所谓规定工作条件的变化，可以是使用条件发生变化，也可以是被测对象参数发生变化。

（4）精度。精确度表征测量某物理量可能达到的测量值与真值相符合的程度，简称精度。为了保证质量，对各类仪表的基本误差限制进行了规定，此限制称为该类仪表的允许误差（或称基本误差限），因此允许误差也是一种极限误差。

（5）迟滞误差。系统的输入量从量程下限增至上限的测量过程称为正行程，反之，输入量从量程上限减至量程下限的测量过程称为反行程。理想测量系统的正、反行程的输入输出关系曲线应是完全重合的。但实际测量系统对于同一输入量，其正、反行程的输出量不相等，故称为迟滞现象。正、反行程造成的输出量之间的差值则称为迟滞差值 δ_H。

$$\delta_H = \frac{\Delta H_{max}}{Y_{max}} \times 100\% \tag{1-21}$$

式中 ΔH_{max}——正、反行程全量程中的最大迟滞差值；

Y_{max}——满量程输出值。

迟滞误差也称回差或变差，通常是由测量系统中弹性元件、磁性元件等的滞后现象引起的，能反映出测量系统中存在着由于摩擦或间隙等原因产生的死区。

（6）线性度。理想测量系统的输入-输出关系是线性的，而实际测量系统往往并非如此。测量系统的线性度，是全量程内实际特性曲线与理想特性曲线之间的最大偏差值 ΔL_{max} 与满量程输出值 Y_{max} 之比，它反映实际特性曲线与理想特性曲线之间的符合程度。线性度也称为非线性误差，

$$\delta_L = \frac{|\Delta L_{max}|}{Y_{max}} \times 100\% \tag{1-22}$$

对于不同的理想特性曲线，同一测量系统会得到不同的线性度。严格地说，说明测量系统的线性度时，应同时指明理想特性曲线的确定方法。

1.4.5.5 测量系统的动态性能指标

以动态关系为基础的动态性能指标，是判断动态测量过程品质优劣的标准。大多数测量系统的动态特性可归属于零阶系统、一阶系统和二阶系统三种基本类数。尽管实际上还存在着更复杂的高阶测量系统，但在一定条件下，它们都可以用这三种基本测量系统动态特性的某种适当的组合形式来逼近。一般的测量系统，描述其动态特性的传递函数可以由若干低阶系统的传递函数并联来求得。所以，研究基本测量系统的动态特性具有重要的意义。

1.5 例 题

【例 1-1】 简述测量、检测、测试和计量的联系和区别。

答： 测量是指将被测量与同性质的标准量进行比较，确定被测量对标准量的倍数。并用数字表示这个倍数的过程，即是为取得被测对象某一属性的量值而做的全部工作。检测包括检验和测量两方面的含义，其中校验是分辨出被测量的取值范围，以此来对被测量进行合格与否的判断。测试是具有试验性质的测量，是测量和试验的综合。计量是指用准确度等级更高的标准量具、器具或标准仪器，对被测样品、样机进行考核性质的测量，通常具有离线和标定的特点。

解析： 重点理解测量概念。测量就是用实验的方法，将被测量的物理量与选取单位的同类量进行比较，确定被测参数的过程。

【例 1-2】 以"曹冲称象"为例，分析测量的构成要素有哪些。

答： 测量构成要素有：测量对象与被测量；测量环境；测量方法；测量单位；测量资源，以及测量结果。其中，被测对象是大象，被测量是质量，测量环境是常温常压，测量方法是相对测量比较法，测量单位是质量单位，测量资源包括船、河水、石头和人员，经数据处理后，获得测量结果即为大象的质量。

解析： 通常测量过程可简化为三大要素：测量单位、测量方法和测量工具。

【例 1-3】 为什么当测量次数 n 无限增加时，等精度测量的算术平均值趋于真值？

解： 设真值为 μ，一列 n 次等精度测量所得到的 n 个测定值 x_i 为随机变量，其算术平均值为样本平均值的代数和除以样本容量，即：

$$\bar{x} = \frac{1}{n}(x_1 + x_2 + \cdots + x_i + \cdots + x_n) = \frac{1}{n}\sum_{i=1}^{n} x_i$$

$$(i=1,\ 2,\ \cdots,\ n)$$

随机误差为：

$$\Delta_i = X_i - \mu$$

两边求和得：

$$\sum_{i=1}^{n}\Delta_i = \sum_{i=1}^{n} X_i - n\mu$$

根据随机误差正态分布特性，当 $n\to\infty$：

$$\frac{\sum_{i=1}^{n}\Delta_i}{n} \to 0$$

将此式代入上式得：

$$\bar{X} = \frac{\sum_{i=1}^{n} X_i}{n} = \mu$$

解析： 在数理统计中，所研究的随机变量 X 取值的全体或集合，称为总体；随机变量的真值 μ 称为总体均值，测量次数 $n\to\infty$ 时，$\bar{X}$ 的极限值称为该测量值的数学期望。

【例 1-4】 对某精度等级为 1.0 级，量程范围 0~1.00MPa 的压力表，求测量值分别为 $x_1 = 1.00\text{MPa}$，$x_2 = 0.80\text{MPa}$，$x_3 = 0.20\text{MPa}$ 时的绝对误差和示值相对误差。

解： 根据基本误差（精度等级）定义，（最大）绝对误差 Δx_m 为：

$$\Delta x_m = \delta_j \times l_m = \pm\frac{1}{100} \times 1.00\text{MPa} = \pm 0.01\text{MPa}$$

式中 δ_j——由精度换算的引用相对误差；

l_m——仪表量程。

测量值为1.00MPa、0.80MPa、0.20MPa时，其示值的相对误差分别为：

$$\delta_{x_1} = \frac{\Delta x_m}{x_1} \times 100\% = \frac{\pm 0.01}{1.00} \times 100\% = \pm 1\%$$

$$\delta_{x_2} = \frac{\Delta x_m}{x_2} \times 100\% = \frac{\pm 0.01}{0.80} \times 100\% = \pm 1.25\%$$

$$\delta_{x_3} = \frac{\Delta x_m}{x_3} \times 100\% = \frac{\pm 0.01}{0.20} \times 100\% = \pm 5\%$$

解析：同一量程内，测量值越小，示值的相对误差越大。

【例1-5】用光学高温计测量某金属铸液的温度，得如下5个测量数据（℃）：975，1005，988，993，987。设金属铸液温度稳定，测温随机误差属于正态分布。求铸液的实际温度（置信概率取99.73%）。

解：算术平均值及其标准偏差分别为：

$$\bar{x} = \frac{1}{5}\sum_{i=1}^{5} x_i = 989.8$$

$$\hat{\sigma}_{\bar{x}} = \sqrt{\frac{1}{5(5-1)}\sum_{i=1}^{5}(x_i - 989.8)^2} = 4.7$$

由题已知，P=99.73%，查表1-1得，k=3。

实际温度即真值为：μ=989.8±3×4.7=989.8±14.1℃。

表1-1 正态分布情况下置信概率 P 与包含因子（置信系数）k 的关系

P/%	50	68.27	90	95	95.45	99	99.73
k	0.67	1	1.645	1.960	2	2.576	3

【例1-6】某一气体流通断面的速度 u_i 测量值见表1-2。

表1-2 速度 u_i 测量值

测次 i	1	2	3	4	5	6	7	8	9	10
u_i/m·s^{-1}	21.5	21.3	20.9	21.4	25.3	21.7	21.6	21.4	21.8	22.2

求：（1）测量速度的最佳值和标准偏差；（2）置信区间，置信概率按90%和95%计算。

解：（1）第5次测量数据25.3属于可疑点，暂时先不考虑。取其他9次所测数据求出测量速度的最佳值。算术平均值为：

$$\bar{u} = \frac{1}{n}\sum_{i=1}^{n} u_i$$

$$\bar{u} = \frac{(21.5 + 21.3 + 20.9 + 21.4 + 21.7 + 21.6 + 21.4 + 21.8 + 22.2)}{9} = 21.53(\text{m/s})$$

计算各次测量速度值的残差，列于表 1-3。

表 1-3 速度值的残差

i	1	2	3	4	5	6	7	8	9	10
u_i	21.5	21.3	20.9	21.4	25.3	21.7	21.6	21.4	21.8	22.2
v_i	−0.03	−0.23	−0.63	−0.13	3.77	0.17	0.07	−0.13	0.27	0.67
v_i^2	0.0009	0.0529	0.397	0.0169	14.2	0.0289	0.0049	0.0169	0.0729	0.449

观察残差值 v_i，变化并不规则，估计不存在系统误差。求出平均误差 $\bar{\delta}=0.259$，可疑点 $|v_5|=3.77>4\delta=1.036$，故将第 5 次测量值剔除掉。用标准法计算标准偏差，由贝塞尔公式

$$\sigma=\sqrt{\frac{\sum_{i=1}^{n}v_i^2}{n-1}}=\sqrt{\frac{\sum_{i=1}^{n}(u_i-\bar{u})^2}{n-1}}=0.36$$

用最大残差法计算标准误差，当 $n=9$ 时，查表 1-4，$k_n=0.59$，

$$\sigma=k_n|v_i|_{\max}=0.59\times0.67=0.3953$$

算术平均值的标准偏差 $\sigma_a=\dfrac{\sigma}{\sqrt{n}}$，取 $\sigma=0.36$ 时，$\sigma_a=0.12$；取 $\sigma=0.3953$ 时，$\sigma_a=0.13$。

表 1-4 极差法系数

n	2	3	4	5	6	7	8	9	10	15	20
k_n	1.77	1.02	0.83	0.74	0.68	0.64	0.61	0.59	0.57	0.51	0.48

（2）写出测量表达式，按照 $u=\bar{u}\pm k_i\sigma_a$，根据式（1-7）和式（1-8），查表 1-5，置信概率在 90%、95%时，置信概率系数 k_i，分别为 1.860、2.306。其结果见表 1-6。

表 1-5 置信概率系数 *kt*

测量次数	置信概率		
	90%	95%	99%
2	6.314	12.706	63.657
4	2.353	3.182	5.841
6	2.015	2.571	4.032
8	1.895	2.365	3.499
9	1.860	2.306	3.355
10	1.833	2.262	3.250

表 1-6　置信区间计算

计算方法	置信概率	
	90%	95%
标准法	$u=21.53\pm0.22$ [21.31, 21.75]	$u=21.53\pm0.28$ [21.25, 21.81]
最大残差法	$u=21.53\pm0.24$ [21.29, 21.77]	$u=21.53\pm0.30$ [21.23, 21.83]

【例 1-7】 在同样条件下，一组重复测量值的误差服从正态分布，求误差$|\delta|$不超过σ、2σ、3σ 的置信概率 P。

解： 根据题意，$z=1$，2，3。从表 1-7 中查得 $\phi(1)=0.68269$，$\phi(2)=0.95450$，$\phi(3)=0.997300$，因此

$$P\{|\delta|\leqslant a\}=0.68269\approx 68.3\%$$

相应地，显著性水平

$$a=1-P=1-0.68269=0.31731\approx\frac{1}{3}$$

$$P\{|\delta|\leqslant 2\sigma\}=0.95450\approx 95.5\%$$

表 1-7　误差函数表

z	$\phi(z)$	z	$\phi(z)$	z	$\phi(z)$
0	0.00000	1.2	0.76986	2.4	0.98360
0.1	0.07966	1.3	0.80640	2.5	0.98758
0.2	0.15852	1.4	0.83849	2.6	0.99068
0.3	0.23582	1.5	0.86639	2.7	0.99307
0.4	0.31084	1.6	0.89040	2.8	0.99489
0.5	0.38293	1.7	0.91087	2.9	0.99627
0.6	0.45149	1.8	0.92814	3.0	0.997300
0.7	0.51607	1.9	0.94257	3.1	0.998065
0.8	0.57629	2.0	0.95450	3.2	0.998626
0.9	0.63188	2.1	0.96427	3.3	0.999033
1.0	0.68269	2.2	0.97219	3.4	0.999326
1.1	0.72867	2.3	0.97855	3.5	0.999535

相应地，显著性水平

$$a = 0.04550 \approx \frac{1}{22}$$

$$P\{|\delta| \leqslant 3\sigma\} = 0.99730 \approx 99.7\%$$

相应地，显著性水平

$$a = 0.00270 \approx \frac{1}{370}$$

解析：由上例可见，对于一组重复测量中的任何一个测量值来说，随机误差超过±3σ的概率仅为3%以下，超过±2σ的概率为5%以下，可以认为是小概率事件，因此，人们常把3σ或2σ称为随机不确定度，也称极限误差。

【例1-8】 对恒转速下旋转的转动机械的转速进行了20次重复测量，得到表1-8一组测量数据，求该转动机械的转速（要求测量结果的置信概率为95%）。

表1-8 转速测量数据 (r/min)

4753.1	4757.5	4752.7	4752.8	4752.1	4749.2	4750.6	4751.0	4753.9	4751.2
4750.3	4753.3	4752.1	4752.2	4752.3	4748.4	4752.5	4754.7	4750.0	4751.0

解：(1) 计算测量值子样的平均值：

$$\bar{x} = \frac{1}{n}\sum_{i=1}^{n} x_i = \frac{1}{20}\sum_{i=1}^{20} x_i = 4752.0\text{r/min}$$

(2) 计算标准误差的估计值：

$$\sigma = \sqrt{\frac{\sum_{i=1}^{n}(x_i - \bar{x})^2}{n-1}}$$

为计算方便，上式可改写为：

$$\sigma = \sqrt{\frac{1}{n-1}\left[\sum_{i=1}^{n} x_i^2 - \frac{1}{n}\left(\sum_{i=1}^{n} x_i\right)^2\right]}$$

$$= \sqrt{\frac{1}{20-1}\left[\sum_{i=1}^{20} x_i^2 - \frac{1}{20}\left(\sum_{i=1}^{20} x_i\right)^2\right]}$$

$$= 2.0\text{r/min}$$

(3) 求平均值的标准误差：

$$\sigma_{\bar{x}} = \frac{\sigma}{\sqrt{n}} = \frac{2.0}{\sqrt{20}}\text{r/min} = \frac{1}{\sqrt{5}}\text{r/min}$$

(4) 对于给定的置信概率，其置信区间半长为 a。

根据题意，有

$$P\{\bar{x} - a \leqslant \mu \leqslant \bar{x} + a\} = 95\%$$

即

$$P\{-a \leqslant \bar{x} - \mu \leqslant a\} = 95\%$$

设 $a=k\sigma_{\bar{x}}$，记作 $\bar{x}-\mu=\delta_{\bar{x}}$，则

$$P\{|\delta_{\bar{x}}|\leqslant k\sigma_{\bar{x}}\}=95\%$$

查表 1-7 得 $k=1.96$，所以 $a=1.96\sigma_{\bar{x}}\approx0.9\text{r/min}$。测量结果可表示为：

$$X=(4752.0\pm0.9)\text{r/min}\quad(P=95\%)$$

解析：实际测量工作中经常只能做单次测量，但如果已经得到同样测量条件下的标准误差估计值 σ，则可用下式求测量结果 X：

$$X=\text{单次测量值}\pm\text{置信区间半长}\quad(P=\text{置信概率})$$

例如：X=单次测量值$\pm3\sigma$（$P=99.73\%$）；X=单次测量值$\pm2\sigma$（$P=95.45\%$）。

1.6 习题及解答

1-1 举例说明测量的构成要素有哪些？

答：（1）测量对象与被测量；（2）测量环境；（3）测量方法；（4）测量单位；（5）测量资源，包括测量仪器与辅助设施、测量人员等；（6）数据处理和测量结果。

1-2 举例说明，什么是直接测量法、间接测量法和组合测量法，它们之间有何区别？

答：（1）直接测量法：直接求得被测量数值的测量方法，例如水银温度计测量介质温度。

（2）间接测量法：测量量和被测量之间具有确定的一个函数关系，例如，通过 $P=UI$ 测功率。

（3）组合测量法：被测量和测量量不是单一的函数关系，存在两个或两个以上相关的未知量，通过解联立方程组以求得未知量的数值。例如用铂电阻温度计测量介质温度，$R_t=R_0(1+At+Bt^2)$。

1-3 测量准确度、正确度和精密度之间有何联系和区别？

答：准确度、正确度和精密度三者之间既有区别，又有联系。对于一个具体的测量，正确度高的未必精密，精密度高的也未必正确，但准确度高的，则正确度和精密度都高。

1-4 举例说明什么是粗大误差、随机误差和系统误差，其误差来源各有哪些？

答：粗大误差，又称为疏忽误差或过失误差，是指明显超出统计规律预期值的误差，主要来源有：测量方法不当或错误，测量操作疏忽或失误；测量条件突然较大幅度的变化；其他情况如明显歪曲了测量结果的坏值等。

随机误差，又称偶然误差，在重复性条件下，对同一被测量进行无限多次测量，测得值与所得结果的平均值之差。主要来源是实验条件的偶然性微小变化。

系统误差指在重复性条件下，对同一被测量进行无限多次测量，所得结果的平均值与被测量的真值之差，特征是该误差的绝对值和符号保持不变，或者在条件改变时，误差按某一确定规律变化。例如用天平计量物体质量时，砝码的质量偏差，刻线尺的温度变化引起的示值误差等都是系统误差。

1-5 测量不确定度与测量误差相比较，有什么不同之处？

答：误差与不确定度是完全不同的两个概念，不应该混淆或误用。具体联系与区别见表 1-9。

表 1-9 测量误差与测量不确定度的区别与联系

项目	测量误差	测量不确定度
定义	测量结果-真值	用标准差或其倍数，或置信区间的半宽表示
物理意义	表示测量结果偏离真值的程度	表征被测量的分散性
表达符号	非负即正，必有其一	无符号
分类	按性质分为随机误差、系统误差、粗大误差	A 类不确定度评定，B 类不确定度的评定，评定时不必区分性质
自由度	不存在	存在
同测量结果的关系	有关	无关
同人的认知的关系	无关	有关

1-6 测量不确定度有哪两类评定方法，它们的内容是什么？

答：不确定度评定方法分为 A、B 两类。A 类评定采用对观测列进行统计分析的方法，以实验标准差表征。如果时间充足并且实验室资源足够的话，我们就可以对不确定度分量进行详尽的统计研究。例如，采用各种不同类型的仪表、不同的测量方法等。于是，理论上所有这些不确定度分量都可用测量列的统计标准差来表征，换言之，所有不确定度分量都可以用 A 类评定得到。然而，这样的研究并非经济可行，很多不确定度分量实际上还必须用别的非统计方法来评定，这就是 B 类评定。

1-7 测量系统由哪几部分组成，各部分的作用是什么？

答：测量系统由四部分组成。

传感器，是测量系统与被测对象直接发生联系的器件或装置。它的作用是感受指定被测参量的变化并按照一定规律将其转换成一个相应的便于传递的输出信号。

变换器，是将来自传感器的微弱信号经某种方式的处理变换成测量显示所要求的信号。通常包括前置放大器、滤波器、A/D 转换器和非线性校正器等。

显示装置，通常指显示器、指示器或记录仪等。用于实现对被测参数数值的指示、记录，有时还带有调节功能，以控制生产过程。

传输通道，如果测量系统各环节是分离的，那么就需要把信号从一个环节送到另一个环节，实现这种功能的元器件或设备称为传送元件，又称传输通道。

1-8 测量系统的静动态特性分别是什么？

答：静态特性：指被测物理量和测量系统处于稳定状态时，系统的输出量与输入量之间的函数关系。

动态特性：指在动态测量时，测量系统输出量与输入量之间的关系。

1-9 测量系统的静态、动态性能指标分别有哪些？请结合测量实例具体分析。

答：静态性能指标：(1) 准确度及准确度等级，例如确定仪表准确度等级，或者利用准确度等级选择合适的仪表。(2) 测量仪表的误差。(3) 测量范围和量程，例如选择测量仪表的量程时，应最好使测量值落在量程的 2/3~3/4 处，如果量程选择太小，被测量的值超过测量系统的量程，会使系统因过载而受损；如果量程选择太大，则会使测量准确度下降。(4) 灵敏度，一般来讲，灵敏度越高，测量范围越小，稳定性也越差。(5) 迟滞误差。(6) 线性度。(7) 稳定性。(8) 重复性。(9) 复现性。(10) 可靠性。

动态性能指标：(1) 一阶测量系统时域动态性能指标，主要是时间常数及与之相关的输出响应时间。(2) 二阶测量系统时域动态性能指标，在阶跃输入作用下时域内主要性能指标有延迟时间、上升时间、响应时间、峰值时间、超调量和衰减率。

1-10　测仪表时得到某仪表的最大引用误差为 1.45%，问此仪表的准确度等级应为多少？由工艺允许的最大误差计算出某仪表的测量误差至少为 1.45%才能满足工艺的要求，问应选几级表？

答：如果最大引用误差为 1.45%，仪表精度等级应为 1.5 级；若工艺允许最大测量误差为 1.45%，那应选择精度为 1.0 级仪表。

1-11　现有 2.5 级、2.0 级、1.5 级三块测温仪表，对应的测量范围分别为 -100～500℃、-50～550℃、0～1000℃，现要测量 500℃ 的温度，其测量值的相对误差不超过 2.5%，问选用哪块表最合适？

解：根据最大引用误差计算公式：$\gamma_{\max} = \dfrac{|\Delta x|_{\max}}{x_{FS}} \times 100\%$

得：表 1，2.5%×[500-(-100)] = 15℃

表 2，2.0%×[550-(-50)] = 12℃

表 3，1.5%×1000 = 15℃

根据示值相对误差公式：$\delta_{标} = \dfrac{|\Delta X|}{x_i} \times 100\%$

$$2.5\% \times 500 = 12.5℃$$

只有表 2 符合要求，所以选择 2.0 级测温仪表最合适。

1-12　选用仪表时，准确度等级是“越高越好”吗？

答：仪表精确度不仅和绝对误差有关，而且和仪表的测量范围有关。绝对误差大，相对百分误差就大，仪表精确度就低。如果绝对误差相同的两台仪表，其测量范围不同，那么测量范围大的仪表相对百分误差就小，仪表精确度就高。因此，选择仪表时不仅需要看精度等级，也需要根据量程大小进行选择。

1.7　知识扩容

1.7.1　测量误差分析与处理

上述内容中关于误差分析处理的计算方法都是针对直接测量误差，根据误差分类，除了直接测量以外，还有间接测量，以及粗大误差的处理方法，这些又该如何进行分析计算呢？接下来将对这部分内容进行简要讲解。

1.7.1.1　间接测量误差的分析与处理

间接测量值的误差不仅取决于各有关直接测量值的误差，还与它们之间的函数关系有关。在条件受限的情况下，经常会遇到被测量只能进行一次测量，此时只能根据所采用的测量仪表的允许误差来估算测量结果中所包含的极限误差，以其在所规定的误差范围内为判断合格的依据。数学表达式为：

$$\delta_{\max} = \delta \frac{L_0}{X} \times 100\% \tag{1-23}$$

式中 $\delta_{\max}$——测量值可能出现的最大相对误差；

δ——仪表的精度等级；

L_0——仪表的量程；

X——实测仪表的示值。

由式（1-23）可知，选择测量仪表的量程，应尽量使示值接近于满刻度，这样可以得到较为精确的测量结果。

【例 1-9】 用量程为 0~10A 的直流电流表和量程为 0~250V 的直流电压表。量直流电动机的输入电流和电压，示值分别为 9A 和 220 V，两表的精确度皆为 0.5 级，试问电动机输入功率可能出现的最大误差为多少？

解： 根据式（1-23），电流的实测读数可能出现的最大相对误差为：

$$\delta_{I\max} = \delta \frac{L_0}{X} \times 100\% = \pm 0.556\%$$

最大绝对误差为：

$$9 \times (\pm 0.556\%)\,\text{A} = \pm 0.05\text{A}$$

电压的实测读数可能出现的最大相对误差为：

$$\delta_{U\max} = \delta \frac{L_0}{X} \times 100\% = \pm 0.568\%$$

最大绝对误差为：

$$220 \times (\pm 0.568\%)\,\text{V} = \pm 1.25\text{V}$$

电动机输入功率可能出现的最大误差为：

$$\Delta P = \pm (I\Delta U + U\Delta I) = \pm (9 \times 1.25 + 220 \times 0.05)\,\text{W} = \pm 22.25\text{W}$$

多次测量时，间接测量误差的计算遵循误差传布原理，它是间接测量误差分析与处理的基本依据。假定对 X_1，X_2，…，X_m 各进行了 n 次测量，那么每个 X_i（$i=1, 2, \cdots, m$）都有自己的一列测定值 X_{i1}，X_{i2}，…，X_{in}，其相应的随机误差为 δ_{i1}，δ_{i2}，…，δ_{in}。设间接测量量 Y 是可以直接测量量 X_1，X_2，…，X_m 的函数，其函数关系为：

$$Y = (X_1, X_2, \cdots, X_m) \tag{1-24}$$

那么，间接测量量的算术平均值 $\bar{y}$ 就是 Y 的最佳估计值，$\bar{y}$ 可以由与其有关的各直接测量量的算术平均值 $\overline{x_i}$ 代入函数关系式求得，即

$$\bar{y} = F(\overline{x_1}, \overline{x_2}, \cdots, \overline{x_m}) \tag{1-25}$$

因此，可以得出间接测量量的标准误差与各直接测量量的标准误差 σ_i 之间的关系，如下：

$$\sigma_y = \sqrt{\left(\frac{\partial F}{\partial X_1}\right)^2 \sigma_1^2 + \left(\frac{\partial F}{\partial X_2}\right)^2 \sigma_2^2 + \cdots + \left(\frac{\partial F}{\partial X_m}\right)^2 \sigma_m^2} \tag{1-26}$$

式（1-25）和式（1-26）这两个结论称为误差传布原理，它不仅可以解决如何根据各

独立的直接测量量及其误差，估计间接测量量的真值及其误差的问题，而且对测量系统的设计有重要意义。如果规定了间接测量结果的误差不能超过某一值，那么可以利用误差传布规律求出各间接测量量的误差允许值，以便满足间接测量量允许误差的要求。同时，可以根据各间接测量量允许误差的大小选择适当的仪表。式（1-26）的形式可以推广至描述间接测量量的算术平均值的标准误差和各直接测量量的算术平均值的标准误差之间的关系。数学表达式为：

$$\sigma_{\bar{y}} = \sqrt{\left(\frac{\partial F}{\partial X_1}\right)^2 \sigma\frac{2}{x_1} + \left(\frac{\partial F}{\partial X_2}\right)^2 \sigma\frac{2}{x_2} + \cdots + \left(\frac{\partial F}{\partial X_m}\right)^2 \sigma^2\frac{2}{x_m}} \tag{1-27}$$

注意：(1) 上述各公式是建立在对每一个独立的直接测量量 X_i 进行多次等精度独立测量的基础上，离开这个条件，上述公式将不成立。(2) 对于间接测量量与各直接测量量之间呈非线性函数关系的情况，上述各式只是近似的，只有当计算 Y 的误差允许作线性近似时才能使用。若某个局部误差小于间接测量量标准误差的1/3，则该局部误差是微小误差，可以舍去。

【例 1-10】铜电阻值与温度之间的关系为 $R_i = R_{20}[1+a_{20}(t-20)]$，通过直接测量，已知20℃下的铜电阻值 $R_{20}=6.0(1\pm0.003)\Omega$，电阻温度系数 $a_{20}=0.004(1\pm0.01)℃^{-1}$，铜电阻所处的温度 $t=(30\pm1)℃$，置信概率皆为68.27%，求电阻值 R_t 及其标准误差。

解：(1) 求电阻值 R_t：

$$R_t = R_{20}[1 + a_{20}(t - 20)] = 6.0[1 + 0.004 \times (30 - 20)] = 6.24\Omega$$

(2) 求电阻值的标准误差，先求函数对各直接测量量的偏导数：

$$\frac{\partial R_t}{\partial R_{20}} = [1 + a_{20}(t - 20)] = [1 + 0.004 \times (30 - 20)] = 1.04$$

$$\frac{\partial R_t}{\partial a_{20}} = R_{20}[0 + (t - 20)] = 6.0 \times (30 - 20) = 60.0$$

$$\frac{\partial R_t}{\partial t} = R_{20}a_{20} = 6.0 \times 0.004 = 0.024$$

再求各直接测量量的标准误差：

$$\sigma_{R_{20}} = R_{20} \times (\pm 0.3\%) = 6.0 \times (\pm 0.0003) = \pm 0.018\Omega$$

$$\sigma_{a_{20}} = a_{20} \times (\pm 1\%) = 0.004 \times (\pm 0.01) = \pm 0.00004℃^{-1}$$

$$\sigma_t = \pm 1℃$$

所以

$$\sigma_{R_t} = \sqrt{\left(\frac{\partial R_t}{\partial R_{20}}\right)^2 \sigma_{R_{20}}^2 + \left(\frac{\partial R_t}{\partial a_{20}}\right)^2 \sigma_{a_{20}}^2 + \left(\frac{\partial R_t}{\partial t}\right)^2 \sigma_t^2}$$

$$= \sqrt{1.04^2 \times 0.018^2 + 60^2 \times (4 \times 10^{-5})^2 + 0.024^2 \times 1^2}\,\Omega = 0.03\Omega$$

(3) 间接测量电阻值 R_t 的测量结果可表示为：

$$R_t = (6.24 \pm 0.03)\Omega \quad (P = 68.27\%)$$

【例 1-11】在某动力力学性能实验中，同时对额定工况下转矩 M 和转速 n，各进行8

次等精确度测量，所测数值列于表 1-10 中，试求该工况下的有效功率及其误差。

表 1-10 额定工况下的各测量值

$n/\mathrm{r\cdot min^{-1}}$	3002	3004	3000	2998	2995	3001	3006	3002
$M/\mathrm{N\cdot m}$	15.2	15.3	15.0	15.2	15.0	15.2	15.4	15.3

解：转速 n 和转矩 M 的算术平均值分别为：

$$\bar{n} = \frac{\sum_{i=1}^{8} n_i}{8} = 3001\mathrm{r/min}$$

$$\bar{M} = \frac{\sum_{i=1}^{8} M_i}{8} = 15.2\mathrm{N\cdot m}$$

转速 n 和转矩 M 的均方根误差分别为：

$$\sigma_n = \sqrt{\frac{\sum_{i=1}^{8}(n_i - \bar{n})^2}{8-1}} = 3.4\mathrm{r/min}$$

$$\sigma_M = \sqrt{\frac{\sum_{i=1}^{8}(M_i - \bar{M})^2}{8-1}} = 0.146\mathrm{N\cdot m}$$

转速 n 和转矩 M 的算术平均值的均方根误差分别为：

$$\sigma_{\bar{n}} = \frac{\sigma_n}{\sqrt{8}} = 1.2\mathrm{r/min}$$

$$\sigma_{\bar{M}} = \frac{\sigma_M}{\sqrt{8}} = 0.05\mathrm{N\cdot m}$$

有效功率为：

$$P = \bar{M} \times \bar{\omega} = \bar{M} \times \frac{2\pi\bar{n}}{60} = \frac{\bar{M}\bar{n}}{9.55} = 4776\mathrm{W}$$

有效功率 P 的均方根误差为：

$$\sigma_P = \sqrt{\left(\frac{\partial P}{\partial n}\right)^2 \sigma_{\bar{n}}^2 + \left(\frac{\partial P}{\partial M}\right)^2 \sigma_{\bar{M}}^2} = \sqrt{\left(\frac{\bar{M}}{9.55}\right)^2 \sigma_{\bar{n}}^2 + \left(\frac{\bar{n}}{9.55}\right)^2 \sigma_{\bar{M}}^2}$$

$$= \sqrt{\left(\frac{15.2}{9.55}\right)^2 \times 1.2^2 + \left(\frac{3001}{9.55}\right)^2 \times 0.05^2}\ \mathrm{W} = 15.8\mathrm{W}$$

有效功率 P 的极限误差为：

$$\delta_P = 3\sigma_P = 47.4\mathrm{W}$$

这样，实验所得的有效功率为：

$$P = (4776 \pm 47.4)\mathrm{W}$$

1.7.1.2　粗大误差的检验与处理

粗大误差是指不能用测量客观条件进行合理解释的那些突出误差，它明显地歪曲了测量结果。凡是用测量的客观条件不能解释为合理的明显偏离测量总体的个别测量值，称为异常值（坏值）。异常值是虚假的，并会直接影响数据总体的正确性，测量中的粗大误差导致出现异常值。在测量过程中，粗大误差是偶然出现的，带有随机性。产生粗大误差的原因主要是测量方法不当，测试者的粗心大意，以及出现概率极小但作用较强的偶发性干扰等。粗大误差在数值上远大于随机误差或系统误差。严格地说，它已不属于误差的范畴，而是不应该发生但大多由于粗心大意而导致的一种错误。根据随机误差的单峰性和有界性，绝对值很大的误差出现的概率很小。因此，总可以确定一些原则来判断某些可疑数据是否在正常的离散分布范围之内。

对于在同一条件下多次测量同一被测量时所得的一组测量值，检验并处理粗大误差可分为以下几个步骤：

（1）对测量值进行初步检查，判明是否含有系统误差，然后，采取各种措施消除误差源或减小误差源的影响，用修正值等方法，减小恒定系统误差的影响。判明含有系统误差的测量数据，原则上应舍弃不用。

（2）计算最佳估计值、算术平均值、残差和标准偏差估计值等参数。

（3）利用多种统计检验法来筛选坏值。

（4）剔除坏值后，数据总数相应减少，应重新计算算术平均值、残差和标准偏差估计值等参数，再判断和剔除可能出现的坏值。在一组测量数据中，由于粗大误差引起的坏值应当是很少的几个。如果剔除的坏值数目较多，则说明测量系统工作不正常，不具备精密测量条件，测量数据不可信。应重新安排测量工作，改善测量条件，获取新的测量数据。

用统计学方法处理可疑数据的实质，就是给定一个置信系数或置信概率，再根据不确定度，找出相应的置信区间。凡在此区间以外的数据，就定为异常数据并从测定值数列中剔除。以下介绍几种常用的判别测定值中粗大误差的准则。

A　莱特准则（3σ 准则，拉伊特准则）

大多数的随机误差服从正态分布。服从正态分布的随机误差，其绝对值超过 3σ 的概率极小（可参考例 1-7 计算结果）。因此，对于大量的重复等精度测量值，判定其中是否含有粗大误差，可采用莱特准则。数学表达式为：

$$|v_i| = |x_i - \bar{x}| > 3\sigma \tag{1-28}$$

如果测量列中某一个测量值残差的绝对值大于该测量列的标准误差的三倍，那么可以认为该测量值为粗大误差。实际使用时，标准误差可用其估计值代替。该准则是以 $n\to\infty$ 为前提的。当测量次数较少时，这个判据并不可靠。例如测量次数为 10 次时，$\sqrt{n-1} = 3$，则根据贝塞尔公式可得：

$$\sigma = \sqrt{\frac{\sum_{i=1}^{n} v_i^2}{n-1}} = \sqrt{\frac{\sum_{i=1}^{n}(X_i - \bar{X})^2}{n-1}}$$

$$\sqrt{\sum_{i=1}^{10}(x_i - \bar{x})^2} = 3\sigma$$

即式子 $|x_k - \bar{x}| \leqslant 3\sigma$ 恒成立，此时已无法依据莱特准则剔除坏值。莱特准则的运用条件一般要求 $n \geqslant 20$。

B 肖维勒准则（Chauv-enet）

物理实验中，广泛采用肖维勒准则检查粗大误差和剔除含有坏值的可疑数据。它是指找到一个以正态分布的均值为中心的概率带，应该合理地包含被测量值的所有 n 个样本。通过这样做，来自位于该概率带之外的 n 个样本的任何数据点可以被认为是异常值，从测量值中移除，并且可以计算基于剩余值和新样本大小的新的均值和标准偏差。数学表达式如下：

$$|v_i| > \omega_n \sigma \tag{1-29}$$

式中 ω_n——肖维勒系数。

肖维勒准则比莱特准则严格一些，更易于发现坏值。但当 $n=4\sim10$ 时，即使没有差错值，平均也会有 5%~12%的测量数据可能被误剔除，故该准则偏严。当 $n=185$ 时，肖维勒准则和莱特准则判据相当；当在 $n>185$ 时，肖维勒准则是对莱特准则的一种变革，但它没有固定的概率意义，特别是理论上当 $n\to\infty$ 时，$\omega_n\to\infty$，此时所有异常值都不能被剔除。ω_n 值参考表 1-11。

表 1-11 肖维勒系数 ω_n 数值表

n	ω_n	n	ω_n	n	ω_n
3	1.38	13	2.07	23	2.30
4	1.53	14	2.10	24	2.32
5	1.65	15	2.13	25	2.33
6	1.73	16	2.16	26	2.39
7	1.79	17	2.18	27	2.50
8	1.86	18	2.20	28	2.58
9	1.92	19	2.22	29	2.71
10	1.96	20	2.24	30	2.81
11	2.00	21	2.26	31	3.02
12	2.04	22	2.28	32	3.29

C 格拉布斯准则

当测量次数较少时，用以 t 分布为基础的格拉布斯准则判定粗大误差的存在比较合理。在概率论和统计学中，t 分布用于根据小样本来估计呈正态分布且方差未知的总体的均值。如果总体方差已知（例如在样本数量足够多时），则应该用正态分布来估计总体均值。正态分布是与自由度无关的一条曲线，t 分布是依自由度而变的一组曲线。格拉布斯准则的数学表达式为：

$$|v_i| > \lambda_{(\alpha,n)} \sigma \tag{1-30}$$

式中 α——危险率；

λ——格拉布斯系数。

注意：用格拉布斯准则判定测量列中是否存在坏值时，选择不同的危险率可能得到不同的结果。一般不应选择太大的危险率，工程计算时，通常取 $\alpha=0.05$ 或 $\alpha=0.01$。如果利用格拉布斯准则判定坏值，那么在剔除坏值后，还需要对余下的测量数据再进行判定，直至全部测量值满足格拉布斯准则。表 1-12 列出了格拉布斯系数数值。

表 1-12 肖维勒系数 λ 数值表

n	α		n	α		n	α	
	0.01	0.05		0.01	0.05		0.01	0.05
3	1.155	1.153	12	2.550	2.285	21	2.912	2.580
4	1.492	1.463	13	2.607	2.331	22	2.939	2.603
5	1.749	1.672	14	2.659	2.371	23	2.963	2.624
6	1.944	1.822	15	2.705	2.409	24	2.987	2.611
7	2.097	1.938	16	2.747	2.443	25	3.009	2.663
8	2.221	2.032	17	2.785	2.475	30	3.103	2.745
9	2.323	2.110	18	2.821	2.504	35	3.178	2.811
10	2.410	2.176	19	2.854	2.532	40	3.240	2.866
11	2.485	2.234	20	2.884	2.557	50	3.336	2.956

【例 1-12】 测某一介质温度 15 次，得到如下一列测量值数据（℃）：

20.42 22.43 20.40 20.43 20.42 20.43 20.39 20.30

20.40 20.43 20.42 20.41 20.39 20.39 20.40

试判断其中有无含有粗大误差的坏值。

解： 按大小顺序将测量值数据重新排列：

20.30 20.39 20.39 20.39 20.40 20.40 20.40 20.41

20.42 20.42 20.42 20.43 20.43 20.43 20.43

计算子样平均值 $\bar{x}$ 和测量列标准误差估计值 $\hat{\sigma}$：

$$\bar{x}=\frac{1}{15}\sum_{i=1}^{15}x_i=20.404,\ \hat{\sigma}=\sqrt{\frac{1}{15-1}\sum_{i=1}^{15}(x_i-\bar{x})^2}=0.033$$

选定危险率 α，求得临界值 $\lambda(n,\alpha)\hat{\sigma}$：现选取 $\alpha=0.05$，查表 1-9 得：

$$\lambda(15,\ 0.05)\hat{\sigma}=2.41$$

计算测量列中最大与最小测量值的残差 $v_{(n)}v_{(1)}$，并用格拉布斯准则判定

$$v_{(1)}=-0.104,\ v_{(15)}=0.026$$

因

$$|v_{(1)}|>\lambda(15,\ 0.05)\hat{\sigma}=0.080$$

故 $x_{(i)}=20.30$ 在危险率 $\alpha=0.05$ 之下被判定为坏值，应剔除。

剔除含有粗大误差的坏值后，重新计算余下测量值的算术平均值 $\bar{x}'$ 和标准误差估计值 $\hat{\sigma}'$，查表求新的临界值 $\dot{\lambda}(n, \alpha)$ 之后，再进行判定，即

$$\bar{x}'=\frac{1}{14}\sum_{i=1}^{14}x_i=20.411,\ \hat{\sigma}'=\sqrt{\frac{1}{14-1}\sum_{i=1}^{14}(x_i-\bar{x})^2}=0.016$$

$$\dot{\lambda}(14, 0.05)=2.37$$

余下测量值中最大与最小残差分别为 $v_{(1)}=-0.021$，$v_{(14)}=0.019$。

而 $\dot{\lambda}(14, 0.05)\ \hat{\sigma}'=0.038$，显然 $|v_{(1)}|$ 和 $|v_{(14)}|$ 均小于 $\dot{\lambda}(14, 0.05)\ \hat{\sigma}'$，故可知余下的测量值中已无含粗大误差的坏值。

1.7.1.3　系统误差的分析与处理

对随机误差所进行的数学分析和处理，是以测量数据中不含系统误差为前提的。研究系统误差产生的原因及其规律，并消除或减弱其在误差总体中的影响，对以数理统计方法提高随机误差的分析至关重要。系统误差在数值上常比随即误差大得多，但其出现的规律性又常隐含在测量数据中不易被发现，更由于多次重复测量不能降低它对测量结果准确度的影响，故比随即误差更具危险性。

A　系统误差的特点

(1) 确定性。系统误差是固定不变的，或是一个确定性的（非随机性质）时间函数，它的出现服从确定的函数规律。

(2) 重现性。在测量条件完全相同时，重复测量时系统误差可以重复出现。

(3) 可修正性。由于系统误差的重现性，就决定了它的可修正性。

恒值系统误差只影响测量的精确度，并不影响测量的精密度，可用与更准确的测量系统和测量方法相比较的方法来发现恒值系统误差，并提供修正值。通常可以采用实验对比法发现恒值系统误差，通过改变产生系统误差的条件进行同条件的测量，以便发现固定不变的系统误差。

变值系统误差可分为累积系统误差、周期性系统误差和复杂变化的系统误差。一般情况下，人们不能直接通过对等精度测量数据的统计处理来检验恒值系统误差，除非改变恒值系统产生的测量条件，但有可能通过对等精度测量数据的统计处理来检验变值系统误差。在容量相当大的测量列中，如果存在非正态分布的变值系统误差，那么测量值的分布将偏离正态，即检验测量值分布的正态性，可检验变值系统误差。在实际测量中，往往不必做烦冗细致的正态分布检验，而采用考察测量值残差的变化情况和利用某些较为简捷的判据来检验变值系统误差存在与否。

B　判别变值系统误差的方法

(1) 残余误差观察法。对被测量进行多次测量后得到测量列 x_1，x_2，…，x_n，便可算出相应的残余误差列，通过对残余误差列大小符号的变化分析，可以判断该测量列有无规律变化的系统误差。由于变值系统误差的变化具有某种规律性，因而残差的变化亦具有大致相同的规律性。由此得到两个准则：准则一，将测量列中各测量值按测量的先后顺序排列，若残差的代数值大小有规则地向一个方向变化，由正到负或者相反，则测量列中有累积系统误差，若中间有微小的波动，则是随机误差的影响。准则二，将测量列中各测定值

按测量的先后顺序排列，若残差的符号呈有规律的交替变化，则测量列中含有周期性系统误差，若中间有微小波动是受随机误差的影响。

（2）残余误差之和相减法。当测量次数较多时，将测量列前一半的残余误差之和，减去测量列后一半的残余误差之和，若其差值接近于零，说明不存在变化的系统误差。若其差值明显不为零，则认为测量列存在着变化的系统误差。以下是变值系统误差存在与否的判据。

判据一，马尔科夫准则。对以某一被测量进行多次等精度测量，获得一列测量值 x_1，x_2，…，x_n，按先后顺序排列，则各测量值的残差依次为 v_1，v_2，…，v_n，把前面 j 个残差和后面 $n-j$ 个残差分别求和，并取其差值，数学表达式如下：

n 为偶数时，

$$D = \sum_{i=1}^{j} v_i - \sum_{i=j+1}^{n} v_i$$

n 为奇数时，

$$D = \sum_{i=1}^{j} v_i - \sum_{i=j}^{n} v_i$$

当 n 是偶数时，取 $j=n/2$；当 n 为奇数时，取 $j=(n+1)/2$。

若差值 D 偏离零，则测量列中含有累积系统误差。

判据二，阿贝准则。对某一被测量进行多次等精度测量，获得一测量列 x_1，x_2，…，x_n，按测量先后顺序排列，各测量值的绝对误差依次为 δ_1，δ_2，…，δ_n。则

$$C = \sum_{i=1}^{n-1} (\delta_i \delta_{i+1})$$

若

$$|C| > \sqrt{n-1}\sigma^2$$

则可以认为该测量列中含有周期性系统误差，其中 σ 是该测量列的标准偏差。

判据二是以独立绝对误差的正态分布为基础的，在实际测量中，可以用残差来代替绝对误差，并使用标准偏差的估计值进行计算。

【例 1-13】 对某恒温箱内的温度进行了 10 次测量，依次获得如下测量值（℃）：

20.06	20.07	20.06	20.08	20.10
20.12	20.14	20.18	20.18	20.21

试判定该测量列中是否存在变值系统误差。

解：由题意知：

$$\bar{x} = \frac{1}{10}\sum_{i=1}^{10} x_i = 20.12$$

计算各测量值的残差 v_i，并按顺序排列如下：

−0.06	−0.05	−0.06	−0.04	−0.02
0	+0.02	+0.06	+0.06	+0.09

根据残差的变化，即残差由负到正，其代数值逐渐增大，判断该测量列中存在累积系统误差。

根据马尔科夫准则检验，求得：

$$D = \sum_{i=5}^{5} v_i - \sum_{i=6}^{10} v_i = -0.23 - 0.23 = -0.46$$

因为$|C| \gg |v_{max}| = 0.09$，故判定该测量列含有累积系统误差。

根据阿贝准则检验，求得：

$$C = \sum_{i=1}^{9} (v_i v_{i+1}) = 0.0194$$

$$\sqrt{n-1}\sigma^2 = \sqrt{9} \times 0.055^2 = 0.0091$$

因为$|C| = 0.0194 > \sqrt{n-1}\sigma^2 = 0.0091$，故可判断该测量列中含有周期性系统误差，而这一结论在用残差变化进行的观察中并未发现。这说明在判定一个测量列是否会有变值系统误差时，需联合运用上述准则和判据。

从现实的角度看，没有一种通用的处理模式来降低系统误差的影响。检验及鉴别测量中是否存在系统误差，要通过分析产生系统误差的原因，估计系统误差的数值，以及尽可能消除产生系统误差的根源，或设法防止受到这些误差源的影响。例如提高操作人员的水平，改善测量工作环境，采用稳压、散热、恒温、屏蔽等措施，定期校准仪表，正确调节零点，在读取测量值时引入仪表的修正值等，这些都是减小系统误差较为有效的方法。

C　减小系统误差的方法

采用某些特定的测量技术，可以在相当程度上减小甚至消除系统误差的影响。

(1) 零示法。属于比较测量法，它是把被测量与作为计量单位的标准的已知量进行比较，使两者的效应相互抵消。当总的效应为零时，指示读数为零或最小。零示法测量的准确度主要决定于标准已知量的准确性，而对平衡状态的判断是否准确，主要取决于指示器的灵敏度。零示法可以较好地消除系统误差。

(2) 替代法。它是在测量条件不变的情况下，用已知量替代测量电路中的待测量，并使仪器的示值不变，以达到消除恒定系统误差的目的。此时，被测量就等于标准已知量。

(3) 交换法，又称为对照法。其原理是交换改变测量条件，使产生系统误差的原因对测量结果起相反的作用，从而抵消了恒定系差。

系统误差的出现一般是有规律的，其产生的原因是可知或可以掌握的。工程测量中估计误差时，应该重点研究系统误差。在一个测量当中，如果系统误差很小，则测量结果的准确度就高。可以说，测量的准确度由系统误差来表征。如果存在某项系统误差，而我们却毫无察觉，那是很危险的。

1.7.1.4　误差的综合

在测量过程中，不同性质的误差可能同时存在。要判定测量的精度是否达标，需对测量的全部误差进行综合分析，以估计各项误差对测量结果的综合影响。若综合误差计算得太小，则会使测量结果达不到预定的精度要求。若计算得太大，则会因进一步采取减小误差的措施而造成不必要的浪费。

A　随机误差的综合

若测量结果中含有 k 项彼此独立的随机误差，各单项测量的标准误差分别为 σ_1，

σ_2，…，σ_k，则 k 项独立随机误差的综合效应是它们的平方和之均方根。

$$\sigma = \sqrt{\sum_{i=1}^{k} \sigma_i^2} \tag{1-31}$$

B 已定系统误差的综合

系统误差的出现是有规律的，不能采用平方和的均方根的方法来综合。不论系统误差的变化规律如何，根据对系统误差的掌握程度可将其分为已定系统误差和未定系统误差。

已定系统误差是数值大小与符号均已确定的误差，其综合方法就是将各项已定系统误差代数相加。若测量结果中含有 j 项已定系统误差分别为 E_1，E_2，…，E_j，则已定系统误差的综合效应为：

$$E = \sum_{i=1}^{j} E_i \tag{1-32}$$

各项恒值系统误差可正可负。

未定系统误差是指不能确切掌握误差的大小与符号，或不必花费过多精力去掌握其规律，而只能或只需估计出其不致超过的极限范围 $-e \sim +e$ 的系统误差。未定系统误差应采用绝对值和的方法来综合。

估计出未定系统误差极限范围 e，并设测量结果中含有 m 项未定系统误差为 e_1，e_2，…，e_m，则

$$e = \sum_{i=1}^{m} e_i \tag{1-33}$$

对于 $m>10$ 的情况，绝对值合成法对误差的估计往往偏大，此时采用方和根法或广义方和根法比较切合实际。但由于一般工程或科学测量过程中 m 很少超过 10，所以对未定系统误差采用绝对值合成法是比较合理的。

C 误差合成规律

根据上述分析，设测量结果中有 k 项独立随机误差，j 项已定系统误差，m 项未定系统误差，则测量结果的综合误差为：

$$\Delta \sum = \sum_{i=1}^{j} E_i \pm \left(\sum_{k=1}^{m} e_k + \sqrt{\sum_{p=1}^{k} \sigma_p^2} \right) \tag{1-34}$$

1.7.2 组合测量误差分析与处理

从一组离散的测量数据中，运用有关误差理论知识，用数学方法减小随机因数引起测定值对原函数的偶然偏差，求得一条能最佳地描述该原函数的曲线的过程，称为拟合。而以比较符合事物内在规律性的数学表达式来代表这一函数关系或拟合曲线的方法，称为回归分析。

采用回归分析，能够把测量数据的内在规律性用最佳的经验公式表示出来，关系简明紧凑，易于判断各因数的影响，从而能最优化地分析测试条件。回归分析后，还可进行微

积分和插值处理，以及对变化趋势作某种预测和估计预测的精度等。回归分析的主要内容有：

(1) 根据实验测量数据，确定变量之间是否存在相关关系，如果存在相关关系，则找出合适的数学表达式，对变量间的关系给以近似描述，从而建立表征被测系统基本特征的数学模型。

(2) 对关系式的可信程度进行统计检验，并了解这种归纳性预测的精度。

2 温度测量仪表

温度是我们在日常生活中最熟悉的参数了，也是很多工程与科研中必须涉及的重要参数之一。温度的宏观概念是冷热程度的表示，或者说，互为热平衡的两物体，其温度相等，这就是热力学第零定律。温度的微观概念是大量分子运动平均强度的表示，分子运动越激烈，其温度表现越高。就是说，通过一种感温物质可以测量物体或系统的温度。感温物质的物理特性随着温度的变化而发生相应的变化，如气体的体积或压强、液体的体积、金属的电阻和热电势等。可以利用这些感温物质的特性及随温度变化的函数关系，来确定被测物体或系统的温度。在火电厂热力生产过程中，从工质到各部件无不伴有温度的变化，对各种工质及各部件的温度必须进行密切的监视和控制，以确保机组安全经济运行。如锅炉过热器的温度非常接近过热器钢管的极限耐热温度，如果温度控制不好会烧坏过热器。还有在机组启、停过程中，需要严格控制汽轮机气缸和锅炉汽包壁的温度，如果温度变化太快，气缸和汽包会由于热应力过大而损坏。蒸汽温度、给水温度、锅炉排烟温度等过高或过低都会使生产效率降低，导致过多消耗燃料，而这些都离不开对温度的测量。

2.1 重　　点

（1）温度测量仪表的分类及各工作原理。

（2）热电偶温度计的测量原理、应用定则、常用热电偶类型，以及热电偶冷端温度补偿方法。

（3）温度测量仪表的应用。

2.2 难　　点

（1）接触式温度计工作原理及相关分析与计算。

（2）热电偶中间导体定律及冷端补偿。

（3）测温仪表使用过程中误差的分析与处理。

2.3 关 键 词

测温标；膨胀式温度计；热电偶温度计；电阻式温度计；接触式测温仪表；亮度温度计；比色温度计；全辐射温度计；非接触式测温仪表；光纤温度计；集成温度传感器。

2.4 知识体系

2.4.1 温标和测温仪表的分类

2.4.1.1 温标

A 温标的概念

温度数值的表示方法叫作“温标”，是为度量物体或系统温度的高低对温度的零点和分度法所作的一种规定，是温度的单位制。温标是为了定量地确定温度，对物体或系统温度给以具体的数量标志，各种各样温度计的数值都是由温标决定的。有史以来国际上共推出了4种温标，即经验温标、理想气体温标、热力学温标和国际温标。建立温标需要3个要素：(1) 选择测温物质，确定它随温度变化的属性，即测温属性。(2) 选定温度固定点。(3) 规定测温属性随温度变化的规律。

B 经验温标

经验温标包括华氏温标（Fahrenheit scale)、列氏温标（Reaumur scale)、摄氏温标（Celsius scale）三种。历史上最早出现的是华氏温标，是德国人华伦海特（D. G. Fahrenheit）大约在1710年提出的，规定：在标准大气压下，纯水的冰点为32华氏度。沸点是212华氏度，两个标准点之间分为180等份，每等份代表1华氏度，用字母 F 表示，单位为℉。华氏温度至今还在英、美等国流行。列氏温标出现于1730年，是法国博物学家列奥米尔（R. A. F. Reaumur）建议把结冰与沸腾之间的温度分成80等份，每一等份称为1列氏度，用°Re表示，规定冰点为0°Re，水的沸点为80°Re。这一温标在德国曾一度很流行。

1742年瑞典天文学家安德·摄尔修斯（Ander Celsius）提议把结冰与沸腾之间的温度分成100等份，这就是摄氏温标，也称为“百分温标”，用℃表示，符号为 t。18世纪末法国国民公会采用摄氏刻度作为公制的一部分，现在大多数国家都使用这种刻度的温度计。

华氏温度（F）与摄氏温度（t）之间的换算关系为：

$$t/℃ = \frac{5}{9}(F/℉ - 32) \tag{2-1}$$

列氏温度与摄氏温度之间的换算关系为：

$$1℃ = 1.25°\mathrm{Re} \tag{2-2}$$

经验温标是借助于某一种物质的物理量与温度变化的关系，用实验方法或经验公式所确定的温标。它明显的缺点是：(1) 温度测量依赖于选用的测温物质，且应用范围受制作温度计的材料和测温物质的限制。(2) 温标的定义具有较大的随机性。虽然它们都选择冰点温度和沸点温度作为固定点，但基本单位不同，所确定的温度数值也就不同，不能严格地保证世界各国所采用的基本测温单位完全一致。(3) 假设温度与工作物质的关系为线性，而实际情况并非如此，从而造成中间温度的测量差异。

C 理想气体温标

理想气体温标建立的初衷是希望不与测温物质特性发生关系。根据玻意耳-马略特定律（Boyle-Mariotte's Law)，当理想气体的体积不变时，由气体压强的变化可以度量温度。

或者压强不变，由体积的变化来度量温度。这样利用趋近于理想气体的性质所建立的温标，就可以作为一种标准经验温标。但是这种温标也并没有摆脱实际气体的约束。

D 热力学温标

热力学温标是在热力学第二定律的基础上引入的一种与测温物质特性无关的更为科学而严密的温度标尺，是1848年英国著名的科学家开尔文（Kelvin，Lord William Thomson）提出的，所以也称为“开尔文温标”。用该温标规定的温度称为热力学温度，其单位为K。热力学温标规定水的三相点（水的固相、液相和气相三相平衡状态）热力学温度为273.16K。根据热力学第二定律卡诺定理，在温度为 T_1 和 T_2 两个热源之间工作的可逆热机，具有 $T_1/T_2=Q_1/Q_2$ 的关系，其中 Q_1 是工质从高温热源吸收的热量，Q_2 是工质向冷源放出的热量。如果再规定一个条件，根据 $T_1/T_2=Q_1/Q_2$ 的关系就可以通过卡诺循环中的传热量来完全地确定温标。由于热量和工作物质无关，它们只和热源有关，所以温标不依赖于工作物质的性质，是一种绝对温标。

E 国际温标

国际温标是以一些物质可复现平衡状态的指定温度值，及其在这些温度值上分度的标准仪器和相应的插值公式为基础制定的。国际温标是在国际实用温标的基础上不断修改订制出来的。由于气体温度计的复现性较差，国际间便协议制定国际实用温标，以统一国际间的温度量值，并使之尽可能接近热力学温度。早在1887年，国际计量委员会就曾决定采用定容氢气体温度计作为国际实用温标的基础。在1927年第7届国际计量大会上决定采用铂电阻温度计等作为温标的内插仪器，并规定在氧的凝固点（-182.97℃）到金凝固点（1063℃）之间确定一系列可重复的温度或固定点。到了1948年第11届国际计量大会召开时，国际间对国际实用温标又做了若干重要修改。1960年又增加了一条重要修改，即把水的三相点作为唯一的定义点，规定其热力学温度值为273.16K，以代替原来水冰点温度为0.00℃的规定。采用水的三相点作为唯一的定义点是温度计量的一大进步。1968年对国际实用温标又做了一次修改，代号为IPTS-68。1975年和1976年国际上又分别对IPTS-68做了修订和补充。1988年由国际度量衡委员会推荐，第18届国际计量大会及第77届国际计量委员会做出决议，从1990年1月1日起开始在全世界范围内采用重新修订的国际温标，这一次取名为1990年国际温标，代号为ITS-90，这一温标已经相当接近于热力学温标。

ITS-90国际温标指出，热力学温度（符号为 T）是基本物理量，单位是开尔文，符号为K。规定水的三相点温度为273.16K，定义1K等于水的三相点热力学温度的1/273.16。通常将比水的三相点低0.01K的温度值规定为摄氏零度，国际开尔文温度（符号为 T_{90}）和摄氏温度（t_{90}）之间的关系为：

$$t_{90}/℃ = T_{90}/\mathrm{K} - 273.15 \tag{2-3}$$

实现国际温标需要三个条件：(1) 要有定义温度的固定点，一般是利用水、纯金属及液态气体的状态变化；(2) 要有复现温度的标准器，通常是利用标准铂电阻、标准铂老热电偶及标准光学高温计；(3) 要有固定点之间计算温度的内插方程式。

2.4.1.2 温度测量仪表的分类

温度测量的方法很多，一般根据传感器与被测介质的接触方式分为接触式测温和非接触式测温，以及两者兼有的混合式测温。

A 接触式测温

接触式测温是指通过传感器与被测对象直接接触进行热交换来测量物体的温度。按测温原理分为：基于物体受热膨胀原理制成的膨胀式温度计，基于导体或半导体电阻值随温度变化关系的热电阻温度计，以及基于热电效应的热电偶温度计。接触式测温简单可靠，而且测量精度较高，因此应用广泛。但是由于测温元件需要与被测介质进行充分接触才能达到热平衡，需要一定的时间，因而会产生滞后现象，而且可能与被测对象发生化学反应。另外，由于耐高温材料的限制，接触式测温一般难以用于高温测量。

B 非接触式测温

与接触式测温技术相比，非接触测温技术以卓越的优势得到快速发展。非接触式测温是通过接收被测物体发生的热辐射来测定温度的，测温原理是辐射测温。实现这种测温方法，可利用物体表面热辐射强度与温度的关系来检测温度。根据检测辐射功率的不同，可分为全辐射法、部分辐射法、单一波长辐射功率的亮度法及比较两个波长辐射功率的比色法等。非接触式测温由于传感器与被测介质不接触，因而测温范围很广，测温上限不受限制，测温速度较快，而且可以对运动的物体进行测量。但是由于受到物体的热发射率、被测对象到仪表之间的距离、烟尘和水汽等其他介质的影响，一般测温误差较大、精度较低，因此通常用于高温测量。

2.4.2 膨胀式温度计

膨胀式温度计是指利用物质的热膨胀（体膨胀或线膨胀）性质与温度的物理关系制作的温度计。具有结构简单，使用方便，测温准确度较高，成本低廉等优点，其测温范围是-200~600℃。

2.4.2.1 玻璃管式温度计

玻璃管式温度计是日常生活中常见的、热能与动力工程系统中应用最广泛的一种液体膨胀式温度计。它简单适用、方便直观、准确度高、价格便宜。不足之处是其易损坏，有较大的热惯性，不能远传，不能多点测量。

玻璃管式温度计由一个测温包和与之相连接的毛细管组成，感温液体充装其内。在毛细管的两旁有温度刻度。当感温液体接受到冷热物体时，由于里边的液体与玻璃的膨胀系数不同，液体的体积变化很大，毛细管中的液体高度发生变化，与两旁的刻度相对应，便可以测量物体的温度。通常液体温度计使用酒精和水银，也有用甲苯、二甲苯、戊烷等有机液体。性能最稳定的是水银，其不易氧化变质、纯度高、熔点和沸点的间隔大，且其常压下在-38~356℃范围内保持液态，特别是在200℃以下膨胀系数具有较好的线性度，所以普通水银温度计常用于-30~300℃的温度测量。如果在水银面上充惰性气体，测温上限可以被最大提高至750℃。感温液体属性不同，测温范围也不同。充装戊烷的玻璃温度计，测温范围较低，一般为-200~30℃，酒精温度计可测-80~80℃。常用的酒精温度计分辨率较低，一般为0.1℃；水银温度计分度值为0.05~0.1℃，甚至达到0.01℃，可作为精密测量或校验其他温度计之用。

玻璃管式液体温度计按用途可分为标准、实验室用、工业用和特殊用途四类。标准水银温度计为全浸入式，即使用时需将测值以下全部刻度浸入被测介质中，它可以用来校验实验室用或工业用的玻璃温度计、热电偶或热电阻温度计等，也可作精密测量之用。实验室用的玻璃温度计通常可以做成全浸入和部分浸入两种，部分浸入式玻璃温度计在使用时只插入一定深度，外露部分处于规定的温度条件下。实验室用的水银温度计要按规程规定定期进行校验。

使用玻璃管温度计测量温度时，产生的误差主要分为两种：(1) 由玻璃管的热惯性引起，因为温包内液体受热膨胀后，不能马上恢复到常态，然后再测量就会产生误差。(2) 插入误差，校对玻璃管温度计时，是将它的全部液柱浸没到被测介质中，而通常使用情况下人们只注意仅将它的感温包插入到介质中，这样就使得温度计的显示值与真值存在一定的绝对误差。对于这种情况，必须进行插入误差的修正。

$$\Delta t = n\beta(t - t_1) \tag{2-4}$$

式中 Δt——误差温度；

n——露出液柱占总刻度的百分数，%；

β——感温液体相对膨胀系数，℃$^{-1}$；

t——温度计的指示值，℃；

t_1——环境温度，℃。

对于酒精 β 取 0.001031℃$^{-1}$，对于水银 β 取 0.000161℃$^{-1}$。

另外，任何水银温度计在使用前必须检查是否有“断丝”现象发生，即液柱有无断开现象。如果有，必须修复后才能使用。使用时间较长的玻璃温包可能因为骤冷骤热而变形，会增加附加误差。为判断温度计的稳定性，可检查温度计零点是否发生位移。

2.4.2.2 固体膨胀式温度计

典型的固体膨胀式温度计是双金属温度计，它是把两种膨胀系数不同的金属薄片焊接在一起制成感温元件。双金属片的一端固定，另一端自由。当温度升高时，双金属片会发生弯曲变形，温度越高，产生的弯曲越大。通常，将膨胀系数较小的一层称为被动层，而膨胀系数较大的一层称为主动层。这种温度计可将温度变化转换成机械量变化换算成刻度直接读取。金属片发生弯曲变形时的偏转角 α 反映了被测温度的数值，其数学表达式为：

$$\alpha = \frac{360}{\pi}K\frac{L(t - t_0)}{\delta} \tag{2-5}$$

式中 K——比弯曲，℃$^{-1}$；

L——双金属片的有效长度，mm；

δ——双金属片的总厚度，mm；

t——被测温度，℃；

t_0——起始温度，℃。

为了使双金属温度计具有更高的灵敏度，通常将双金属片做成螺旋管状。还有一种称之为热套式双金属温度计。它们适用于-80~500℃的气体、液体和蒸汽的温度测量，广泛用于石油、化工、发电、纺织、印染、酿酒等行业。双金属温度计的最大优点是抗震性能好、坚固，但其精度较低，只能用于工业中，精度等级为1~2.5级。引起双金属温度计测量误差的主要因素有：(1) 环境条件。温度计应在温度为-40~55℃、相对湿度不大于85%的条件下使用，否则将会引起较大的误差。(2) 机械损伤。在使用中，仪表受到强力的冲击和碰撞时，容易造成保护管的变形，从而影响测量机构的正常工作而引起误差。(3) 疲劳损伤。在经过长时间使用后，会使传感元件的性能发生变化而引起误差。

(4) 插入介质深度。温度计插入介质的深度必须保证大于传感元件的长度，若插入深度不够将引起误差。

2.4.2.3 压力式温度计

压力式温度计是根据封闭系统的液体或气体受热后，压力发生变化的原理而制成的测温仪表。它由弹簧管、温包、金属毛细管和基座组成。封闭系统内可以充气体或液体。例如充氮气的充气压力式温度计，最高可测500℃，压力与温度关系接近于线性，但温包体积大，热惯性大。如果充二甲苯、甲醇等液体，温包较小，测温范围为-40~200℃。若充入低沸点的丙酮，测温范围受到限制，大概50~200℃，但由于饱和气压与饱和气温呈非线性关系，故温度计刻度是不均匀的。

根据所测介质的不同，压力式温度计可分为普通型和防腐型。普通型适用于不具腐蚀作用的液体、气体和蒸汽，防腐型采用全不锈钢材料，适用于中性腐蚀的液体和气体。压力式温度计结构简单，价格低廉，但是热惯性较大，动态性能差，测量精度较低，只适用于一般工业生产中的温度测量。

使用压力式温度计时，温包应全部浸入被测介质中，毛细管最长不超过60m。当毛细管所处的环境温度有较大波动时，会对示值带来误差。

2.4.3 热电偶温度计

2.4.3.1 热电偶测温原理

热电偶是工业上应用最为广泛的一种接触式测温元件。它的结构简单、测温范围广，可测量100~1600℃范围内的温度，准确度高，可以电测和远传。其测温原理是依据塞贝克效应（Seebeck），即热电效应。当两种金属A和B组成闭合回路，两个接触点具有不同的温度时，回路中就有温差电动势存在，并有电流通过。在整个闭合回路中产生的总电动势是A、B之间的接触电动势和温差电动势之代数和。

接触电动势是指，当A和B金属导体接触的时候，由于它们的自由电子密度不同，电子密度大的导体中的电子就向电子密度小的导体内扩散，从而失去了电子的A导体具有正电位，接收到扩散来的电子的B导体具有负电位。这样通过扩散达到动态平衡时，A和B之间就形成了一个电位差。这个电位差称为接触电动势，其数学表达式为：

$$E_{AB}(T)=\frac{kT}{e}\ln\frac{N_{AT}}{N_{BT}} \tag{2-6}$$

式中 $E_{AB}(T)$——导体A和B在温度T时的接触电动势，V；

T——接触点的绝对温度，K；

k——玻耳兹曼常数，$k=1.38\times10^{-23}$ J/K；

e——单位电荷，$e=1.60\times10^{-19}$ C；

N_{AT}——导体A在温度T时的自由电子密度，cm^{-3}；

N_{BT}——导体B在温度T时的自由电子密度，cm^{-3}。

温差电势是指，对单一金属导体，如果两端的温度不同，则两端的自由电子就具有不同的动能。温度高则动能大，动能大的自由电子就会向温度低的端扩散。失去了电子的这一端就处于正电位，而低温端由于得到电子处于负电位，这样两端就形成了电位差。其数学表达式如下：

$$E_{A}(T,T_{0})=\frac{k}{e}\int_{T_{0}}^{T}\frac{1}{N_{AT}}\mathrm{d}(N_{AT}\cdot T) \tag{2-7}$$

$$E_{B}(T,T_{0})=\frac{k}{e}\int_{T_{0}}^{T}\frac{1}{N_{BT}}\mathrm{d}(N_{BT}\cdot T) \tag{2-8}$$

式中 $E_A(T,\ T_0)$——导体 A 在两端温度为 T 和 T_0 时的温差电势，V；

$E_B(T,\ T_0)$——导体 B 在两端温度为 T 和 T_0 时的温差电势，V；

T，T_0——热力学温度，K。

那么，由导体 A 和 B 组成的回路中，形成的总电动势为：

$$E_{AB}(T,T_0)=E_{AB}(T)-E_{AB}(T_0)+E_B(T,T_0)-E_A(T,T_0) \tag{2-9}$$

式（2-9）中的加减号是根据回路中电流方向与电子运动方向决定的。通常将温度较高的一端称为热端或工作端，温度较低的一端称为冷端或自由端。

当热电偶材料确定时，热电势就成了冷端与工作端温度的函数差，如式（2-10）所示。如果将冷端温度固定，那么冷端函数即为常数，此时，热电势就只与热端温度呈单值函数关系。

$$E_{AB}(T,T_0)=f(T)-f(T_0) \tag{2-10}$$

国际温标规定：在 T_0 为 0℃时，用实验的方法测出各种不同热电极组合的热电偶在不同的工作温度下所产生的热电势值，并制成表格，即分度表。

注意：热电偶回路热电势的大小只与组成热电偶的材料及两端的温度有关，与热电偶的长度和粗细无关。只有用不同材质的导体或半导体组成的闭合回路，两接触端处在不同温度下，才有热电势产生。材料确定后，热电势的大小只与热电偶两端的温度有关。如果将冷端温度固定，那么冷端函数即为常数，此时，热电势就只与热端温度呈单值函数关系。这就是利用热电偶测温的原理。

2.4.3.2 热电偶的基本性质

在使用热电偶测温时，还会应用到热电偶的四条定律。

A 均质导体定律

由同一种均质材料组成的闭合回路虽然有温度梯度，但是不能形成温差电势。由此可以看出，热电偶必须由两种不同性质的材料组成。闭合回路中产生电势与热电偶材料、工作端和冷端温度有关，而与热电偶的几何形状和尺寸大小无关。材质不均匀的导体，当两端温度不同时，会产生温差电势，由此可以判别导体的均匀性。热电极的均匀性是衡量热电偶质量的重要指标之一，热电极材料不均匀性越大，测量时产生的误差就越大。

B 参考电极定律

两种导体 A、B 分别与参考电极 C 组成热电偶，它们所产生的热电势所是已知的，那么导体 A 和 B 组成的热电偶的热电势就可求：

$$E_{AB}(T,T_0)=E_{AC}(T,T_0)+E_{CB}(T,T_0)=E_{AC}(T,T_0)-E_{BC}(T,T_0) \tag{2-11}$$

参考电极定律为制造和使用不同材料的热电偶奠定了理论基础。即可采用同一参考电极与各种不同材料组成热电偶，先测试其热电特性，然后再利用这些特性组成各种配对的热电偶，这是研究、测试热电偶的通用方法。由于纯铂丝的物理化学性能稳定、熔点高、易提纯，所以常被用作参考电极。

C 中间导体定律及其应用

在热电偶回路中接入第三种导体，只要中间导体两端温度相同，那么中间导体的引入就不会改变回路的总电势。依据中间导体定律，在热电偶实际测温应用中经常采用热端焊接、冷端开路的形式，冷端经连接导线与显示仪表连接构成测温系统。由中间导体定律可以得出，将电位差计等测量仪表接入热电偶回路中，只要它们接入热电偶回路两端的温度相同，那么仪表的接入对热电偶总的热电势就没有影响，而且对于任何热电偶接点，若接触良好，则不论采用何种方法构成接点，都不影响热电偶回路的热电势。例如对液态金属进行测温时，可采用开路热电偶，被测液态金属相当于第三种导体C，但要求液态金属设置的两个接触点温度相同。测量金属壁面温度也可以采用开路热电偶。

D 中间温度定律

热电偶A、B在接点温度为T、T_0时的热电势$E_{AB}(T, T_0)$等于热电偶A、B在温度为T、T_n和T_n、T_0时的热电势$E_{AB}(T, T_n)$和$E_{AB}(T_n, T_0)$的代数和。由中间温度定律可以得出结论：(1) 中间温度定律为制定热电偶分度表奠定了基础。各种热电偶的分度表是在冷端温度为0℃时制定的，如果在实际应用中热电偶的冷端不为0℃而是某中间温度T_n，这时显示仪表指示的热电势值为$E_{AB}(T, T_n)$，而$E_{AB}(T_n, 0)$值可从分度表上查得，将两者相加，即得出$E_{AB}(T, 0)$值，按照该电势值再查相应的分度表，便可得到测量端温度T的大小。(2) 与热电偶具有同样特性的补偿导线可以引入到热电偶的回路中，这就为工业测量中应用补偿导线提供了理论依据。这样便可使热电偶的冷端远离热源而不影响热电偶的测量精度，同时节省了贵金属材料。

2.4.3.3 热电偶的材料和结构

在实际应用中，为了工作可靠且有足够的测量准确度，并不是所有的材料都可用来作热电偶，对组成热电偶的材料要求有：(1) 物理性能稳定，能在较宽的温度范围内使用，其热电性质不随时间变化。(2) 化学性能稳定，在高温下不易被氧化和腐蚀。(3) 热电动势和热电动势率大，热电动势与温度之间呈线性关系。(4) 电导率高，电阻温度系数小。(5) 复制性好，以便互换。(6) 价格便宜。

目前所用的热电极材料，不论是纯金属、合金还是非金属，都难以满足以上全部要求，所以在不同测温条件下要用不同的热电极材料。

在工业生产过程和科学实验中，根据不同的温度测量要求和被测对象，需要设计和制造各种结构的热电偶。从结构上看热电偶主要分为普通型、铠装型和薄膜型。

通型热电偶是由热电极、绝缘管、保护套管和接线盒等主要部分组成。热电极的直径由材料的价格、机械强度、电导率以及热电偶的测温范围确定。贵金属的热电极采用直径为0.3~0.65mm的细丝，普通金属的热电极直径一般为0.5~3.2mm。绝缘套管用于保证热电偶两电极之间以及电极与保护套管之间的电气绝缘。绝缘套管通常采用带孔的耐高温陶瓷管，其中热电极从陶瓷管的孔内穿孔。保护套管在热电极和绝缘套管的外面，其作用是保护热电极（绝缘材料）不受化学腐蚀和机械损伤，同时便于仪表人员安装和维护。保护套管的材料应具有耐高温、耐腐蚀、机械强度高、热导率高等性能，目前有金属、非金属和金属陶瓷三类，其中不锈钢是常用的一种，可用于温度在900℃以下的场合。可以根据不同的使用环境选择不同材质的护套管。接线盒用于连接热电偶端和引出线，引出线一般是与该热电偶配套的补偿线。接线盒兼有密封和保护接线端不受腐蚀的作用。

铠装型热电偶是由热电偶丝、绝缘材料和金属套管三者经拉伸加工而成的坚实组合体。它可以做得很细、很长，在使用中可以随测量需要任意弯曲。感温形式主要分成不露头型、露头型、绝缘型（也叫戴帽型）。不露头型反应速度较快，机械强度高，耐压达30MPa以上，可以做成各种形状，用于各种复杂的测温场合，但不适用于有电磁干扰的场合。露头型铠装热电偶的时间常数仅为0.05s，适于测量发动机排气等要求响应快的温度测量或动态测温，但机械强度较低。绝缘型反应速度较前两种慢，使用寿命长，抗电磁干扰，对无特殊快速响应要求的场合多采用此种形式。还有一种叫分离式绝缘型，可避免两支热电偶之间的信号干扰，其特点同于绝缘型。套管材料一般为钢、不锈钢或镍基高温合金等。热电极与套管之间填满了绝缘材料的粉末，常用的绝缘材料有氧化镁、氧化铝等。铠装热电偶的主要特点是测量端热容量小，动态响应快、机械强度高、扰性好，可安装在结构复杂的装置上，易于制成特殊用途的形式，耐压、抗震、抗冲击、寿命长，因此它已被广泛用于许多工业部门中。

薄膜型热电偶是由两种金属薄膜连接而成的一种特殊结构的热电偶。这种热电偶的热端既小又薄，热容量很小，可以用于微小面积上的温度测量，动态响应快，可测量瞬变的表面温度。其中片状结构的薄膜热电偶是采用真空蒸镀法将两种热电极材料蒸镀到绝缘基板上，上面再蒸镀一层二氧化硅薄膜作为绝缘和保护层。如果将热电极材料直接蒸镀在被测表面上，其时间常数可达微秒级，可用来测量变化极快的温度，也可将薄膜热电偶制成针状，针尖处为热端，用来测量点的温度。

2.4.3.4 热电偶的分类

常用热电偶可分为标准热电偶和非标准热电偶两大类。国际标准化热电偶是指生产工艺成熟、能成批生产、性能稳定、应用广泛、具有统一的标准分度表并已被列入国际专业标准中的热电偶。目前国际标准化热电偶共有8种，它们有与其配套的显示仪表可供选用。下面对8种国际标准化热电偶做简单说明。

（1）B型热电偶（铂铑30-铂铑6热电偶），偶丝直径规定为0.5mm，允许偏差-0.015mm。正极（BP）的名义化学成分为铂铑合金，负极（BN）为铂铑合金，故俗称双铂铑热电偶。该热电偶长期最高使用温度为1600℃，短期最高使用温度为1800℃。B型热电偶适用于氧化性和惰性气氛中，也可短期用于真空中，但不适用于还原性气氛或含有金属或非金属蒸气的气氛中。B型热电偶一个明显的优点是不用补偿导线进行补偿，因为在0~50℃内热电势小于3μV。其不足之处是热电势值小，灵敏度低，需配用灵敏度较高的显示仪表，高温下机械强度下降，对污染非常敏感，价格昂贵，工程一次性投资较大。

（2）R型热电偶（铂铑13-铂热电偶），属于贵金属热电偶。偶丝直径规定为0.5mm，允许偏差-0.015mm，其正极（RP）的名义化学成分为铂铑合金，负极（RN）为纯铂，长期最高使用温度为1300℃，短期最高使用温度为1600℃。R型热电偶具有准确度高、稳定性好、测温区宽、使用寿命长等优点。其物理化学性能、热电势稳定性及在高温下抗氧化性能都很好，适用于氧化性和惰性气氛中。

(3) S型热电偶（铂铑10-铂热电偶），属于贵金属热电偶。偶丝直径规定为0.5mm，允许偏差-0.015mm，其正极（SP）的名义化学成分为铂铑合金，负极（SN）为纯铂，故称单铂铑热电偶。该热电偶长期最高使用温度为1300℃，短期最高使用温度为1600℃。适用于氧化性气氛中测温，不推荐在还原性气氛中工作，短期可以在真空中使用。参考点在0~100℃不用补偿导线。

(4) K型热电偶（镍铬-镍硅热电偶或者镍铬-镍铝），是目前用量最大的廉金属热电偶。正极镍铬（KP）的名义化学成分为Ni-Cr，负极镍硅（KN）的名义化学成分为Ni-Si，其使用温度为-200~1300℃。K型热电偶具有线性度好、热电动势较大、灵敏度高、稳定性和均匀性较好、抗氧化性能强、价格便宜等优点。在1000℃以下可以长期使用，在500℃以下可以应用于各类气氛中，短期可以应用于真空，不宜在500℃以上的还原性气氛及含硫气氛中使用。

(5) N型热电偶（镍铬硅-镍硅热电偶），属于廉金属热电偶，是一种最新国际标准化的热电偶，它克服了K型热电偶在300~500℃由于镍铬合金的晶格短程有序而引起的热电势不稳定，以及在800℃左右由于镍铬合金发生择优氧化引起的热电势不稳定问题。正极（NP）的名义化学成分为Ni-Cr-Si，负极（NN）的名义化学成分为Ni-Si-Mg，其使用温度为-200~1300℃。该热电偶的主要优点是在1300℃以下调温抗氧化能力强，长期稳定性及短期热循环复现性好，耐核辐射及耐低温性能好。在400~1300℃范围内，其热电特性的线性比K型热电偶要好，但在低温范围内-200~400℃，其非线性误差较大，同时材料较硬，难于加工。

(6) E型热电偶（镍铬-铜镍热电偶），又称镍铬-康铜热电偶，是一种廉金属的热电偶。正极（EP）为镍铬10合金，负极（EN）为铜镍合金。该热电偶的使用温度为-200~900℃。E型热电偶热电动势和灵敏度是所有热电偶中最高的，宜制成热电堆，测量微小的温度变化。对于高湿度气氛的腐蚀不太敏感，可用于湿度较高的环境。它还具有稳定性好、价格便宜等优点，能用于氧化性和惰性气氛中。缺点是不能直接在高温下用于含硫、还原性气氛中，热电势均匀性较差。

(7) J型热电偶（铁-铜镍热电偶），又称铁-康铜热电偶，是一种价格低廉的廉金属的热电偶。它的正极（JP）的名义化学成分为纯铁，负极（JN）为铜镍合金，常被称为康铜，但不同于镍铬-康铜和铜-康铜的康铜。铁-康铜热电偶的覆盖测量温区为-200~1200℃，但通常使用的温度为0~750℃。J型热电偶具有线性度好、热电动势较大、灵敏度较高、稳定性和均匀性较好，价格便宜等优点。可用于真空、氧化、还原和惰性气氛中，但正极铁在高温下氧化较快，故使用温度受到限制，也不能直接无保护地在高温下用于硫化气氛中。

(8) T型热电偶（铜-铜镍热电偶），又称铜-康铜热电偶，是一种测量低温的最佳的廉金属热电偶。它的正极（TP）是Cu，负极（TN）为铜镍合金。该热电偶的测量温区为-200~350℃。T型热电偶具有线性度好，热电动势较大，灵敏度较高，稳定性和均匀性较好，价格便宜等优点。特别在-200~0℃温区内使用，稳定性更好，年稳定性可小于±3μV，经低温检定可作为二等标准进行低温量值传递。T型热电偶的正极铜在高温下抗氧化性能差，故使用温度上限受到限制。

非标准化热电偶虽然也有热电偶分度表，但一个热电偶有一个分度表，分度表不能共用。非标准化热电偶包括钨铼系、铂铑系和铱铑系热电偶等。其中，钨铼热电偶属于高温难熔贵金属热电偶，主要应用于冶金、化工、耐火材料等炉窑、煤气化炉或硫磺回收装置的温度测量，也适用于高温真空及热处理等各种真空炉的温度测量。随着高温热处理炉和超高温领域的研究获得的惊人发展，使得对高温测量元件的要求也加大力度。为了克服钨铼热电偶极易氧化的缺点，研究者们认为在热电偶保护管内构造出非氧化性气氛是个好方法。这些研究在冶金、化工等行业已取得满意应用结果，既可用于氧化、还原气氛，又可以在两者交替的气氛中使用。其使用寿命是铂铑系热电偶的1~2倍，价格却不足铂铑热电偶的一半。目前我国的高温贵金属热电偶最高可测到1800℃。

2.4.3.5 热电偶的冷端温度处理

根据热电偶测温原理可知，热电偶热电势的大小只有在冷端温度恒定和已知时，才能反映测量端的温度。在实际应用时，热电偶的冷端总是放置在温度波动的环境中，或是处在距离热端很近的环境中，因而冷端温度难以保持恒定。为消除冷端温度变化对测量的影响，一般都采用冷端温度补偿的方法。具体方法如下：

(1) 冰点法。此法是将冷端直接置于0℃下，而不需进行冷端温度补偿的方法。用蒸馏水做成冰水混合物，放在保温瓶中，按此方法制成冰点槽，将冷端置于此槽内。冰点法是一个准确度很高的冷端处理方法，但使用起来比较麻烦，需要保持冰、水两相共存，因此这种方法只用于实验室，工业生产中一般不使用。

(2) 热电势修正法。由于热电偶的温度-热电势曲线是在冷端温度为0℃时制定的，与它配套使用的仪表又是根据这一关系曲线刻度的，因此尽管使用补偿导线使热电偶冷端延伸到温度恒定的地方，但只要冷端温度不为0℃，就必须对仪表的指示值加以修正。如果测温热电偶的热端温度为T，冷端温度为T_n，而不是0℃，那么测得热电偶的输出电势为$E(T, T_n)$，根据中间温度定律$E(T, 0)=E(T, T_n)+E(T_n, 0)$来计算热端温度为$T$、冷端温度为0℃时的热电势，然后从分度表中查得热端温度T。应该注意的是，由于热电偶温度-热电势曲线的非线性，上面所说的相加是热电势的相加，而不是简单的温度相加。

(3) 补偿导线法。是指在一定的温度范围内和所连接的热电偶具有相同热电特性的连接导线。多数是用成本较低的补偿导线来接入。将补偿导线和测温热电偶冷端连接，将冷端延伸，连同显示仪表一起放置在恒温或温度波动较小的仪表室或集中控制室中，使热电偶的冷端免受热设备或管道中高温介质的影响，既节省了贵重金属热电极材料，也保证了测量的准确性。

(4) 模拟补偿法。包括补偿电桥法、晶体管冷端补偿电路和集成温度传感器补偿法三种方式。

根据热电势修正法，当热电偶的冷端温度偏离规定值0℃时，若在测量回路中接入一个与$E(T_n, 0)$相等的直流电压，那么直流电压随冷端温度变化而变化，并在补偿的温度范围内具有与所配用的热电偶的热电特性相一致的变化规律。这样就可以消除冷端温度变化的影响而得到完全补偿，从而直接得到正确的测量值。常用的冷端温度补偿器是一个补偿电桥，实际是在热电偶回路中接入一个直流信号为$E(T_n, 0)$的毫伏发生器，毫伏发生器利用不平衡电桥产生电压，将此电压经导线与热电偶串联，热电偶的冷端与桥臂热电偶处于同一环境温度中，从而达到补偿热电偶冷端温度变化而引起的热电势变化。采用冷端温度补偿器的方法比其他修正法方便，其补偿精度也能满足工程测量的要求，它是目前广泛采用的热电偶温度处理方法。使用冷端温度补偿器时，应注意其只能在规定的温度补偿范围内和与其相应型号的热电偶配用，接线时正负极性不能接错，温度显示仪表的机械零点必须和冷端温度补偿器电桥平衡时的温度相一致，其补偿误差不得超过规定的范围。

2.4.3.6 热电偶测温误差分析

热电偶在使用前应预先进行校验或检定。经一段时间使用后，由于高温挥发、氧化、外来腐蚀和污染、晶粒组织变化等原因，热电偶的热电特性会逐渐发生变化，导致在使用中产生测量误差，为了保证热电偶的测量精度，必须进行定期检定。用被检热电偶和标准热电偶同时测量同一对象的温度，然后比较两者的示值，以确定被检热电偶的基本误差等质量指标，这种方法称为比较法。用比较法检定热电偶的基本要求是，要制造一个均匀的温度场，使标准热电偶和被检热电偶的工作端接触相同的温度。均匀的温度场沿热电极必须有足够的长度，以使沿热电极的导热误差可以忽略。工业用和实验用热电偶都把管状炉作为检定的基本装置。为了保证管状炉内有足够长的等温区域，要求管状炉的内腔长度与直径之比至少为 20∶1。为使被检热电偶和标准热电偶的热端处于同一温度环境中，可在管状炉的恒温区放置一个镍块，在镍块上钻孔，以便把各支热电偶的热端插入其中，从而进行比较测量。

A 热电偶测温系统的误差

(1) 分度误差。任何一种热电偶的通用分度表都是统计结果，某一具体热电偶的数据与通用分度表会存在一定偏差。例如，铂铑-铂热电偶在 600℃ 以上使用时，允许偏差为 ±0.25%t；镍铬-镍硅热电偶的允许偏差为±0.75%t。

(2) 补偿导线误差。多数热电偶的补偿导线材料并非热电偶本体材料，故存在误差。在0~100℃补偿范围内，对于铂铑-铂热电偶，误差为±0.023mV；对于镍铬-镍硅热电偶，误差为±0.15mV；对于镍铬-康铜热电偶，误差为±0.30mV。

(3) 冷端补偿器误差。除平衡点和计算点两个温度值得以完全补偿外，冷端补偿器在其他各温度值时均不能完全得到补偿，其偏差：铂铑-铂热电偶为±0.04mV；镍铬-镍硅热电偶为±0.16mV；镍铬-康铜热电偶为±0.18mV。

(4) 显示仪表误差。由仪表的精度等级所决定，对于 XCZ-101 动圈式温度指示仪，误差为满量程的±1%。

B 热电偶测量气体时测温误差的分析

气体温度的测量是研究热气体流动规律和火焰结构极为重要的手段。作为接触的测量方法常用热电偶。测量时，直接将热电偶放入被测热气体或烟气当中，当热电偶达到热平衡时，往往存在热气体向热电偶的对流传热、辐射性气体向热电偶辐射热量，或者热电偶向炉壁等辐射传热、气体速度功能转变为热能，以及沿热电偶的导热损失等现象。因此用热电偶测量气体温度存在误差是比较明显的，应该对这些误差进行分析并且采取一定的改进措施，使其得到一个相对精确的结果。

热气体以对流方式向热电偶接点传递热量，设其换热量为 Q_c，即

$$Q_c = h(T_g - T_t)A \tag{2-12}$$

式中 Q_c——对流换热量，W；

T_g——热气体温度，K；

T_t——热电偶接点温度，K；

A——热电偶接点面积，m^2；

h——对流表面传热系数，$W/(m^2 \cdot K)$。

通常对流换热系数由努塞尔数（Nu）、普朗特数（Pr）和雷诺数（Re）决定。如果测量燃烧炉内的温度，当燃烧产物 $Pr=0.7$，$Re>1500$ 时，$Nu=f(Re)$ 的关系可以用下面两种情况来描述。

第一种情况，热电偶与气体流向呈直角时，

$$Nu=(0.44\pm0.06)Re^{0.5} \tag{2-13}$$

第二种情况，热电偶与气体流向平行时，

$$Nu=(0.085\pm0.009)Re^{0.674} \tag{2-14}$$

由 $Nu=\frac{hl}{\lambda}$，式中，l 为定性尺寸，由实际情况确定；λ 为气体的热导率，于是根据已知条件便可以确定对流表面传热系数 h。

当被测气体中含有 CO_2 和 H_2O 等具有辐射能力的三原子气体时，这些气体不仅与壁面产生辐射热交换，也与测温热电偶产生辐射热交换，同时热电偶还要向壁面交换热量。根据有效辐射的概念和热电偶接点在测量环境下的热平衡，可以估计热电偶获得的净热量 Q_r 为：

$$Q_r=\varepsilon_n\sigma_0(T_g^4-T_t^4)A \tag{2-15}$$

式中 Q_r——净辐射热量，W；

ε_n——当量发射率，或称当量黑度；当壁面比热电偶接点面积大很多时，当量发射率接近于热电偶发射率 ε，可用 ε 代替 ε_n；

σ_0——黑体的斯忒藩-玻耳兹曼常量，$\sigma_0=5.675\times10^{-8}W/(m^2 \cdot K^4)$。

如果忽略气体对热电偶的辐射和热电偶本身的导热，只考虑热电偶对壁面的辐射传热，将式（2-12）和式（2-15）联立，注意到热平衡时，$Q_c=Q_r$，便可整理出由于辐射和对流传热所引起的温度测量误差 $c_1me^{ml}-c_2me^{-ml}=0\Delta T_{rc}$

$$\Delta T_{rc}=T_g-T_t=\frac{\varepsilon\sigma_0}{h_c}(T_g^4-T_t^4) \tag{2-16}$$

热电偶的发射率可以查找有关资料，对于 S 型热电偶，在 1400℃时，$\varepsilon=0.18$；在 1500℃时，$\varepsilon=0.19$；1600℃时，$\varepsilon=0.2$。对于镍铬-镍硅热电偶，未氧化时，$\varepsilon=0.2$；完全氧化后它的发射率增大，$\varepsilon\approx0.85$。

当气体具有较大的速度冲击热电偶时，其动能将全部转化为热能，使热电偶所测出的温度升高，由此产生测量误差。

在一均匀的炉内气氛中，从炉墙插入一根热电偶，长 L(m)。热电偶指示温度为 T_t，炉外空气温度为 T_{air}，炉气温度为 T_g，假设：将热电偶看成是一根与炉壁面垂直且紧密接触无限大的长杆，杆内任意断面的温度都是均匀的，炉壁面为半无限大的绝热平壁；整个系统处于热平衡状态，只有热电偶接点处存在热流；热电偶的热导率 λ 和表面传热系数 h 均为常数。由常物性、稳态、三维且有内热源的导热微分方程为：

$$\frac{\partial^2 T}{\partial x^2}+\frac{\partial^2 T}{\partial y^2}+\frac{\partial^2 T}{\partial z^2}+\frac{Q}{\lambda}=0 \tag{2-17}$$

经过假设条件简化，热电偶的导热就可以看成是一维稳态导热问题，并可以认为由炉气（周围环境）向热电偶传送热量的，因此从热电偶的接点沿长度方向至炉内壁温度是逐渐降低的，式（2-17）可以简化为：

$$\frac{\partial^2 T}{\partial x^2}+\frac{Q}{\lambda}=0 \tag{2-18}$$

对于式（2-18）中的源项 Q，可以通过热电偶的整个表面与炉内所交换的热量折算成截面上的体积源项。设热电偶外径为 D，炉气与热电偶之间的表面传热系数为 h，即

$$Q=\frac{\pi D\mathrm{d}x\cdot h(T_{\mathrm{g}}-T_{\mathrm{t}})}{\dfrac{\pi D^2}{4}\cdot\mathrm{d}x}=\frac{4h(T_{\mathrm{g}}-T_{\mathrm{t}})}{D}$$

并代入式（2-18），整理便有：

$$\frac{\partial^2 T}{\partial x^2}=-\frac{4h(T_{\mathrm{g}}-T_{\mathrm{t}})}{\lambda D} \tag{2-19}$$

这是关于温度 T 的二阶非齐次微分方程。为了求解方程，引入过余温度 $\theta=T_{\mathrm{t}}-T_{\mathrm{g}}$，并将式（2-19）的常量设为 $m=\sqrt{\dfrac{4h}{\lambda D}}$，于是热电偶导热的完整数学模型为二阶线性齐次常微分方程，即

$$\frac{\mathrm{d}^2\theta}{\mathrm{d}x^2}=m^2\theta \tag{2-20}$$

边界条件为 $x=0$，$\theta=\theta_0=T_{\mathrm{air}}-T_{\mathrm{g}}$；$x=L$，$\dfrac{\mathrm{d}\theta}{\mathrm{d}x}=0$；

其通解为　　$\theta=c_1\mathrm{e}^{mx}+c_2\mathrm{e}^{-mx}$

式中，c_1 和 c_2 由边界条件可求，$c_1+c_2=\theta_0=T_{\mathrm{air}}-T_{\mathrm{g}}$。

那么热电偶中的温度分布为 $c_1m\mathrm{e}^{mx}-c_2m\mathrm{e}^{-mx}=0$

$$\theta=\theta_0\frac{\mathrm{ch}[m(x-L)]}{\mathrm{ch}(mL)} \tag{2-21}$$

令 $x=L$，ch0=1 可得：

$$\theta_L=\frac{\theta_0}{\mathrm{ch}(mL)} \tag{2-22}$$

炉内的热量通过热电偶传导到炉内壁 $x=0$ 处，将式（2-21）代入傅里叶定律表达式，则热电偶的导热损失量 $Q_{x=0}$ 为：

$$Q_{x=0}=-\lambda\frac{\pi D^2}{4}\left(\frac{\mathrm{d}\theta}{\mathrm{d}x}\right)_{x=0}$$

即　　$$Q_{\mathrm{cond}}=\lambda\frac{\pi D^2}{4}\theta_0 m\,\mathrm{th}\,(mL)=\frac{\lambda\pi Dh}{m}(T_{\mathrm{air}}-T_{\mathrm{g}})\,\mathrm{th}\,(mL) \tag{2-23}$$

热电偶温度分布式（2-21）、式（2-22）和导热损失式（2-23）中的双曲余弦、双曲正切函数可以通过数学手册查找到。

由一维的非稳态导热的微分方程：

$$\frac{\partial T_t}{\partial \tau}=\frac{\lambda}{c_p\rho}\frac{\partial^2 T}{\partial x^2} \tag{2-24}$$

可知热电偶测温信号随响应时间的变化$\partial T_t/\partial \tau$受控于热电偶的热物性参数，即热电偶的热导率$\lambda$与响应时间成反比，质量定压热容$c_p$及材质密度$\rho$与响应时间成正比。

2.4.4 电阻式温度计

2.4.4.1 热电阻测温原理

在温度测量领域，除了广泛使用热电偶之外，电阻温度计也是应用非常广泛的测温仪表，尤其在低温测量中，电阻温度计应用较为普遍。主要是利用金属导体受热后电阻率随温度变化的热敏性质来测量温度的。它的特点是感温部位较大，精度高，种类多，输出电信号可以远传和多点切换测量。不论是金属还是半导体的电阻温度计实际上是由一次和二次仪表组成。电阻感温元件为一次仪表，由金属导体和半导体制成，不能直观显示温度。二次仪表则弥补了电阻温度计的显示功能。感温电阻材质分为金属类和半导体类。金属类的有铂、铜、铁、镍、铟、锰、碳等。我国主要生产铂电阻和铜电阻。半导体类的主要以铁、镍、锰、钼、钛、镁、铜等一些金属氧化物为原料。在低温测量中用锗、硅、砷化镓等掺杂后做成半导体。大部分金属导体的电阻变化率为0.004~0.006℃$^{-1}$，半导体的电阻变化率为-0.003~0.006℃$^{-1}$。它们各自有着较敏感的应用区域。

金属热电阻的电阻值和温度近似关系式为：

$$R_T=R_0[1+\alpha(T-T_0)] \tag{2-25}$$

式中 R_T——温度为T时的电阻值，Ω；

R_0——温度为T_0时的电阻值，Ω；

α——电阻温度系数，℃$^{-1}$。

大多数金属的电阻温度系数不是常数，但在一定温度范围内可取其平均值作为常数值。金属电阻的α值一般为0.38%~0.68%。作为测量热电阻的阻值而间接测量温度的仪表，其显示值就是按照以上的规律进行刻度的。因此，要得到线性刻度，就要求电阻温度系数α在$T_0\sim T$的范围内保持常数。热电阻的温度系数越大，表明热电阻的灵敏度越高。一般情况下，材料的纯度越高，热电阻的温度系数越高。通常纯金属的温度系数比合金要高，所以多采用纯金属来制造热电阻。热电阻的温度系数还与制造工艺有关。在使用热电阻材料拉制金属丝的过程中，会产生内应力，并由此引起电阻温度系数的变化。因此，在制作热电阻时必须进行退火处理，以消除内应力的影响。

虽然大多数的金属导体均有其阻值随温度变化而变化的性质，但并不是所有的金属导体都能作为测量温度的热电阻。作为测温热电阻的材料应满足：(1) 电阻温度系数大且与温度无关，这样才能保证良好的灵敏度和线性度。(2) 电阻率大，这样可使电阻体的体积较小，因而热惯性也较小，对温度变的响应比较快。(3) 在测温范围内，应具有稳定的物理和化学性质，确保测量结果的稳定性。(4) 电阻与温度的关系最好近似线性，或为平滑的曲线，以简化测量数据处及显示的难度。(5) 复现性好，易于加工复制，价格低廉。一般纯金属的电阻温度系数都较大，目前应用最广泛的热电阻是铂热电阻和铜热电阻。

半导体电阻特性与金属的不同，不仅电阻值高，电阻温度系数稳定，而且在一定的温度范围内呈负的电阻温度系数，说明温度降低，电阻增大。通常 $\alpha \approx -3\% \sim -6\%$，较灵敏。热敏电阻的电阻值高，较铂热电阻的电阻值高 1~4 个数量级，并且与温度的关系不是线性的，可用经验公式来表示：

$$R_T = A\mathrm{e}^{B/T} \tag{2-26}$$

式中 R_T——热力学温度 T 时的电阻值，Ω；
T——被测物体的热力学温度，K；
A——电阻的量纲；
B——温度的量纲。

A、B 是与半导体材质相关的常数，可查相关资料获取。

2.4.4.2 热电阻的分类

由于铂具有很高的化学稳定性，容易提纯，便于加工，所以它是电阻温度计中最常用的材料。金属电阻温度计中铂电阻温度计测温范围最大，为-200~850℃。不过一定的电阻值与温度变化呈非线性的，要分成两个阶段来处理。

-200~0℃时：

$$R_T = R_0[1 + AT + BT^2 + CT^3(T - 100)] \tag{2-27}$$

0~ 850℃时：

$$R_T = R_0(1 + AT + BT^2) \tag{2-28}$$

式中 R_0——热力学温度 0℃时的电阻值，Ω；
R_T——热力学温度 T 时的电阻值，Ω；
A——常数，$A=3.90802\times10^{-3}$ ℃$^{-1}$；
B——常数，$B=-5.802\times10^{-7}$ ℃$^{-2}$；
C——常数，$C=-4.2735\times10^{-12}$ ℃$^{-4}$。

铜热电阻价格便宜，电阻温度系数大，容易获得高纯度的铜丝，互换性好，电阻与温度的关系几乎是线性的，一般的测温范围为-50~150℃。其缺点是电阻率小，所以要制造一定电阻值的热电阻，铜丝的直径要很细，这会影响其机械强度，而且铜丝的长度要很长，这样制成的热电阻体积较大。另外，铜在温度超过 150℃时易氧化。由于它价格比铂电阻低很多，适用于测量那些精度不高、温度又较低的场合。

半导体温度计的测温范围为-100~300℃。半导体温度计的主要优点是体积小，电阻率大，这样可以把它放到一个较小的测量局部，另外它的热惯性较小。缺点是互换性差，非线性严重，且电阻性能不稳定，需要很好改善。

2.4.4.3 热电阻测温误差分析

热电阻温度计的检定一般采用定点法或比较法。定点法就是通过测量热电阻在国际温标定义的温度固定点下的电阻值来确定其精度的方法。经常选择的温度固定点为金属的凝固点和三相点。使用金属凝固点进行检定时，由于金属在凝固过程中会出现过冷现象，故在检定过程中应确定热电阻的温度处于平台温度，这样才能进行电阻值的测量。用定点法检定温度计的优点是可以获得较高的精度，但是这种方法需要使用若干个特别的密封容器，实验操作过程复杂，时间长，代价高，对于一般的实验室来说有一定的难度。因此，此法仅用于国家级标准或高精度电阻温度计的检定和分度。若精度要求不高或为工业用电阻温度计，则可以采用比较法进行检定。比较法是将标准电阻温度计或蒸气压温度计的感温元件与被检定热电阻温度计的感温元件放在同一均匀温度场内，通过逐点比较实现检定。另外，在热电阻检定过程中，要适当地选择标准温度计的级别和电阻测量仪器。

热电阻测温过程中主要存在四方面误差：(1) 分度误差，标准化的热电阻分度表是对同一型号热电阻的电阻-温度特性进行统计分析的结果，而对具体所采用的热电阻体往往因材料纯度、制造工艺而有所差异，这就形成了热电阻分度误差。(2) 热效应，所谓电阻自热效应，就是当一定电流通过电阻时，产生焦耳热效应，从而导致电阻温度升高带来误差。为此，电阻温度计必须在额定电流范围内工作，一般为2~10mA。我国工业上使用的热电阻的限制电流一般不超过6mA，这时若将热电阻置于冰点槽中，则热电阻的自热误差不超过0.1℃。(3) 引线误差，引线是热电阻出厂时自身具备的，其功能是使感温元件能与外部测量线路相连接。这里包含导线电阻和接触电阻都会产生附加热电势。引线要选用纯度高、不产生热电势的材料。对于工业用铂热电阻，中、低温用银丝作引线，高温用镍丝作引线。对于铜和镍热电阻，其引线一般都用铜丝和镍丝。为了减少引线电阻的影响，其直径往往比电阻丝的直径大很多。热电阻引线有两线制、三线制和四线制三种。(4) 显示仪表的基本误差，XCZ-102温度指示仪的精度为一级，基本误差是量程范围的1%。另外，电阻温度计安装插入深度不够时，传导热损失会使测量温度偏低。一般感温电阻的插入深度为保护管直径的15~20倍。

2.4.5 非接触式温度计

接触式测温方法虽然被广泛采用，但不适于测量运动物体的温度和极高的温度，为此发展了非接触式测温方法。非接触式温度测量仪表分为两类：一类是光学辐射式高温计，包括单色光学高温计、光电高温计、全辐射高温计和比色高温计等；另一类是红外辐射仪，包括全红外辐射仪、单红外辐射仪和比色仪等。这种测温方法的优点是，感温元件不与被测介质接触，因而不会破坏被测对象的温度场，也不受被测介质的腐蚀等影响。由于感温元件不用与被测介质达到直接热平衡，其传感器本身温度可以大大低于被测介质的温度，因此，从理论上说，这种测温方法的测温上限不受限制。另外，它的动态特性好，可测量处于运动状态的对象温度和变化着的温度。

2.4.5.1 热辐射测温原理

非接触式测温可采用检测热辐射强度的方法间接测量物体的温度。当物体温度高于绝对零度时，就会以电磁波的形式向外辐射能量，这一过程被称为辐射，所传递的能量称为辐射能。电磁波按其产生的原因不同，分为不同的频率及表现形式。无线电波是一种电磁波，此外还有红外线、可见光、紫外线、X射线及γ射线等各种电磁波。由于热的原因而产生的电磁波称为热辐射。

热辐射理论是辐射式测温仪表的理论依据。辐射换热与导热和对流换热有着本质的区别。热辐射可以在真空中传播，而导热和热对流都要依赖于介质，只有当存在着气体、液体或固体物质时才能进行。当两个温度不同的物体被真空隔开时，导热与对流都不会发生，只能进行辐射换热。其产生原因是物体内部的带电粒子在原子和分子内的振动，物体温度越高，带电粒子被激励得越激烈，向外发出的辐射能就越强。粒子运动的频率不同，放射出的电磁波波长就不同，在温度测量中，主要涉及的波长范围是可见光与0.76~20μm的红外光区。

辐射测温的基本定理均是对黑体辐射的定量描述，故又称为黑体辐射定律。它们主要包括普朗克定律、维恩位移定律和斯忒藩-玻耳兹曼定律。

(1) 普朗克定律。在热力学平衡状态下，黑体在不同温度下单色辐射出度 $M_{b\lambda}$ 随波长 λ 和温度 T 的变化规律，即普朗克定律。其表达式为：

$$M_{b\lambda}(\lambda,T)=\frac{c_1}{\lambda^5[e^{c_2/(\lambda T)}-1]} \tag{2-29}$$

式中 $M_{b\lambda}(\lambda,T)$——黑体的单色辐射出度，W/m^3；

λ——辐射波长，m；

T——黑体的热力学温度，K；

c_1——普朗克第一辐射常数，$c_1=3.741832\times10^{-16}W\cdot m^2$；

c_2——普朗克第二辐射常数，$c_2=1.4388\times10^{-2}m\cdot K$。

式 (2-29) 中涉及的波长是指真空中的波长，若采用空气中的波长，则用下式进行计算：

$$M_{b\lambda}(\lambda,T)=\frac{c_1}{n^2\lambda_g^5[e^{c_2/(n\lambda_g T)}-1]} \tag{2-30}$$

式中 λ_g——空气中的辐射波长，m；

n——空气的折射率，$n=1.00029$。

普朗克定律还可用单色辐射亮度表示：

$$L_{b\lambda}(\lambda,T)=\frac{c_1}{\pi\lambda^5[e^{c_2/(\lambda T)}-1]} \tag{2-31}$$

式中 $L_{b\lambda}(\lambda,T)$——黑体的单色辐射亮度，$W/(m^3\cdot sr)$。

(2) 维恩近似公式。在低温与短波（高频）的情况下，即 $c_2/(\lambda T)\gg1$，普朗克公式可用函数形式比较简单的公式代替，即韦恩近似公式：

$$M_{b\lambda}(\lambda,T)=\frac{c_1}{\lambda^5 e^{c_2/(\lambda T)}} \tag{2-32}$$

在工程实际应用中，一般都工作在温度 $T\leqslant3000K$ 和波长 $\lambda\leqslant0.8\mu m$ 的范围内，并且当 $\lambda T\leqslant0.22c_2$ 时，可以用维恩近似公式来替代普朗克公式，此时测温误差不超过1%。

根据式 (2-31)，若给定波长，那么黑体的单色辐射亮度 $L_{b\lambda}(\lambda,T)$ 就是温度 T 的单值函数，此时，若通过测量得到 $L_{b\lambda}(\lambda,T)$，就可以求得被测对象的温度 T，这是亮度温度计的理论基础。取两个不同指定波长，利用维恩近似公式求得两个特定波长下黑体的单色辐射亮度之比 $\Phi_b(T)$，$\Phi_b(T)$ 也是温度的单值函数，那么测得 $\Phi_b(T)$，就可求得被测对象的温度，这是比色温度计的理论基础。

(3) 维恩位移定律。普朗克定律表明，在一定的温度下，黑体的单色辐射出度或单色辐射亮度是波长的单值函数，因此，必然存在着一个最大值，而它所对应的波长是一个确定值，这个波长是指峰值波长。通过求极值的方法，求得峰值波长 λ_m 与所对应的黑体热力学温度 T 之间的关系为：

$$\lambda_m T=2897.79\mu m\cdot K \tag{2-33}$$

式 (2-33) 即为维恩位移定律。它在分析问题和温度计设计过程中至关重要，对辐射测温仪表工作段选择和比色温度计的波段分配具有较大的指导作用。

(4) 斯忒藩-玻耳兹曼定律。斯忒藩-玻耳兹曼定律表明，在整个波长范围内的黑体辐射出度与温度的四次方成正比，是温度的单值函数，所测得 M_b (T) 就可求得被测对象的温度 T，因此它是全辐射温度计的理论基础。其数学表达式为：

$$M_b(T)=\sigma T^4 \tag{2-34}$$

式中 $M_b(T)$——黑体的辐射出度，W/m^2；

σ——斯忒藩-玻耳兹曼常数，$\sigma=5.6697\times10^{-8}W/(m^2\cdot K^4)$。

从斯忒藩-玻耳兹曼定律可以看出，任何物体的表面都在连续地发出辐射能量，除非该物体处于绝对零度以下。在外界不供给物体任何形式能量的条件下，其辐射能量靠消耗物体本身的内能予以实现。同时，物体的温度也逐步降低，并一直降低到绝对零度为止。然而，事实上并不会出现这种情况，这是因为该辐射物体周围的其他物体也在辐射，其中一部分会被该物体所吸收并转变为它的内能。

2.4.5.2 亮度温度计

亮度温度计又称单波段温度计，是利用各种物体在不同温度下辐射的单色辐射亮度与温度的函数关系制成的。它具有较高的准确度，可作为基准或测温标准仪表用。目前该类型温度计在高温测量中应用较广，主要用于金属的冶炼、铸造、锻造和耐火材料等工业生产过程的高温测量。

亮度温度计可分为光学高温计和光电高温计。其中，光学高温计是发展最早、应用最广的非接触式温度计之一。测温范围为70~3200℃。目前广泛用于高温熔体、炉窑的温度测量，是冶金、陶瓷等工业部门十分重要的高温仪表。光电高温计是利用受热物体的单色辐射强度随温度升高而增加的原理制成的，因而也称单色辐射温度计。物体在高温下会发光，也就具有一定的亮度。所以受热物体的亮度大小反映了物体的温度数值。光电高温计与光学高温计相比，主要优点有灵敏度高、精确度高、使用波长范围不受限制、光电探测器的响应时间短、便于自动测量与控制，以及可自动记录或远距离传送。

当实际物体（非黑体）在某一指定波长 λ_c 下，在温度 T 时的单色辐射亮度 L_λ (λ_c, T) 同黑体在同一波长下，在温度 T_s 时的单色辐射亮度 $L_{b\lambda}$ (λ_c, T_s) 相等，则该黑体的温度 T_s 称为实际物体的亮度温度，其数学表达式如下：

$$L_\lambda(\lambda_c,T)=\varepsilon_\lambda(\lambda_c,T)L_{b\lambda}(\lambda_c,T)=L_{b\lambda}(\lambda_c,T_s) \tag{2-35}$$

式中 $\varepsilon_\lambda(\lambda_c, T)$——指定波长 λ_c 和温度 T 时实际物体的光谱发射率，无量纲。

被测物体实际温度 T 和亮度温度 T_s 之间的关系为：

$$T_s=\frac{1}{T}+\frac{\lambda_c}{c_2}\ln\frac{1}{\varepsilon_\lambda(\lambda_c,T)} \tag{2-36}$$

对于真实物体总是 $\varepsilon_\lambda<1$，故测得的亮度温度总比物体的实际温度为低，即 $T_s<T$。引入亮度温度的概念后，可把普朗克黑体辐射定律直接用于实际测温中。只要波长一定，则同一单色辐射出度只能对应于一个亮度温度值，即存在着对应于相同单色辐射出度的温度唯一解。亮度温度计可以按统一标准，即 $\varepsilon_\lambda=1$ 的黑体进行分度，再根据被测对象的光谱发射率进行修正，获得被测对象的真实温度。

亮度温度计在使用时应注意几点事项：(1) 工作波段。对于金属材料应选择短波；大多数玻璃和某些陶瓷材料应选择较长的工作波长；塑料材料应选择在红外区域内的峰值波长附近；在低温测量中，由于要考虑大气吸收，所以选择的区域波长范围为 8~14μm，也称为“大气窗口”。(2) 非黑体辐射的影响。亮度温度计是按黑体分度的，由于被测物体是非绝对黑体，所以测得物体的亮度温度总是低于真实温度。要得到真实温度，需要按式(2-36) 进行修正。(3) 光电器件分散性。由于标准灯和硅光电池等光电器件的特性分散性大，致使元件的互换性差，在更换它们时，必须对整个仪表进行重新刻度和调整。(4) 中间介质影响。尽管理论上光学高温计与被测目标间没有距离上的要求，但在实际使用时，为减少外来光的干扰，可对温度计采用遮光装置；为减少中间介质的吸收，光学高温计应距被测物体不宜太远，一般在 1~2m 内。(5) 周围环境的影响。工业用亮度温度计通常在 10~50℃环境温度下使用，否则标准灯会受环境温度影响产生较大误差。仪表内部可调整线圈电阻也会随温度变化产生附加误差。此外，温度计工作现场应避免有强磁场的干扰。(6) 被测对象。亮度温度计不宜测量发射光很强的物体，也不能测量不发光的物体。(7) 其他。流过标准灯的电流方向应与分度时保持一致，瞄准系统的调节应确保形成清晰完整的图像等。

2.4.5.3 比色温度计

通过测量热辐射体在两个以上波长的光谱辐射亮度之比来测量温度的仪表，称为比色温度计。目前，已广泛应用于冶金、玻璃等工业部门，用来测量铁液、钢水、熔渣及回转窑中水泥等温度。

取两个不同指定波长 λ_{c1} 和 λ_{c2}，利用维恩公式，两个特定波长下黑体的单色辐射亮度之比 $\Phi_b(T)$ 为：

$$\frac{L_{b\lambda}(\lambda_{c1},T)}{L_{b\lambda}(\lambda_{c2},T)}=\frac{c_1\lambda_{c1}^{-5}\mathrm{e}^{-c_2/(\lambda_{c1}T)}}{c_1\lambda_{c2}^{-5}\mathrm{e}^{-c_2/(\lambda_{c2}T)}}=\left(\frac{\lambda_{c1}}{\lambda_{c2}}\right)^{-5}\mathrm{e}^{\frac{c_2}{T}\left(\frac{1}{\lambda_{c2}}-\frac{1}{\lambda_{c1}}\right)}=\Phi_b(T) \tag{2-37}$$

对于非黑体则有：

$$\frac{L_{\lambda}(\lambda_{c1},T)}{L_{\lambda}(\lambda_{c2},T)}=\frac{\varepsilon_{\lambda_{c1}}c_1\lambda_{c1}^{-5}\mathrm{e}^{-c_2/(\lambda_{c1}T)}}{\varepsilon_{\lambda_{c2}}c_1\lambda_{c2}^{-5}\mathrm{e}^{-c_2/(\lambda_{c2}T)}}=\frac{\varepsilon_{\lambda_{c1}}}{\varepsilon_{\lambda_{c2}}}\left(\frac{\lambda_{c1}}{\lambda_{c2}}\right)^{-5}\mathrm{e}^{\frac{c_2}{T}\left(\frac{1}{\lambda_{c2}}-\frac{1}{\lambda_{c1}}\right)}=\Phi_b(T) \tag{2-38}$$

则真实温度为：

$$T=\frac{c_2\left(\dfrac{1}{\lambda_{c2}}-\dfrac{1}{\lambda_{c1}}\right)}{\ln\Phi(T)-\ln\dfrac{\varepsilon_{\lambda_{c1}}}{\varepsilon_{\lambda_{c2}}}-5\ln\dfrac{\lambda_{c2}}{\lambda_{c1}}} \tag{2-39}$$

比色温度计为了具有通用性，所以按黑体刻度，用这种刻度的温度计所测温度示值称为被测物体的“颜色温度”。在两个指定波长 λ_{c1} 和 λ_{c2} 下，若黑体在温度为 T_c 时单色辐射亮度之比 $\Phi_b(T_c)$ 和实际物体在温度为 T 时的单色辐射亮度之比 $\Phi(T)$ 相等，即 $\Phi_b(T_c)=\Phi(T)$，则 T_c 称为被测物体的颜色温度，两者的关系为：

$$T_c=\left[\frac{1}{T}-\frac{\ln\dfrac{\varepsilon_{\lambda_{c1}}}{\varepsilon_{\lambda_{c2}}}}{c_2\left(\dfrac{1}{\lambda_{c2}}-\dfrac{1}{\lambda_{c1}}\right)}\right]^{-1} \tag{2-40}$$

根据被测物体的光谱发射率与波长的关系特性，颜色温度 T_c 可小于、等于或大于真实温度 T。

比色温度计可分为单通道与双通道两种。通道是指在比色温度计中使用探测器（检测元件）的个数。单通道比色温度计使用一个检测元件，被测目标辐射的能量被调制轮流经两个不同的滤光片，射入同一检测元件上。双通道比色温度计使用两个检测元件，分别接受两种波长光束的能量。

比色温度计除了具有亮度温度计的主要优点外，还具有测温准确度高、发射率的变化对仪表示值影响小、可在较恶劣的环境下工作，以及测温响应快，可用于测量小目标的温度等优点。但比色温度计同样要考虑非黑体辐射的影响和光电器件分散性和中间介质影响。此外，还要考虑工作波段的选择和元器件的稳定性与非对称性引起的测温误差。

2.4.5.4 全辐射温度计

全辐射高温计是根据黑体的全辐射定律制作的，即斯忒藩-玻耳兹曼定律，见式(2-34)。

全辐射高温计按绝对黑体对象进行分度。用它测量辐射率为 ε 的实际物体温度时，其示值并非真实温度，而是被测物体的“辐射温度”。辐射温度的定义为：对于温度为 T 的物体，当其辐射出度 $M(T)$ 等于温度为 T_p 时的绝对黑体全辐射出度 $M_b(T_p)$ 时，温度 T_p 叫作被测物体的辐射温度。T_p 与物体真实温度 T 的关系为：

$$T = T_p\sqrt[4]{1/\varepsilon} \tag{2-41}$$

由于发射率 ε 总是小于 1，所以辐射温度 T_p 总是低于实际物体的真实温度 T。ε 越接近于 1，物体的辐射温度越接近真实温度。在 $\varepsilon = \varepsilon_\lambda$ 的情况下，辐射温度对真实温度的偏离比亮度温度对真实温度的偏离大得多。

使用全辐射高温计时的应注意：(1) 全辐射体的辐射率 ε 随物体的成分、表面状态、温度和辐射条件的不同而不同，因此应尽可能准确地确定被测物体的 ε，以提高测量的准确度。(2) 被测物体与高温计之间的距离 L 和被测物体的直径 D 之比（L/D）有一定的限制。每一种型号的全辐射高温计对 L/D 的范围都有规定，使用时应按规定去做，否则会引起较大的测量误差。(3) 使用时环境温度不宜太高，否则会引起热电堆参比端温度升高而增加测量误差。

2.4.6 光纤温度计

随着光纤通信和光电子技术的发展，20 世纪 70 年代光纤传感器问世。它是以光纤作为信息的传输媒质，光作为信息载体的一种传感器。光纤具有优良的物理、化学、机械和传输性能，使得光纤传感器灵敏度高，体积小，不受电磁干扰，抗腐蚀性强，可以实时在线、遥测几十种物理量。20 世纪 90 年代后通信、军事、石油、化工、冶金、电力、水利、核能、海洋域以及消防等研究都迅速用上了这种技术。

光纤温度传感器可以分为半导体吸收型光纤温度传感器、光纤辐射高温传感器、光纤荧光温度传感器、光纤热色效应温度传感器、偏振态调制型光纤温度传感器、光纤液体温度传感器和相位调制型光纤温度传感器。

光纤的结构一般由光纤芯、包层、涂敷层和护套构成。纤芯和包层为光纤结构的主体，对光波的传播起着决定性作用。涂敷层与护套则主要用于隔离杂光，提高光纤强度，保护光纤。在特殊应用场合不加涂敷层与护套，为裸体光纤，简称裸纤。光纤材料主要是由两种或两种以上折射率不同的透明材料，通过特殊复合技术制成的复合纤维。用于测温测压的光纤芯一般由石英、玻璃制成。根据光在光纤中的传输模式分为单模光纤和多模光纤。单模光纤的纤芯直径为 8.3μm，多模光纤纤芯直径 50 ~ 62.5μm，包层外直径均 125μm。

热辐射光纤温度传感器是利用光纤内产生的热辐射来传感温度的元器件。它以光纤纤芯中的热点本身所产生的黑体辐射为基础，对来自炽热的不透明物体表面的辐射加以探测，此时光纤作为一待测温度的黑体腔，光纤辐射高温传感器测温就是基于黑体辐射原理。当物质受热时发出辐射能，辐射量的大小取决于该物质的温度和辐射系数。当把光纤作为一个黑体腔，$\varepsilon_\lambda = 1$，这时只要已知所测实际物体的辐射系数，通过选定波长或波段的光谱辐射力，即可确定其表面温度。一般光纤辐射高温传感器有两种形式，一种是非接触式，另一种是接触式。

非接触式光纤辐射高温传感器是利用光学系统获取高温物体的辐射场，通过光纤传输到光电探测据，探测的信号经过校正、标定后，就可以测得高温物体的温度值。辐射光纤温度计由光路和电路系统组成。光路包括探头、光缆和检测部分，光缆可以弯曲，两端带螺纹接头，分别与探头和检测部分连接。被测物体辐射能由探头中的物镜聚焦进入光缆传输到检测部分，并用滤光片限制工作光谱范围，由探测器接收转换成电信号，进一步处理，最后得到所测的温度。

接触式光纤辐射高温传感器是把光纤置于高温区，光纤本身就成为一个高温辐射体。达到热平衡时，其温度与被测温度相等。一般的光纤不能构成黑体，必然存在测量误差，为此人们研制成黑体腔式光纤辐射高温计传感器。它的特点是光纤端头被镀上一层金属膜，形成一个小黑体腔，相当于发射率为 1 的带金属包套的细小“玻璃棒”。人们将这种“玻璃棒”浸入被测的金属熔体中，接收金属熔体内部的辐射热，直接通过光纤导入辐射温度计测出温度来。这就是所谓的接触式光纤辐射测温传感器，也称消耗型光纤辐射温度计。用这种探头可以取代消耗型热电偶。因为过去测量金属熔体如钢水、铁液等温度国内外普遍使用消耗型热电偶，每次测量后必须更换探头，费用高，且难于自动化，更不能高频率或连续测温。可见接触式光纤辐射高温传感器与消耗型热电偶相比，成本大大减低，响应速度快，可以连续测温实现自动化，而接触式光纤辐射高温计与非接触式光纤辐射高温计相比，有较高的测量精度。

2.5 例 题

【例 2-1】 在热电偶的回路中接入热电势的测量仪表，对于电势值有无影响，为什么？

答： 没有影响。在热电偶回路中接入第三种导体，只要中间导体两端温度相同，那么中间导体的引入就不会改变回路的总电势。依据中间导体定律，将热电势的测量仪表接入热电偶回路中，只要它们接入热电偶回路两端的温度相同，那么仪表的接入对热电偶总的热电势就没有影响，而且对于任何热电偶接点，若接触良好，则不论采用何种方法构成接点，都不影响热电偶回路的热电势。

【例 2-2】 建立温标需要哪些要素？

答： 建立温标的要素有：（1）选择测温物质，确定它随温度变化的属性，即测温属性；（2）选定温度固定点；（3）规定测温属性随温度变化的规律。

【**例 2-3**】热电偶闭合回路中产生热电势的基本条件是什么？

答：由两种不同导体组成闭合回路，同时两个接触点温度不同，即可使热电偶闭合回路中产生热电势。

解析：重点掌握热电偶测温原理，熟知热电效应概念。

【**例 2-4**】已知热电偶为 K 型，冷端温度为 25℃，测得的热电势为 39.179mV，如果没有进行冷端温度补偿，显示温度为多少？其绝对误差为多少？已知 $E_K(20, 0)=0.798\text{mV}$，$E_K(30, 0)=1.203\text{mV}$，$E_K(940, 0)=38.915\text{mV}$，$E_K(950, 0)=39.310\text{mV}$，$E_K(970, 0)=40.096\text{mV}$，$E_K(980, 0)=40.488\text{mV}$。

解：根据已知条件，$E_K(\text{T}, 25)=E_K(\text{T}, 0)-E_K(25, 0)=39.179\text{mV}$

查询热电偶 K 型分布表：

$$E_K(25, 0)=E_K(20, 0)+\frac{E_K(30, 0)-E_K(20, 0)}{30-20}\times 5=1.0005\text{mV}$$

因此，$E_K(T, 0)=39.179+1.0005=40.1795\text{mV}$

根据分度表查询结果：$T=970℃+\frac{980-970}{40.488-40.096}\times(40.1795-40.096)=972℃$

如果没有冷端补偿：$E_K(T, 0)=39.179$

则 $T=947℃$

与有冷端补偿相比，972−947=25℃

误差为 25℃。

解析：本题考查知识点为热电偶分度表的使用、内插公式的应用，以及对热电偶冷端补偿概念的理解。

【**例 2-5**】镍铬-镍硅（K 型）热电偶测温，热电偶参比端温度为 30℃，测得的热电势为 24.9mV，求热端温度。若热端温度不变，而热电偶参比端温度变化为 32℃，测得的热电势为多少 mV？该热电势比参比端温度为 30℃时是高了还是低了，为什么？

解：根据已知条件，$E_K(T, 0)=E_K(T, 30)+E_K(30, 0)$

其中：$E_K(30, 0)=1.203\text{mV}$，$E_K(T, 30)=24.9\text{mV}$

则有：$E_K(T, 0)=24.9+1.203=26.103\text{mV}$　反查 K 分度表，得：$T\approx 628℃$

若参比端温度变化为 32℃，$E_K(32, 0)\approx 1.285\text{mV}$

$E_K(T, 32)=E_K(T, 0)-E_K(32, 0)=26.103-1.285=24.818\text{mV}$

那么对于此热电偶来说，$E_K(T, 30)=E_K(T, 0)-E_K(30, 0)=24.818\text{mV}$

$E_K(T, 0)=E_K(T, 30)+E_K(30, 0)=24.818+1.203=26.021\text{mV}$

反差分度表，得 $T\approx 626℃$

得出，该热电势比参比端温度为 30℃时是低了。原因是，根据热电偶测温原理：$E_K(T, 0)=E_K(T, T_0)+E_K(T_0, 0)$；当 T_0 增大时，$E_K(T, T_0)$ 则会减小。

【**例 2-6**】用铜-康铜热电偶测某介质温度时，测得电势 $E(T, T_0)=2.5\text{mV}$，已知 $T_0=260\text{K}$，试求被测介质温度 T。

解：查取铜-康铜热电偶分度表，分度号为 T，此表在教材中有，此处不列出。分度表中温度单位为℃，因此计算时注意温度单位换算。

$T_0=260\text{K}=-13.15℃$

$E(T, T_0)=E(0, T_0)+E(T, 0)=2.5\text{mV}$

$$E(-13.15, 0)=E(-10, 0)+\frac{E(-20, 0)-E(-10, 0)}{-20-(-10)}\times 3.15=-5.796\text{mV}$$

$E(T, 0)=E(T, T_0)-E(0, T_0)=8.296\text{mV}$

查分度表可知：$E(190, 0)=8.757\text{mV}$；$E(180, 0)=8.235\text{mV}$

$$T=180+\frac{190-180}{8.757-8.235}\times(8.296-8.235)=181℃$$

即被测介质温度为181℃。

【例2-7】 热电偶的截面积或长度变化，对热电势有影响吗？

答： 没有影响，热电偶的热电势仅取决于组成热电偶的材料、热端和冷端的温度，而与热电偶的几何形状、尺寸大小和沿电极温度分布无关。

【例2-8】 沿热电偶长度方向存在温度梯度，但接点温度不变，对热电势有影响吗？

答： 有影响。温差电势的大小取决于热电极两端的温差和热电极的自由电子密度，而自由电子密度又与热电极材料成分有关。如果沿热电偶长度方向存在温度梯度，便说明该材料是不均匀的，热电极的材料不均匀性越严重，产生的热电势越大，测量时产生的误差就越大。

【例2-9】 在热电偶串联和并联电路里，若有一只热电偶短路，是否会影响整个电路正常工作，为什么？

答： 在热电偶串联电路里，如果有一只热电偶短路，那么整个电路不能正常工作，因为串联电路热电偶之间相互影响。但是在并联电路里，由于热电偶之间彼此工作相对独立，因此一只热电偶短路并不会影响整个电路瘫痪。

【例2-10】 测量汽轮机轴承金属温度用的专用热电阻，其结构有什么特点？

答： 由于使用环境和要求的特殊性，决定其结构不同于一般热电阻。一般采用漆包铜丝或铂金丝双线密绕在绝缘的骨架上，端面应与轴承的轴瓦紧密接触，以减少导热误差。

【例2-11】 使用补偿导线时应注意什么问题？

答： 补偿导线必须与相应型号的热电偶配用。补偿导线在与热电偶仪表连接时，正负极不能接错，两对连接点要处于相同温度。补偿导线和热电偶连接点温度不得超过规定使用的温度范围。要根据所配仪表的不同要求，选用补偿导线的线径。

【例2-12】 温度变送器在温度测量中的作用是什么？

答： 热电偶的毫伏信号及热电阻的阻值变化信号，经温度变送器被转换成统一的电流信号，输入到显示、记录仪表中，可作为温度的自动检测，输入调节器中，可组成自动调节系统，进行温度自动调节。经过转换输入电子计算机中，可进行温度巡回检测、计算机控制等。

2.6 习题及解答

2-1 什么是温标？简述ITS-90温标的基本内容。

答： 温度的数值表示方法叫作温标。温标是温度数值化的标尺，它给出了温度数值化的一套规则和方法，并明确了温度的测量单位。各种测温仪表的分度值就是由温标决定的

ITS-90 温标的基本内容：(1) 定义固定点；(2) 基准仪器；(3) 内插公式。

2-2 接触式测温和非接触式测温各有何特点，常用的测温方法有哪些？

答： 接触式测温仪表的优点是：(1) 测温准确度相对较高，能直接测得被测对象的真实温度，直观可靠；(2) 系统结构相对简单，测温仪表价格较低；(3) 可测量直接部位的温度；(4) 便于多点集中测量和自动控制。

缺点：(1) 在接触过程中易破坏被测对象的温度场分布和热平衡状态，从而造成测量误差；(2) 易受被测介质的腐蚀作用，对感温元件的结构、性能要求苛刻，恶劣环境下使用需外加保护套管等保护材料；(3) 不能测量移动的或太小的物体；(4) 测温上受到温度计材质的限制，故所测温度不能太高；(5) 热惯性大。

常用的测温方法有膨胀式温度计、热电偶温度计、电阻式温度计等。

非接触式测温仪表的优点是：(1) 测温范围广；(2) 测温过程中不破坏被测对象的温度场分布；(3) 能测移动、旋转等运动物体的温度；(4) 热惯性小

缺点：(1) 它不能直接测得被测对象的真实温度；(2) 由于是非接触，辐射温度计的测量受中间介质的影响较大；(3) 由于辐射温度的原理复杂，导致温度计结构复杂，价格较高；(4) 只能测量物体的表面温度。

常用的测量方法有亮度温度计、比色温度计、全辐射温度计、光纤温度计等。

2-3 膨胀式温度计有哪几种，各有何优缺点？

答： 膨胀式温度计可分为液体膨胀式温度计、固体膨胀式温度计、压力式温度计 3 种类型。

液体膨胀式温度计优点是结构简单、读数直观、使用方便、价格便宜等。缺点是易破碎、刻度微细不便读取，不适于有振动和容易受到冲击的场合。

固体膨胀式温度计优点是结构简单、牢固可靠、维护方便、抗震性好、价格低廉、无汞害及读数指示明显等。缺点是准确度不高。

压力式温度计优点是结构简单、价格便宜、抗震性好、防爆性好，读数方便清晰，信号可以远传。缺点是热惯性较大，动态性能差，不易测量迅速变化的温度，测量准确度不高。

2-4 热电偶的测温原理是什么，使用的时候应该注意哪些问题？

答： 热电偶的测温原理是热电效应。使用时应该注意：(1) 为了减小测量误差，热电偶应与被测对象充分接触，使两者处于相同温度；(2) 保护管应有足够的机械强度，并可承受被测介质的腐蚀；(3) 保护管应定期清洗；(4) 热电偶的信号传输线，在布线时应尽量避开强电区，更不能与电网线近距离平行敷设；(5) 如在最高使用温度下长期工作，应注意热电偶材质发生变化而引起误差；(6) 冷端温度的补偿与修正；(7) 热电偶的焊接、清洗、定期检定与退火等应严格按照有关规定进行。

2-5 可否在热电偶闭合回路中接入导线和仪表，为什么？

答： 根据热电偶中间导体定律可以在热电偶回路中接入导线和仪表，但是要保证连接导线、仪表等接入时两端温度相同。

2-6 为什么要对热电偶进行冷端补偿，常用的方法有哪些，各有何特点，使用补偿导线时应该注意什么问题？

答： 热电偶热电势的大小是热端温度和冷端的函数差，为保证输出热电势是被测温度

的单值函数，必须使冷端温度保持恒定；热电偶分度表给出的热电势是以冷端温度0℃为依据，否则会产生误差。因此，常采用一些措施来消除冷端温度变化所产生的影响。常用方法有：

（1）补偿导线法，特点是廉价，与热电偶AB导线特性相近。使用时的注意事项有：只能与相应型号的热电偶配套使用；连接时注意正负极方向；不可用普通铜导线代替；与热电偶连接处的两个接点温度应相同；只能在规定的温度范围内使用；要根据所配仪表的不同要求来选用补偿导线的直径。

（2）计算修正法，公式为$E_{AB}(T,\ 0)=E_{AB}(T,\ T_0)+E_{AB}(T_0,\ 0)$。

（3）冷端恒温法，包括冰点槽法和恒温箱法。

（4）模拟补偿法，包括补偿电桥法、晶体三极管冷端补偿电路和集成温度传感器补偿法。

（5）数字补偿法，常采用最小二乘法，根据分度表拟合出关系矩阵，只要测得热电势和冷端温度，并由计算机自动进行冷端补偿和非线性矫正，直接求出被测温度。

2-7 已知图2-1中AB为镍铬-镍硅热电偶，请选择补偿导线A′B′的材料。若图中$T_0=0$℃，$T=100$℃，求毫伏表的读数；若其他条件不变，只将补偿导线换成铜导线，结果又如何？

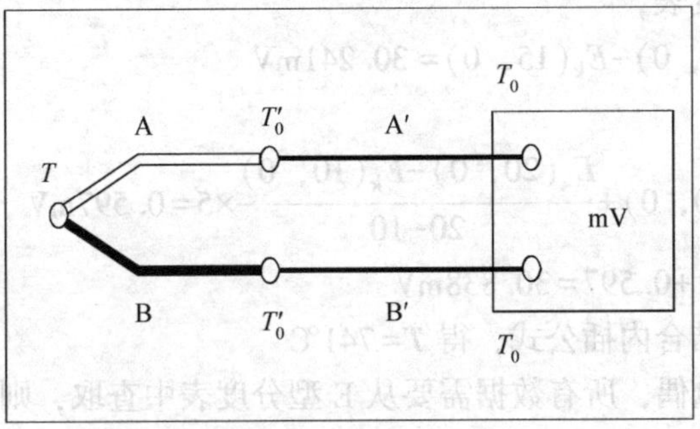

图2-1 带补偿导线的热电偶测温原理图

解：根据补偿导线法，应选用与热电偶配套的型号，因此选择A′B′的型号为KX，补偿导线正极材料是KPX，负极为KNX。

电势值为：$E=E_{AB}(100,\ T_0')+E_{A'B'}(T_0',\ 0)$。

若将补偿导线换成铜导线，由于铜导线没有补偿能力，只是将热电偶的电势值引到仪表，并无冷端补偿作用，根据中间导体定律，实际测得的热电势：$E=E_{AB}(100,\ T_0')$。与实际值不符，误差较大。

2-8 将一支灵敏度为0.08mV/℃的热电偶与毫伏表相连已知接线端温度为50℃，毫伏表的读数为60mV，问热电偶热端温度是多少？

解：根据已知条件，冷端温度为50℃，毫伏表测的是$E(t,\ 50)=60$mV

则 $t-50=\dfrac{60}{0.08}=750$℃，$t=750+50=800$℃

热电偶热端温度即为800℃。

2-9 已知热电偶的分度号为K，工作时冷端温度为20℃，测得电势以后错用E型偶分度表查得工作端的温度为514.8℃，试求工作端的实际温度是多少？

解： 由题可知，仪表指示为514.8℃是将所测热电势按E型偶分度表，可得对应的热电势为：

$E_E(T, 20)=E_E(514.8, 0)-E_E(20, 0)$

$$E_E(514.8, 0)=E_E(514, 0)+\frac{E_E(515, 0)-E_E(514, 0)}{515-514}\times 0.8$$

根据内插公式：$E_E(514, 0)=38.1316\text{mV}$；$E_E(515, 0)=38.2125\text{mV}$

则 $E_E(514.8, 0)=38.196\text{mV}$，$E_E(20, 0)=1.192\text{mV}$

$E_E(T, 20)=38.196-1.192=37.004\text{mV}$

这个热电势是由K型偶产生的，查K型分度表得 $E_k(20, 0)=0.798\text{mV}$

则：$E_k(T_真, 0)=E_k(T_真, 20)+E_k(20, 0)=37.004+0.798=37.802\text{mV}$

反差K分度表，结合内插公式：$T_真=912℃$

即工作端的实际温度为912℃。

2-10 用K型热电偶测某设备的温度，测得的热电势为30.241mV，冷端温度为15℃，求设备的温度是多少？如果改用E型热电偶来测温时，在相同的条件下，E型热电偶测得的热电势为多少？

解： 根据K型分度表，

$E_k(T, 15)=E_k(T, 0)-E_k(15, 0)=30.241\text{mV}$

其中

$$E_k(15, 0)=E_k(10, 0)+\frac{E_k(20, 0)-E_k(10, 0)}{20-10}\times 5=0.597\text{mV}$$

$E_k(T, 0)=30.241+0.597=30.838\text{mV}$

反差K分度表，结合内插公式，得 $T=741℃$

如果改用E型热电偶，所有数据需要从E型分度表中查取，则：

$E_E(15, 0)=0.892\text{mV}$

利用内插公式，$E_E(741, 0)=56.370\text{mV}$

$E_E(741, 15)=E_E(741, 0)-E_E(15, 0)=56.370-0.892=55.478\text{mV}$

即相同条件下，采用E型热电偶来测温，测得的热电势为55.478mV。

2-11 热电偶主要有哪几种，各有何特点？

答： 热电偶的分类方法很多，主要有（1）标准化热电偶，特点是具有统一的分度表，不用单支标定，可互换，并有与之配套的二次仪表可供使用，性能稳定，应用广泛。例如贵金属热电偶和廉金属热电偶；（2）非标准化热电偶，包括钨铼系、铂铑系和铱铑系热电偶等，虽然这种类型热电偶也有分度表，但一个热电偶有一个分度表，分度表不能公用；（3）特种热电偶，包括对环境适应性强的包覆热电偶、用于工厂或实验室内有爆炸性气体混合物场所的隔爆热电偶、厚度薄响应速度快可测微小物体的箔片型热电偶，还有用于在高温高压条件下，对气体浓度高于30%的氢气、甲烷等介质测温的吹气热电偶，用于冶金、建材等行业所需的高温耐磨热电偶；（4）消耗式热电偶，又称快速微型热电偶，是一种专为测量钢水和其他熔融金属温度而使用的热电偶，它在每次测量后都要更换。具有测量结果可靠、互换性好、准确度较高等优点。

2-12　什么叫消耗式热电偶，这种热电偶有什么用途和特点？

答：消耗式热电偶又称快速微型热电偶，是一种专为测量钢水和其他熔融金属温度而使用的热电偶，它在每次测量后都要更换。具有测量结果可靠、互换性好、准确度较高等优点。

2-13　热电偶测温的基本线路是什么？串、并联有何作用？

答：单支热电偶测温基本线路由热电偶、补偿导线、恒温器或补偿电桥、铜导线和显示部分（或微机）组成。串联的作用是：当热电偶正向串联，测量同一温度，可使输出热电势增大，进而提高仪表的灵敏度，所以可与灵敏度较低的电测仪表配合；当热电偶反向串联，测得是两个测量点的温度差。并联线路常用来测量温场的平均温度，当某支热电偶断路时，测温系统仍可照常工作，串联线路则不行。

2-14　如何进行热电偶的检定，其测温误差主要有哪些？

答：热电偶的检定方法有两种：比较法和定点法。工业上常用的是比较法，即用被校热电偶和标准热电偶同时测量同一对象的温度，然后比较两者的示值，以确定被校热电偶的基本误差等质量指标。

测温误差主要有：分度误差、冷端温度引进的误差、补偿导线的误差、热交换所引起的误差、因测量系统绝缘电阻下降而引进的误差、热电偶不均质引起的误差和其他误差。

2-15　如何进行热电偶的选择、使用和安装？

答：热电偶的选择需要通过以下几个方面进行：按使用温度选择；根据被测介质选择；根据冷端温度的影响选择和根据热电极的直径与长度选择，此外，热电偶丝的直径与长度，虽不影响热电势的大小，但是它却直接与热电偶的使用寿命、动态响应特性及线路电阻有关，所以它的正确选择也是很重要的。

热电偶的安装应遵循的原则：安装方向，应尽可能保持垂直，以防保护管在高温下产生变形；安装位置，热电偶测量端应处于能够真正代表被测介质温度的地方；插入深度，热电偶应有足够的插入深度；细管道内流体温度的测量，安装时应接扩大管；含大量粉尘气体的温度测量，应采用端部切开的保护筒；负压管道中流体温度的测量，必须保证密封性，以防外界冷空气吸入，使测量值偏低；接线盒安装，接线盒的盖子应朝上，以免雨水或者其他液体的侵入，影响测量的准确度；如果被测物体很小，在安装时应注意不要改变原来的热传导及对流条件。

热电偶的使用应遵循：热电偶应与被测对象充分接触，使两者处于相同温度；保护管应有足够的机械强度，并可承受被测介质的腐蚀；当保护管表面附着灰尘等物质时，将因热阻增加，使指示温度低于真实温度而产生误差，故应定期清洗；注意避免磁感应的影响；如在最高使用温度下长期工作，应注意热电偶材质发生变化而引起的误差；冷端温度的补偿与修正；热电偶的焊接、清洗、定期检定与退火等应严格按照有关规定进行。

2-16　常用热电阻有哪些，各有何特点？

答：常用的热电阻有：金属热电阻温度计，电阻温度系数为正，即电阻随温度升高而增加，大多数金属在温度每升高1℃时，电阻将增加0.4%～0.6%，有铂电阻、铜电阻、镍电阻、铁电阻和铑铁合金等，缺点是低温时电阻值小，灵敏度低；半导体电阻温度计，其温度系数可正可负，半导体热敏电阻在温度每升高1℃时，电阻将变化2%～6%，有锗电阻温度计、碳电阻温度计、碳玻璃电阻温度计和热敏电阻温度计。

2-17 热电阻的引线方式主要有哪些，各自的原理和特点是什么？

答： 热电阻的引线主要有三种方式：（1）两线制，在热电阻感温元件的两端各连一根导线的引线形式为两线制。这种引线方式结构简单，安装费用低，但是引线电阻以及引线电阻的变化会带来附加误差，因此两线制适用于引线不长、测温准确度要求较低的场合。（2）三线制，在热电阻感温元件的一端连接一根引线，另一端连接两根引线的方式称为三线制，这种方式通常与电桥配套使用，可以较好地消除引线电阻的影响。（3）四线制，在热电阻感温元件的两端各连接两根引线的方式称为四线制，其中两根引线为热电阻提供恒流源，在热电阻上产生的压降通过另两根引线引至电位差计进行测量。可见这种引线方式可完全消除引线电阻对测量的影响，主要用于高准确度温度检测。

2-18 为什么辐射温度计要用黑体刻度？用其测温时是否可测被测对象的真实温度，为什么？

答： 由于被测对象的光谱发射率各不相同，且在大多数情况下是未知的，为了具有通用性，用黑体刻度的辐射温度计去测量实际物体的温度，将实际温度的测量同黑体辐射定律直接联系起来，所得的温度示值叫作“辐射温度”，所以，测温时辐射温度计测量的并非被测对象的真实温度。

2-19 辐射温度计可分为几大类，各自的原理和特点是什么？

答： 辐射温度计可分为三大类：（1）亮度温度计，测温原理是利用各种物体在不同温度下辐射的单色辐射亮度与温度的函数关系制成的，理论基础是普朗克黑体辐射定律。特点是具有较高的准确度，可作为基准或测温标准仪表用；（2）比色温度计，原理是通过测量被测物体在两个不同指定波长下的光谱辐射亮度之比来实现测温的仪表。特点是测温准确度高，发射率的变化对仪表示值的影响很小，可在较恶劣的环境下工作，测温响应快，可用于测量小目标的温度；（3）全辐射温度计，是基于斯忒藩-玻耳兹曼定律设计的，根据绝对黑体在整个波长范围内的辐射出度与其温度之间的函数关系进行测温。特点是接受辐射能力大，灵敏度高，坚固耐用，结构简单，价格便宜，可测较低温度并能自动显示或记录，可不用电源。

2-20 光学高温计和全辐射高温计在原理和使用上有何不同？

答： 光学高温计测温原理是利用各种物体在不同温度下辐射的单色辐射亮度与温度的函数关系制成的，理论基础是普朗克黑体辐射定律。主要用于测量物体表面亮度温度，具有结构简单，使用方便，测量范围广等优点，缺点是必须用人眼判断亮度平衡，容易带有主观误差，无法实现自动记录、控制和调节，不能用于自动控制中，受人眼限制，测量下限为700℃。主要用于工业生产中，可实现对金属熔炼、浇铸、热处理、锻轧等生产过程的非接触测温。

全辐射高温计是基于斯忒藩-玻耳兹曼定律设计的，根据绝对黑体在整个波长范围内的辐射出度与其温度之间的函数关系进行测温。主要测量移动、转动、不易或不能安装热电偶、热电阻的高、中、低温对象表面温度，以及测量需要快速自动指示和记录的静止或运动的炙热体表面温度和一般物体的表面温度。

2-21 何为亮度温度、颜色温度和辐射温度，它们和真实温度的关系如何？

答： 亮度温度，当实际物体在某一指定波长下，在温度 T 时的单色辐射亮度同黑体在同一波长下，在温度 T_s 时的单色辐射亮度相等，则该黑体的温度 T_s 称为实际物体的亮度温度。它与真实温度之间的关系为：

$$T_s = \left[\frac{1}{T} + \frac{\lambda_c}{c_2}\ln\frac{1}{\varepsilon_\lambda(\lambda_c, T)}\right]^{-1}$$

颜色温度，在两个指定波长下，若黑体在温度为 T_c 时单色辐射亮度之比和实际物体在温度为 T 时的单色辐射亮度之比相等，则称 T_c 为被测物体的颜色温度。两者的关系为：

$$T_c = \left[\frac{1}{T} - \frac{\ln\dfrac{\varepsilon_{\lambda c1}}{\varepsilon_{\lambda c2}}}{c_2\left(\dfrac{1}{\lambda_{c1}} - \dfrac{1}{\lambda_{c2}}\right)}\right]^{-1}$$

辐射温度，若物体在温度为 T 时的辐射出度和黑体在温度为 T_p 时的辐射出度相等，则把黑体温度 T_p 称为被测物体的辐射温度。两者的关系为：

$$T_p = T\sqrt[4]{\varepsilon}$$

2-22 以光电高温计为例说明自动调节系统的工作原理、特点、基本组成部分和作用。

答：自动调节系统主要指在没有人的直接干预下，利用物理装置对生产设备或工艺过程进行合理的控制调节，主要由给定环节、比较环节、校正环节、放大环节、执行机构、被控对象和检测装置等环节组成。光电高温计采用光电负反馈原理进行工作，首先利用硅光电池将被测对象与标准灯泡的亮度分别转换为电信号，再经放大后送往检测系统进行测量和比较。当两个电信号之差等于零，即说明被测对象与标准灯泡的光谱辐射亮度相等，则标准灯泡的亮度温度即为被测对象的亮度温度。

2-23 辐射测温的误差源主要有哪些，如何克服？

答：辐射测温的误差源主要有：

(1) 发射率变化产生的误差。克服方法有掌握材料发射率的影响因素和作用规律，包括波长、温度、表面条件、发射角、偏振状态，采用逼近黑体法、多波长辐射测温、发射率修正法等。

(2) 光路中的干扰。1) 吸收性介质的影响，解决办法有采用亮度温度计或比色温度计，并通过优选波长，避开吸收峰。采取吹扫等措施，尽量清除水蒸气、水膜和二氧化碳。保证被测对象与辐射温度计之间的距离最好不超过 2m，尽管理论上辐射温度计与被测目标间没有距离上的要求，只要求物像能均匀布满探测器即可。2) 非吸收介质的吸收和散射，解决办法一是采用比色温度计，通过比值计算减小影响；二是同样采取吹扫等措施，尽量清除尘埃。3) 外来光的干扰，解决办法是对于一些固定的难以避免的光源，应设置遮蔽装置，以免造成较大的测量误差。为了防止遮蔽装置的内部与被测表面之间发生多次反射，遮蔽装置的内侧应涂黑。由于被测物体辐射作用，遮蔽装置可能在较高温度下工作，这样遮蔽装置本身又成了新的外部光源。为此，应当用空气或水等对遮蔽装置进行冷却，尽量减少它的辐射。

2-24 光纤测温的基本原理是什么，有何特点？

答：光纤是一种由透明度很高的材料制成的传输光信息的光导纤维，光纤测温的基本原理是光的全反射。特点是：(1) 电、磁绝缘性好。(2) 灵敏度高。(3) 光纤传感器的结构简单，体积很小，重量轻，耗电小，不破坏被测温度场。(4) 强度高，耐高温高压，抗化学腐蚀，物理和化学性能稳定。（5）光纤柔软可挠曲，克服了光路不能转弯的缺点，可在密闭狭窄空间等特殊环境下进行测温。（6）光纤结构灵活，可制成单根、成束、Y形、阵列等结构形式，可以在一般温度计难以应用的场合实现测温。

2-25 何谓功能型光纤温度计和非功能型光纤温度计，各种常用光纤温度计的原理和特点是什么？

答：功能型光纤温度计是指当光沿单模光纤传播时，表征光特性的某些参数，如振幅、相位、偏振等，会因外界因素的改变而改变，基于此建立起来的一类光纤温度计。特点是光纤既为感温元件，又起导光作用。

非功能型光纤温度计是指光纤在温度计中仅起传输光信号的作用，又称传光型或结构型光纤温度计。特点是感温功能由非光纤型敏感元件完成。

此外还有半导体光纤温度计，是利用某些半导体材料（如 GaAs）具有极陡的吸收光谱，对光的吸收随着温度的升高而明显增大的性质制成的。其特点是体积小、灵敏度高、工作可靠容易制作，且没有杂散光损耗。

2.7 知识扩容

2.7.1 古代测温方法

1593 年，意大利科学家伽利略发明了温度计，被认为是最早的温度计。顺治年间，比利时传教士南怀仁首次将西方温度计带入中国。在此之前，中国人是如何测温的呢？

从史料来看，中国人很早就确立了寒、冷、温、热的“温度”概念，先秦时期观察“瓶中之冰”、南朝已使用“腋下温度”，还通过“火候”“物候”来测定超高温、预测未来气温趋势等。中国最早的中医典籍《黄帝·内经》里记载了测体温诊病的情况：“尺热曰病温，尺不热脉滑曰病风。”像“春暖花开”“天寒地冻”，最早都是古人推测气温变化的词语；而“炉火纯青”，则表明温度已达到 1200℃。中国第一部手工艺专著、先秦时成书的《考工记·栗氏》中记载：“凡铸金之状，金与锡，黑浊之气竭，黄白次之；黄白之气竭，青白次之；青白之气竭，青气次之，然后可铸也。”

“冰瓶”出现在先秦时期，是中国最原始的一种温度计，被视为现代温度计的雏形。其工作原理是，瓶子中装上水，如果水结冰了，气温即低于零度，进入寒冬；如果冰融化，则代表气温回升。《吕氏春秋·慎大览·察今》：“见瓶水之冰，而知天下之寒、鱼鳖之藏也。”在汉刘安《淮南子·说山》中也有记载：“睹瓶中之冰，而知天下之寒。”

《淮南子·说山》中记载：“悬羽与炭，而知燥湿之气，以小（明）大”。指的是在汉代，将质量相等的干燥木炭和石头分别悬于天平两端，木炭因吸收空气中的湿气而变重，通过增加羽毛的数量使天平平衡，这是最早的测量空气湿度的方法。

2.7.2 现代测温技术

2.7.2.1 红外温度计

红外测温仪是由红外检测传感器、液晶显示按屏、发射率设置按钮、开关键等组成，测量范围为 0~200℃。其工作原理是，当物体的温度高于绝对零度时，受到内部热运动的影响，物体会不断地向周围环境辐射电磁波，黑体的光辐射功率 P 与热力学温度 T 之间满足普朗克定律，红外测温仪根据被测物的红外辐射能量确定其温度，因此它具有快速、非接触测量、测量范围广、灵敏度高，以及准确度高等特点。不足之处是易受环境因素影响，对于光亮或抛光的金属表面的测温准确度较低，只限于测量外部温度，不方便测量内部及存在障碍时的温度。主要用于生产线上在线非接触检测零部件的表面温度、汽车表面烤漆测温、设备轴承等部件过热温度检测、化学药品发热温度检测等。

热像仪是测量物体表面温度分布的仪器，它所依据的基本测量原理与红外测温相同。与一般红外测温计不同的是，热像仪中使用了自动扫描技术来测量物体表面温度的分布，并通过热成像技术给出物体的二维温度分布图，即热像图。在进行测量时，目标扫描系统对被测物体的一定区域进行扫描，获得温度面分布的光信号。此光信号在控制程序作用下逐点投向探测器进行光电转换，获得与光信号成正比的信号电流。此电信号经放大电路放大并经电光转换后，由成像扫描系统在显示器上显示出目标的热像画面。目前，热像仪已应用于高压输电线路故障隐患点的测定，半导体元器件、印制电路，集成电路的温度检测，热力设备的温度分布检测，疾病诊断等领域。此外热像仪也是军事、公安等部门的重要设备。

热像仪常用的扫描系统有两种：一种是光机扫描系统；另一种是红外扫描系统。光机扫描系统的扫描机构是可运动的精密光学部件；红外扫描采用的是光子检测器吸收目标发出的辐射光子，并在极短时间因内将其转换成电子视频信号。与其他测温方法相比，热像仪在以下两种情况下具有明显的优势：一是温度分布不均匀的大面积目标的表面温度场的温度测量；二是在有限的区域内快速确定过热点或过热区域的测量。

值得注意的是，热成像所得到的热像图的质量在很大程度上取决于把目标的红外辐射收集起来，并聚焦到探测器上的光学系统中。光学系统可以由折射或反射光学元件组成。反射式系统消色差，性能和像质较好，无透射损失，反射损失也可以通过镀膜来降低，且成本低。折射系统的光谱透过率高，但波长范围窄，色差和透射损失均不可避免而且成本高。但随着透光性能良好的硅、锗晶体等红外光学材料的出现，折射式光学系统用得越来越普遍，因为折射系统能较好地校正轴外像差，在视场较大时能明显改善像质。

目前制造红外透镜的主要材料是硅和锗单晶，它们具有高折射率、高强度和高硬度，适于镀膜，不溶于水，且吸收率低。锗可用于 3~5μm 和 8~14μm 两个波段；而硅主要用于 3~5μm 波段，在 8~14μm 波段内有严重的辐射吸收。其他可选用的材料还有三硫化砷、氧化镁、氟化钙、硒化锌、碲化镉和硫化锌等。

红外热成像测温，实际上是测量在一定波长范围内物体表面的辐射能量，再换算成温度，并以黑白（或彩色）图像的形式将物体表面的温度场显示出来，而不同的灰度值（或彩色）就代表不同的温度。但是，由于物体表面发射率不同，且随温度和波长变化，这就给红外热成像测量带来复杂的问题。主要包括以下几个方面：

（1）物体表面发射率的影响。实际物体都是非黑体，其发射率均小于1。这些非黑体的发射变化主要分三种情况：发射率小于1，但不随波长变化，为灰体；发射率小于1且随波长变化，如一些高分子有机材料、玻璃及气体分子等；发射率不仅随波长变化还随温度变化，如某些金属。因此为了解决被测物体发射率对测温的影响，在红外热成像系统中都设有发射率设定功能。只要事先知道被测物体的发射率，并在测温系统中予以设定，便可得到正确的温度测量结果。

(2) 背景对测温的影响。用红外热成像系统测量物体温度时，探测器接受的不仅有被测物体表面投射到响应平面上的辐射能，还可能有背景（即周围环境）投向物体表面被物体表面反射的辐射能，以及背景投向物体表面并透过物体表面的辐射能。后两部分的辐射能会直接影响到测温的准确度。背景温度越高，对测温的影响也越大。此外，发射率低的物体比发射率高的物体受背景温度的影响更大。因此，被测物体表面若发射率低，而被测温度又和背景温度相差不大时，就会引起很大的测温误差。为了消除背景温度对测温的影响，红外热成像系统应有背景温度补偿功能。有两种补偿方法：一种是以背景温度固定为前提进行补偿。这种补偿比较简单，只要知道背景温度，通过系统软件的计算，即可得到正确的测量值。这种补偿只适于背景温度变化不大的情况，补偿时，对背景温度的变化取平均值。另一种是实时补偿。当背景温度随时间变化很大很快时，使用另外一个专门测背景温度的传感器，再通过软件进行实时补偿。

(3) 大气对测温的影响。被测物体辐射的能量必须通过大气才能到达红外热成像仪。由于大气中某些成分对红外辐射的吸收作用，会减弱由被测物体到探测器的红外辐射，引起测温误差。另外大气本身的发射率也将对测量产生影响。为此，除了充分利用“大气窗口”以减少大气对辐射能的吸收外，还应根据辐射能在气体中的衰减规律，即贝尔(Beer) 定律，在热成像仪的计算软件中对大气的影响予以修正。

(4) 工作波长的选择。选择工作波长依据的是测量温度范围、被测物体的发射率和大气传输的影响。从能量利用的角度考虑，高温测量一般选用短波，低温测量选择长波，中温测量的波长选择介于两者之间。由于被测物体的多样性，某一种红外测温装置不可能同时满足多种被测物体的要求。对于发射率既随温度变化又随波长变化的物体，其工作波段的选择不能只依据温度范围，而主要是依据发射率的波长随温度的变化。例如高分子塑料在波长 3.43μm 或 7.9μm 处，玻璃在 5μm 处，只含 CO_2 和 NO_x 的清洁火焰在波长 4.5μm 处均有较大的发射率。为了测量这些对象的温度，就要选用这些具有大发射率的波段。为了减少辐射在大气中的衰减，工作波段应选择大气窗口，特别是对长距离的测量，如从卫星处探测地面辐射的遥感，更是如此。当然对一些特殊场合，如测量现场含有大量的水蒸气，则工作波段应特别避开水蒸气的几个吸收波段。

(5) 背景噪声等影响。为了消除背景噪声和提高探测器的灵敏度，探测器要求配置制冷装置。不同的探测器要求的制冷温度也不同。如对锑化铟、碲镉汞探测器，其要求的制冷温度为 77K。获得制冷的方法主要有三种：把探测器置于杜瓦瓶内，然后向瓶内直接灌液氮；使用高纯压缩空气或氮气，通过毛细管口突然膨胀降温而变成液体，再将此液体导入杜瓦瓶中；利用半导体制冷或脉管制冷、热声制冷等新型的微型制冷装置。

2.7.2.2 干涉测温技术

干涉测量技术是以光波干涉原理为基础的测量技术。它原是实验物理学的一个重要分支，但随着激光的出现，干涉测量技术获得了迅速发展，现在已成为许多领域中一种重要的测试方法。

用干涉方法来测量几何量，如长度、平行度、角度、表面粗糙度等早已为人们熟知。这是因为干涉计量能精确到微米级，双波长干涉计量还可达到更高的测量精度，至今仍是精密几何量测量的基准方法。但是随着科学技术的发展，现在几何量的光测也跨进了一个新的阶段，即从一维或二维的测量扩展到三维空间的测量；从轮廓的选点测量发展到整个表面的测量，从静态尺寸的测量扩展到动态尺寸的测量；从光洁面的测量发展到粗糙面、柔软面和生物体的测量。用干涉方法测量动态热物理量，如温度、压力、密度、浓度等随时间和空间的分布，是现代干涉测量技术发展的一个极为重要的方面。由于激光干涉测量具有非接触、无滞后、全场记录等优点，目前已成为动态量测量的最佳选择。

激光全息干涉测量是全息照相应用中的一个重要分支。全息照相是以光的波动理论为基础而发展起来的一种新颖的记录和显示图像的方法。众所周知，普通照相就是把从物体表面反射（或漫反射）来的光或物体本身发出的光，经过物镜成像，并且将光强度记录在感光底片上，再在照相纸上显出物体的平面像。普通照相只能记录光的两个信息：波长(反映在底片上就是颜色）和强度（即振幅，反映在底片上就是明暗程度）。全息照相则不仅要在感光底片上记录上述两个信息，而且还要把物光的位相也记录下来，也就是把物光的全部信息都记录下来，随后，通过一定的方法再现出物体的立体图像。

由于激光全息干涉的非接触特性，可用于测量火焰的温度。利用激光全息干涉测出火焰的折射率场，即可根据折射率场计算出火焰的温度场。

2.7.3 湿度测量

空气湿度是表示空气干湿程度的物理量，是反映空气中水蒸气含量多少的尺度。在通风与空调工程中，空气湿度与温度是两个相关的热工参数，它们具有同等的重要意义。在很多部门中，如气象、科研、农业、暖通、纺织、机房、航空航天、电力等，都需要对湿度进行测量和控制。要想有效地控制湿度，只有对湿度进行准确的测量方能实现。常用来表示空气湿度的方法有绝对湿度、含湿量、相对湿度和露点温度。大多数湿度测量仪表都是直接或间接地测量空气中的相对湿度。

绝对湿度定义为 $1m^3$ 的湿空气在标准状态下水蒸气的含量。

含湿量 d，g/kg，定义为对应于 1kg 干空气在湿空气中的水蒸气含量，其数学表达式为：

$$d = \frac{m_s}{m_w} \times 1000 \tag{2-42}$$

式中 m_s——湿空气中水蒸气的含量，kg；

m_w——湿空气中干空气的含量，kg。

相对湿度 φ，是指湿空气中水蒸气分压力与同温度下可能达到的最大水蒸气压力之比，并用百分数表示，其数学表达式为：

$$\varphi = \frac{p_s}{p_b} \times 100\% \tag{2-43}$$

式中 p_s——湿空气中水蒸气分压力，Pa；

p_b——同温度下可能达到的最大水蒸气压力，Pa。

通常 p_b 可被认为是同温度下饱和水蒸气压力，只是在 101kPa 条件下，当温度大于饱和温度时，同温度下可能达到的最大水蒸气压力要小于饱和压力，此时 p_b 就不可以取饱和压力了。

从相对湿度的定义可以得出，相对湿度 φ 的大小反映了空气中所含水蒸气的饱和程度，φ 值越小，空气的饱和程度越小，吸收水蒸气的能力越强，它不仅与空气中所含水蒸气量的多少有关，还与空气所处的温度有关。因此，即使空气中的水蒸气含量不变，如果空气的温度发生变化，那么空气的相对湿度也会随之改变。

露点温度是指保持压力一定，将含水蒸气的空气冷却，当降到某温度时，空气中的水蒸气达到饱和状态，开始从气态变为液态，称为结露，此时的温度称为露点。空气的露点温度只与含湿量有关。当含湿量不变时，露点温度也是定值。空气中的相对湿度越高，越容易结露，其露点温度也越高。因此，空气的露点温度可以作为空气中水蒸气含量多少的一个尺度。空气的相对湿度又可以表示为：

$$\varphi = \frac{p_{b1}}{p_b} \times 100\% \tag{2-44}$$

式中　p_{b1}——湿空气在露点温度下的饱和水蒸气压力。

2.7.3.1　干湿球温度法

干湿球温度法湿度测量是根据干湿球温度差效应原理来测定空气的相对湿度。所谓干湿球温度差效应是指在潮湿物体表面的水分蒸发而冷却的效应，冷却的程度取决于周围空气的相对湿度、大气压力以及风速。

普通干湿球湿度计是测定湿度的一种常用仪表，由两只完全相同的温度计构成，其中一只温度计为干泡温度计，另一只为湿泡温度计。将暴露于空气中的温度计称为干球温度计，它用来测量空气的环境温度，即干温值。另一只温度计的传感器则需用蒸馏水浸湿的纱布裹住，将纱布下端浸入蒸馏水中，称为湿球温度计，它用来测量湿球温度值。在测量过程中，湿温值一定低于干温值。因为湿润的纱布中的水分不断地向周围空气中蒸发并带走热量，使得湿球温度下降。因为水分蒸发速率与周围空气含水量有关，所以空气湿度越低，水分蒸发速率越高，导致湿球温度越低。由此可见，干球和湿球温度存在温差，而此温度差又与湿度值构成量的函数关系，通过干温与湿温间的温度差，得出湿度值。干湿球温度计就是利用干湿球温度差及干球温度来测量空气相对湿度的。

为了能自动显示空气的相对湿度和便于远距离传送信号，可采用电动干湿球湿度计。它是利用两支电阻温度计分别感受干湿球温度，把温度变化转换成电信号输出的湿度传感器。

干湿球温度计的主要缺点有以下几个方面：(1) 由于湿球温度计潮湿物体表面水分的蒸发强度受周围风速的影响较大，风速高，蒸发强度大，湿球温度就低，因此，测量得到的相对湿度值就要比实际低，反之亦然。由于风速的变化会导致附加的测量误差，为了提高测量精度，就要有一套附加的风扇装置，使湿球部分保持在一定的风速范围内，以克服风速变化对测量值的影响。(2) 测量范围只能在0℃以上，一般为10~40℃。(3) 为保证湿球表面湿润，需要配置盛水器或一套供水系统，而且还要经常保持纱布的清洁，否则会带来一定的附加误差，因此平时维护工作比较麻烦。

2.7.3.2　光电式露点湿度计

露点法测量相对湿度的基本原理是：先测定露点温度，然后确定对应的饱和水蒸气压力，即为被测空气的水蒸气分压力，求出相对湿度。保证露点法测量湿度精度的关键是如何精确地测定水蒸气开始凝结的瞬间空气温度。

光电式露点湿度计是使用光电原理直接测量气体露点温度的一种电测法湿度计。它的测量准确度高，而且可靠性高，适用范围广，尤其是对低温与低湿状态更加适用。

光电式露点温度计要有一个高度光洁的露点镜面以及高精度的光学与热电制冷调节系统，这样的冷却与控制可以保证露点镜面上的温度值在-0.05~0.05℃的误差范围内。

测量范围广与测量误差小是对仪表的两个基本要求。一个特殊设计的光电式露点湿度计的露点测量范围为-40~100℃。典型的光电式露点湿度计的露点镜面可以冷却到比环境温度低50℃。最低的露点能测到1%~2%的相对湿度。光电式露点湿度计不但测量精度高，而且还可以测量高压、低温、低湿气体的相对湿度。但采样气体不得含有烟尘、油脂等污染物，否则会直接影响测量精度。

2.7.3.3　氯化锂露点湿度计

氯化锂露点湿度计的测量原理是传感器并不是直接测量相对湿度，而是测量与空气露点温度有一定函数关系的平衡温度。通过平衡温度计算露点温度，再根据干球温度和露点温度计算相对湿度。氯化锂露点湿度测量的原理和氯化锂溶液吸湿后电阻减小的基本特性来测量空气的相对湿度，它是一种可以直接指示和调节空气相对湿度的测试仪表。

氯化锂露点湿度计由氯化锂湿度测头、铂电阻温度计以及电气线路等部分组成，仪表的主要部件是用作感湿的氯化锂湿度测头，其用途是测量空气的露点温度。仪表根据测得的露点温度及空气温度两个参数信号通过电气线路组成一个湿度信号，可以从仪表上直接读出空气的相对湿度，并且有正比于空气相对湿度的标准直流电流信号输出。如果再加上调节电路部分，还可实现湿度的位式或连续调节。仪表的应用范围广，当空气温度在55℃以下，相对湿度为15%~100%时，都能进行测量，测量精度为2%~4%。

2.7.3.4　氯化锂电阻式湿度测量

将某些盐类放在空气中，其含湿量与空气的相对湿度有关，而含湿量大小又会引起本身电阻的变化。因此，可以通过这种传感器将空气相对湿度转换为对其电阻值的测量。

氯化锂在大气中不分解、不挥发，也不变质，是一种具有稳定的离子型结构的无机盐，其吸湿量与空气相对湿度呈一定的函数关系，随着空气相对湿度的增加，氯化锂的吸湿量随之增加，从而使氯化锂中导电的离子数也随之增加，最后导致它的电阻率降低而使电阻减小。当氯化锂的蒸汽压力高于空气的水蒸气分压力时，氯化锂才处于吸湿、放湿的平衡状态。氯化锂电阻式湿度计的传感器就是根据这一原理工作的。

实践表明，氧化锂传感器的电阻值与其温度有关，为消除温度对测量精度的影响，采取温度补偿措施，即将温度传感器接入另一交流电桥，其输出的交流信号接入湿度变送器中放大器的输入端，用以抵消温度对湿度测量的影响。温度信号也经变送器变送为DC0~10mA信号$I(t)$。温湿度变送器输出的标准信号便于远距离传送、记录和调节，测量和调节精度高，可用于自动湿度控制系统，以对房间内空气的相对湿度进行自动控制。

2.7.3.5　金属氧化物膜式湿度传感器

Cr_3O_3、Fe_2O_3、Fe_3O_4、Al_2O_3、Mg_2O_3、ZnO和TiO_2等金属氧化物的细粉，它们吸附水分后会有极快的速干特性，利用这种现象可以研制生产出多种金属氧化物膜式湿度传感器。

这类传感器的结构是在陶瓷基片上先制作钯银梳状电极，然后采用丝网印制、涂布或喷射等工艺方法，将调制好的金属氧化物的糊状物加工在陶瓷基片及电极上，采用烧结或烘干方法使之固化成膜。这种膜可以吸附或释放水分子而改变其电阻值，通过测量电极间的电阻值即可检测相对湿度。这类传感器的特点是传感器电阻的对数值与湿度呈线性关系，具有测湿范围及工作温度范围宽的优点，使用寿命在两年以上，是一种有发展前景的湿度传感器。

2.7.3.6 电容式湿度传感器

大约从20世纪70年代开始使用根据电容原理制成的湿度计，其变送器将相对湿度转换为0~10V的直流标准信号，传送距离可达1000m，性能稳定，维护简单。目前，它被认为是一种比较好的湿度变送器。包括金属电容式湿度传感器和高分子电容式湿度传感器。金属电容式湿度传感器是通过电化学方法在金属铝表面形成一层氧化膜，进而在膜上沉积一薄层透气的金属膜。这种铝基体和金属膜便构成一个电容器。氧化铝吸附水气之后会引起介电常数的变化，湿度计就是基于这样的原理工作的。

传感器的核心部分是吸水的氧化铝层，其上布满平行且垂直于其平面的管状微孔，从表面一直深入到氧化层的底部。氧化铝层具有很强的吸附水气的能力。对这样的空气、氧化膜和水组成的体系的介电性质的研究表明，在给定的频率下，介电常数随水气吸附量的增加而增大。氧化铝层吸湿和放湿程度随着被测空气的相对湿度的变化而变化，因而其电容量是空气相对湿度的函数。因此，利用这种原理制成的传感器被称为电容式湿度传感器。

电容式湿度变送器具有许多优点，工作温度和压力范围较宽（温度可达50℃），精度高、反应快（响应时间为1~2s），不受环境条件的影响，便于远距离指示和调节湿度，但目前较昂贵。

3 压力测量仪表

在工业生产中，许多生产工艺过程经常要求在一定的压力或一定的压力变化范围内进行，如锅炉的汽包压力、炉膛压力、烟道压力、给水压力和主蒸汽压力，化工生产中的反应釜压力等，因此，压力是热工测量的重要参数之一。准确的压力测量是锅炉设备、供热及空调系统等运行安全及经济性的必要保障，也是保证生产过程良好运行，达到优质高产、低能耗的重要环节。随着经济的快速发展，压力测量技术无论是在生产过程还是在科学研究中都获得了飞速发展。压力传感器技术、信号调理技术、高速数据采集和处理技术的快速发展带动了测试速度、测试精度的不断提高，工业先进国家的压力变送器具已在传统的结构设计和生产上转向以微机电加工为基础、仿真程序为工具的微结构设计，开发各种敏感机理的全新传感器技术。压力测量技术的发展趋势体现在测量精度水平、测量响应速度，测量稳定性和自动化的提高上。所以，压力和差压的检测在各类工业生产中，如石油、电力、化工、冶金、航空航天、环保等领域中都占有很重要的地位。

3.1 重 点

(1) 压力的基本概念。

(2) 弹簧管压力计的工作原理及结构。

(3) 电气式压力检测仪表的工作原理与应用。

(4) 压力变送器工作原理及结构。

3.2 难 点

(1) 弹簧管压力计的工作原理及结构。

(2) 压力变送器的工作原理及特点。

(3) 压阻式压力传感器原理。

(4) 压电式压力传感器原理。

3.3 关 键 词

压力；弹性元件；弹簧管压力计；压电式压力计；电阻式压力计；振频式压力计；活塞式压力计；浮球式压力计；U 形管压力计；压磁式压力计；真空计；压力分布测量系统；电容式压力变送器；霍尔式压力变送器。

3.4 知识体系

3.4.1 基本概念

压力从物理的概念上来说，是指单位面积上的垂直作用力，也称压强。被测量物体的压力可以是固体或是流体。国际单位制（SI）用帕斯卡（Pa）作为通用的压力（N/m^2）单位，就是当作用于单位面积上的力等于1N时为1Pa。以毫米汞柱高、毫米水柱高、标准大气压或bar表示的均为非国家法定单位。

由于参考点不同，在工程上压力的表示有三种方式：

（1）绝对压力p_a，是以完全真空作为零标准所表示的压力。用来测量绝对压力的仪表称为绝对压力表。

（2）表压p，是以环境大气压力为零标准所表示的压力。绝对压力与当地大气压p_0之差，即为表压。

$$p = p_a - p_0 \tag{3-1}$$

式中 p——表压，Pa；

p_a——绝对压力，Pa；

p_0——当地大气压，Pa。

当地大气压随地理位置而变。大气压是以绝对压力零位为基准得到的。一个标准大气压的含义是由纬度45°、温度为0℃、重力加速度为$9.80665m/s^2$的海平面上的空气柱重量所产生的绝对压力，大小为101325Pa。

（3）真空度p_v，是指大气压力与绝对压力之差的绝对值，而且是在绝对压力小于大气压力时，此时的绝对压力称为真空度。

$$p_v = p_0 - p_a \tag{3-2}$$

在差压计中一般将压力高的一侧称为正压，压力低的一侧称为负压，但这个负压是相对正压而言，并不一定低于当地大气压力，与表示真空度的负压是截然不同的。

能源与动力工程中常常要涉及流体的流动问题。对于流体流动的压力来说，可分为静压、全压和动压。静压是指运动流体垂直作用于与其速度方向相平行的单位表面积上的力。流体的全压是指流体从流动速度等熵滞止到零时所具有的压力。而全压与静压的差值，称为动压。

按测量信号原理不同，压力测量仪表主要可分为四类：（1）液柱式压力计。根据流体静力学原理，可将被测压力转换为液柱高度差进行测量。常用的液柱式压力计有U形管压力计、单管压力计和斜管微压计等。压力计结构简单，操作方便，性能稳定，精度较高，但抗冲击及动态响应性能差，测量范围有限。（2）弹性式压力计。由于弹性元件受力变形，可将被测压力转换成位移实现测量。常见的有弹簧管压力计、波纹管压力计及膜盒式压力计等。这种压力计的测量范围很宽，从负压到正压都可以测量，目前电厂中最常用的为单圈弹簧管压力表。（3）电气式压力计。利用敏感元件可将被测压力转换成各种电量信号，例如压阻式压力计、应变式压力计、电容式压差变送器、霍分片压力变送器以及电感式的压力变送器等。该方法具有较好的动态响应，量程大且线性好，可以进行压力信号的传输。(4) 负荷式压力计。它是基于流体静力学平衡原理和帕斯卡定律进行压力测量的，典型仪表主要有活塞式、浮球式和钟罩式三类。它普遍被用作标准仪器来对压力检测仪表进行标定。

3.4.2 弹性压力计

机械式压力传感器也称为弹性式压力计，是工业生产过程中使用最为广泛的一类压力计，具有操作方便、性能可靠、价格便宜的优点，可以直接测量气体、液体（油、水等）、蒸汽等介质的压力。其测量范围很宽，为 $10 \sim 10^9$Pa，可测量正压、负压和压差，还可以测量真空。其结构十分简单，是一种用扁圆形或椭圆形截面形状的管弯成圆弧状，一端固定，一端自由，而自由端是封闭的，由固定端感受被测压力，弹簧管内承受压力就会变形，首先是截面趋于圆形，紧接着弯曲的弹簧管伸展，使封闭的自由端外移，该自由端通过连接件带动压力表指针转动，从而测出压力的大小。

弹性式压力计的核心器件是弹性元件，弹性元件把被测量的压力转换成弹性位移信号输出。当结构、材料一定时，在弹性限度内弹性元件发生弹性形变而产生的弹性位移与被测量的压力值有确定的对应关系。弹性式压力计从应用上可分抗震型、抗冲击型、防水型、防爆型和防腐型等。金属弹性式压力计的精度可达 0.16 级、0.25 级、0.4 级。工业生产过程中使用的弹性式压力计，其精度大都 1.5 级、2.0 级、2.5 级。

3.4.2.1 弹性元件

弹性元件是弹性压力计的测压敏感元件。弹性式压力计中的弹性元件主要有膜片、膜盒、弹簧管、波纹管等。每种弹性元件在结构上又有不同的形式，如膜片分为平面膜片、波纹膜片和挠性膜片等。

评估弹性元件特性的参数有以下几个：

(1) 弹性特性，也称输出特性。是指弹性元件承受负荷时，产生的变形量与负荷之间的函数关系。

(2) 刚度（K），弹性元件产生单位变形所需要的负荷，和分辨率原理类似。刚度越大，弹性元件越不容易发生变形。与强度不同，刚度表示某种构件或结构抵抗变形的能力，是衡量材料产生弹性变形难易程度的指标，强度是指某种材料抵抗破坏的能力。

(3) 灵敏度（S），弹性元件在单位负荷下所产生的变形量。灵敏度越大，弹性元件刚度越小。因此，测量较高压力时，宜选用刚度大灵敏度小的弹性元件；测量较低压力时，则选用刚度小灵敏度大的弹性元件。

(4) 弹性滞后，弹性元件在弹性范围内，加负荷与减负荷时，表现出的弹性特性不重合的现象。

(5) 弹性后效，在负荷停止变化或完成卸载时，弹性元件的应有变形量不能在同一时刻到达，而是过一段时间后才能达到。产生弹性滞后或后效的主要原因是负荷接近弹性元件的承受极限。

3.4.2.2 弹簧管压力计类型

弹簧管是由法国人波登发明的，所以又称波登管。单圈弹簧管式压力表的传感器弯成圆弧形的空心管子，管子截面呈椭圆形或扁圆形，管子的开口端固定在仪表接头座上，称为固定端，压力信号由接头座引入弹簧管内。管子的另一端封闭，称为自由端，即位移输出端。当固定端通入被测压力时，弹簧管承受内压，因为压力顺着椭圆（或扁圆）截面的短轴方向，使椭圆（或扁圆）内表面积增大，受力沿着短轴方向，使短轴伸长，故管截面趋于圆形，使弹簧管产生向外挺直的扩张形变，迫使自由端产生位移，使管子的总长度不变，只是中心角发生变化，即中心角减小。

普通单圈弹簧管式压力表由于自由端的位移与被测压力之间具有比例关系，因此弹簧管式压力表的刻度标尺是线性的。

在化工生产过程中，常需要把压力控制在某一范围内，即当压力低于或高于某给定范围时，就会破坏正常工艺条件，甚至可能发生危险。此时就要采用带有报警或控制触点的压力表。将普通弹簧管式压力表稍加变化，便可改造成为电接点压力表，它能在压力偏离给定范围时及时发出信号，以提醒操作人员注意或通过中间继电器实现压力的自动控制。

如图 3-1 所示，此压力表指针上有动触点 2，表盘上另有两根可调节指针，上面分别有静触点 1 和 4。当压力超过上限给定数值时，动触点 2 和静触点 4 接触，红灯 5 的电路被接通，红灯发亮。当压力低到下限给定数值时，动触点 2 与静触点 1 接触，绿灯 3 的电路被接通。静触点 1 和 4 的位置可根据需要灵活调节。

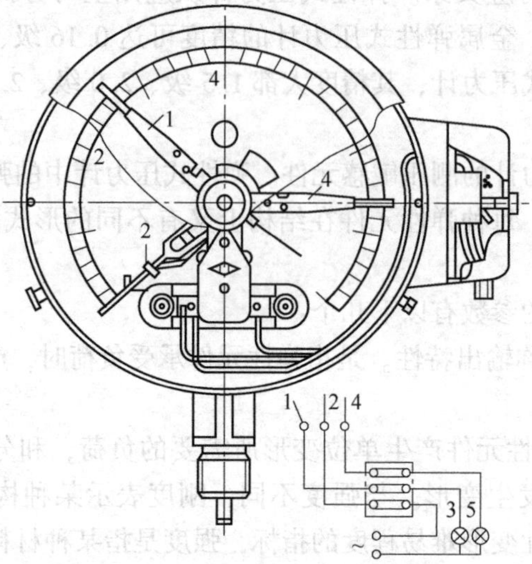

图 3-1　电接点信号压力表

（a）结构图；（b）电接点连接图

1，4—静触点；2—动触点；3—绿灯；5—红灯

当弹簧管自由端的位移量较小时，直接显示存在困难，一般需要通过放大机构才能指示出来。弹性元件的材料有铜、磷青铜、不锈钢等。弹簧管的材料因被测介质的性质和被测压力的高低而不同，一般当 $p<20$MPa 时，采用磷铜；当 $p>20$MPa 时，采用不锈钢或合金钢。但是，在选用压力表时，必须注意被测介质的化学性质。例如测量氢气压力时，必须采用不锈钢弹簧管，而不能采用易被腐蚀的铜质材料；测氧气压力时，则严禁沾有油脂，以免着火甚至爆炸。

目前，我国出厂的弹簧管式压力表量程有 0.1MPa、0.16MPa、0.25MPa、0.4MPa、

0.6MPa、1MPa、1.6MPa、2.5MPa、4MPa、6MPa、10MPa、16MPa、25MPa、40MPa、60MPa 等多种。

膜式压力计分膜片压力计和膜盒压力计两种，前者主要用于测量腐蚀性介质或非凝固、非结晶的黏性介质的压力，后者常用于测量气体的微压和负压。它们的敏感元件分别是膜片和膜盒。

膜片可分为弹性膜片和挠性膜片两种。弹性膜片一般由金属制成，常用的弹性波纹膜片是一种压有环状同心波纹的圆形薄片，通入压力后，膜片将向压力低的一面弯曲，其中心产生一定的位移，即挠度。通过传动机构带动指针转动，指示出被测压力。挠度与压力的关系主要由波纹的形状、数目、深度和膜片的厚度、直径决定。压力对膜片边缘部分的波纹影响较大，其变形情况基本上决定了膜片的特性，而对中部波纹的影响较小。膜片压力计的最大优点是可用来测量黏度较大的介质压力。当膜片下盖采用不锈钢材料制作或膜片下盖内侧涂以适当的保护层（如 F-3 氟塑料）时，还可以用来测量某些腐蚀性介质的压力。

为了增大中心的位移，提高仪表的灵敏度，可以把两片金属膜片的周边焊接在一起，形成膜盒。甚至可以把多个膜盒串接在一起，形成膜盒组。膜盒压力计的核心部件为膜盒部分，膜盒由两个同心波纹膜片焊接在一起，构成空心的膜盒。当被测介质从管接头引入波纹膜盒时，波纹膜盒因受压扩张而产生位移。此位移通过弧形连杆带动杠杆架，使固定在调零板上的转轴转动，通过连杆和杠杆驱使指针轴转动，固定在转轴上的指针在刻度板上指示出压力值。指针轴上装有游丝用以消除传动机构之间的间隙。在调零板的背面固定有限位操螺钉，以避免膜盒过度膨胀而损坏。为了补偿金属膜盒受温度的影响，在杠杆架上连接着双金属片。在机座下面装有调零螺杆，旋转调零螺杆可将指针调至初始零位。

波纹管是一种具有等间距同轴环状波纹，外周沿轴向有深槽形波纹状褶皱，可沿轴向伸缩的薄壁管子。波纹管用金属薄管制成，受压时的线性输出范围比受拉时大，故常在压缩状态下使用。为了改善仪表性能，提高测量精度，便于改变仪表量程，在实际应用时，波纹管常和刚度比它大几倍的弹簧结合起来使用，其性能主要由弹簧决定。

3.4.2.3 弹性式压力计产生误差的因素

环境影响及仪表的结构、加工和弹性材料性能的不完善等因素，都会给压力测量带来误差。误差的形式有很多，包括：在相同压力下，同一弹性元件正反行程的变形量不一样而产生的迟滞误差；由于弹性元件变形落后于被测压力变化而引起的弹性后效误差；由于仪表的各种活动部件之间有间隙，示值与弹性元件的变形不完全对应而产生的间隙误差；仪表的活动部件运动时，相互间有摩擦力，也会产生误差；环境温度的改变会引起金属材料弹性模量的变化而产生误差。基于以上各种误差的存在，一般的弹性式压力计要达到 0.1%的精度是非常困难的。

3.4.3 电气式压力检测仪表

电气式压力检测仪表是利用压力敏感元件（简称压敏元件）将被测压力转换成各种电量信号，如电阻、频率、电荷量等信号实现测量的。该方法具有较好的静态和动态性能，量程大、线性好，便于进行压力的自动控制，尤其适用于压力变化快和高真空、超高压的测量。电气式压力检测仪表主要有压电式压力计、电阻式压力计等。

3.4.3.1 压电式压力计

压电式压力计是基于某些电介质的压电效应原理制成的。其主要用于测量内燃机气缸、进排气管内的压力，航空领域的高超音速风洞中的冲击波压力，枪、炮膛中击发瞬间的膛内压力变化和炮口冲击波压力，以及瞬间压力峰值等。

所谓压电效应，是指某些物质（物体），如石英、铁酸钡等，当受到外力作用时，不仅几何尺寸会发生变化，而且内部也会被极化，表面会产生电荷；当外力去掉时，又重新回到原来的状态，这种现象称为压电效应。压电式压力传感器就是利用压电效应把压力信号转换为电信号，达到测量压力的目的。

能产生压电效应的材料可分为两类：一类是天然或人造的单晶体，如石英、酒石酸钾钠；另一类是人造多晶体（压电陶瓷），如钛酸钡、铬钛酸铅。石英晶体的性能稳定，其介电常数和压电系数的温度稳定性很好，在常温范围内几乎不随温度变化。另外，它的机械强度高，绝缘性能好，但价格昂贵，一般只用于精度要求很高的传感器中。压电陶瓷受力作用时，在垂直于极化方向的平面上产生电荷，其电荷量与压电系数和作用力成正比，压电陶瓷的压电系数比石英晶体的大，且价格便宜，因此被广泛用作传感器的压电元件。

石英晶体的外形是一个正六面体。在晶体学中可以用三根互相垂直的轴来表示石英晶体的压电特性：纵向轴 z-z 称为光轴，经过正六面体棱线并与光轴垂直的 x-x 轴称为电轴。而垂直于正六面体棱面，同时与光轴和电轴垂直的 y-y 轴称为机械轴，当外力沿电轴 x-x 方向作用于晶体时产生电荷的压电效应称为纵向压电效应，而沿机械轴 y-y 方向作用于晶体时产生电荷的压电效应称为横向压电效应。当外部力沿光轴 z-z 方向作用于晶体时，不会有压电效应产生。如图 3-2 所示。从晶体上沿 y-y 轴方向切下一片薄片称为压电晶体切片，当晶体片在沿 x 轴的方向上受到压力 F_x 作用时，晶体切片将产生厚度变形，并在与 x 轴垂直的平面上产生电荷 Q_x。如果施加于压电晶片的外力不变，积聚在极板上的电荷又无泄漏，

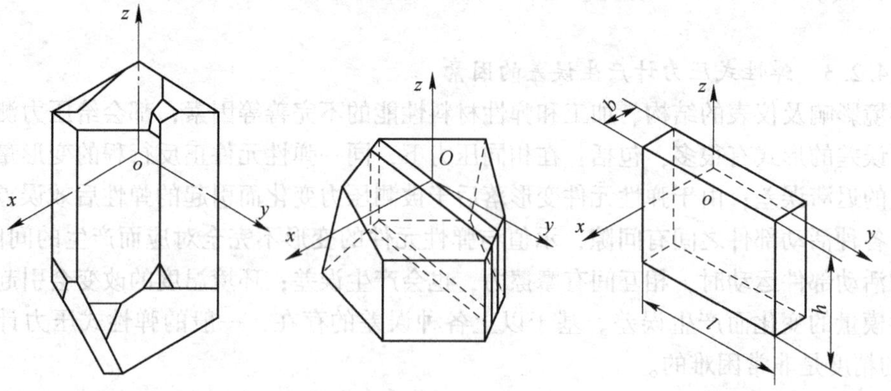

(a) (b) (c)

图 3-2 石英晶体

(a) 石英晶体的外形；(b) 石英晶体的坐标系；(c) 石英晶体的切片

那么在外力继续作用时，电荷量将保持不变。这时在极板上积聚的电荷与力的关系为：

$$Q_x = k_x F_x = k_x Ap \tag{3-3}$$

式中 Q_x——压电效应产生的电荷量，C；

k_x——晶体在电轴 x-x 方向受力的压电系数，C/N；

F_x——沿晶体电轴 x-x 方向所受的力，N；

A——垂直于电轴的加压有效面积，m^2。

可以看出，当晶体切片受到 x 方向的压力作用时，Q_x 与作用力 F_x 成正比，而与晶体切片的几何尺寸无关。电荷 Q_x 的符号由 F_x 是压力还是拉力决定。因此，电荷的大小与极性不仅与压力的大小有关，还取决于力的种类和作用方向。值得注意的是：利用压电式传感器测量静态或准静态量值时，必须采取一定的措施，使电荷从压电晶片上经测量电路的漏失减小到足够小程度。而在动态力作用下，电荷可以得到不断补充，可以供给测量电路一定的电流，故压电传感器适宜作动态测量。

3.4.3.2 压电式压力传感器

如图 3-3 所示，压电元件被夹在两块性能相同的弹性元件（膜片）之间，膜片的作用是把压力收集转换成集中力，再传递给压电元件。压电元件的一个侧面与膜片接触并接地，另一侧面通过引线将电荷量引出。膜片上方为弹簧，弹簧的作用是使压电元件产生一个预紧力，可用来调整传感器的灵敏度。当被测压力均匀作用在膜片上时，压电元件就在其表面产生电荷。电荷量一般用电荷放大器或电压放大器放大，转换为电压或电流输出，其大小与输入压力成正比。更换压电元件可以改变压力的测量范围。在配用电荷放大器时，可以用多个压电元件并联的方式提高传感器的灵敏度。在配用电压放大器时，可以用多个压电元件串联的方式提高传感器的灵敏度，如图 3-4 所示。

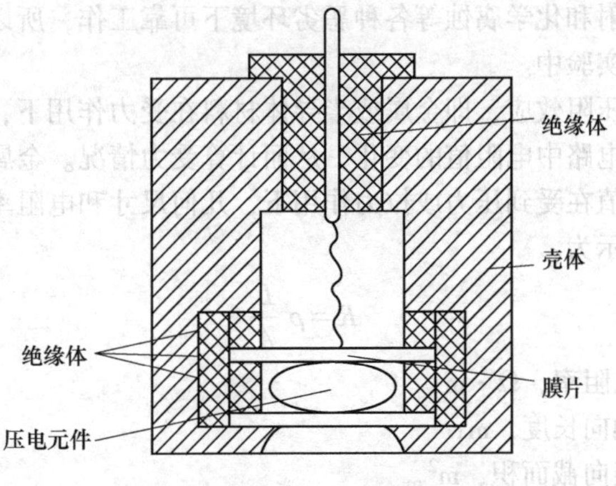

图 3-3 压电式压力传感器结构

并联方法是将两片压电晶片的负电荷集中在中间电极上，正电荷集中在两侧的电极上，传感器的电容量大、输出电荷量大、时间常数也大，故这种传感器适用于测量缓变信号及电荷量输出信号。

串联方法是将正电荷集中于上极板，负电荷集中于下极板，传感器本身的电容量小、响应快、输出电压大，故这种传感器适用于测量以电压作输出的信号和频率较高的信号。

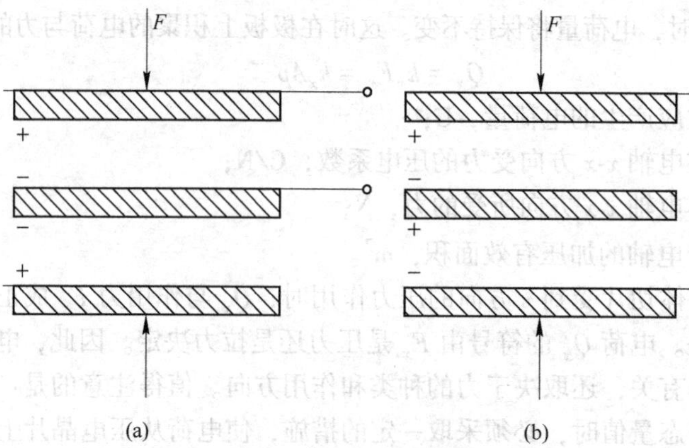

图 3-4 压电元件的并联与串联

（a）并联；（b）串联

压电式压力传感器产生的信号非常微弱，输出阻抗很高，必须经过前置放大把微弱的信导放大，并把高输出阻抗变换成低输出阻抗，才能为一般的测量仪器所接受。压电式压力传感器用于动态压力测量，被测压力变化的频率太低，环境调和湿度的改变都会改变传感器的灵敏度，造成测量误差。另外，压电陶瓷的压电系数是逐年降低的，故压电元件的传感器应定期校正其灵敏度，以保证测量精度。

3.4.4 电阻式压力计

电阻式压力计灵敏度高，测量范围广，频率响应快，既可用于静态测量，又可用于动态测量，其结构简单，尺寸小，重量轻，易于实现小型化和集成化，能在低温、高温、高压、强烈振动、核辐射和化学腐蚀等各种恶劣环境下可靠工作，所以被广泛地应用于各种力的测量仪器和科学实验中。

测量原理主要是压阻效应，即金属或半导体材料在受力作用下，电阻值发生变化。电阻式压力计通过测量电路中电阻值的变化，从而计算受力情况。金属导体或半导体材料制成的电阻体，其电阻值在受到压力或拉力作用下，几何尺寸和电阻率都会发生变化，受力之间的电阻值可以表示为：

$$R = \rho \frac{L}{A} \tag{3-4}$$

式中 ρ——电阻的电阻率，$\Omega \cdot m$；

L——电阻的轴向长度，m；

A——电阻的横向截面积，m^2。

当电阻丝在受力 F 作用下，长度 L 增加，截面积 A 减小，电阻率 ρ 也相应变化，所有这些都将引起电阻值的变化，其相对变化量为：

$$\frac{\Delta R}{R} = \frac{\Delta \rho}{\rho} + \frac{\Delta L}{L} - \frac{\Delta A}{A} \tag{3-5}$$

对于半径为 r 的电阻丝，由材料力学可知：

$$\frac{\Delta A}{A} = 2\frac{\Delta r}{r} = -2\mu\frac{\Delta L}{L} \tag{3-6}$$

式中 μ——电阻材料的泊松比。

即材料在单向受拉或受压时，横向正应变与轴向正应变的绝对值的比值，也称横向变形系数。

电阻轴向长度的相对变化量称为应变，ε，即 $\varepsilon=\Delta L/L$。则电阻的相对变化量为：

$$\frac{\Delta R}{R}=(1+2\mu)\varepsilon+\frac{\Delta\rho}{\rho} \tag{3-7}$$

对于金属材料，电阻率 $\Delta\rho/\rho$ 相对变化较小，影响电阻相对变化较大的因素是几何尺寸 $\Delta L/L$ 和 $\Delta A/A$ 的改变。对于金属材料，以应变效应为主，被称为金属电阻应变片，并制成应变片式压力计。对于半导体材料，以压阻效应为主，被称为半导体应变片，并制成压阻式压力计。

应变片式压力计发展较早，是电气式压力计中应用最广的一种。它将金属电阻应变片粘贴在测量压力的弹性元件表面上，当被测压力变化时，弹性元件内部应力变化产生变形，这个变形应力使应变片的电阻产生变化，根据所测电阻变化的大小来测量未知压力。

应变片式压力计有很多种结构，以 BPR-2 型传感器为例，其特点是被测压力不直接作用在贴有应变片的弹性元件上，而是传到一个测力应变筒上。被测压力经膜片转换成相应大小的集中力，这个力再传给测力应变筒。应变筒的应变由贴在它上边的应变片测量。也就是说，应变片正常工作时需依附于弹性元件。

应变式压力（压差）传感器，是利用金属应变片或半导体应变片将测量压力（压差）的弹性元件的应变转换成电阻的变化，从而达到测量压力或压差的目的。可分为不粘贴式、粘贴式和扩散式。粘贴式应变式压力传感器中的金属箔式应变片其结构简单，散热条件好，能承受较大的电流和电压，输出灵敏度高。其敏感栅用厚度为 0.003～0.01mm 的金属箔经照相、光刻技术腐蚀而成，可以制成尺寸准确的各种形状。冶金压力加工过程中的轧钢机等就常用这种应变片进行轧制压力的测量。

3.4.5 压阻式压力计

金属电阻应变片虽然有不少优点，但灵敏系数低是它的最大弱点。半导体应变片的灵敏系数比金属电阻高约 50 倍。压阻式压力计是利用半导体材料在外加应力作用下，电阻率发生变化，即压阻效应，其优点是可以直接测量很微小的应变。

当外部应力作用于半导体时，压阻效应引起的电阻变化大小不仅取决于半导体的类型和载流子（即半导体中的电流载体，在半导体中，存在两种载流子，电子以及电子流失导致共价键上留下的空位均被视为载流子。）浓度，还取决于外部应力作用于半导体晶体的方向。如果沿所需的晶轴方向（压阻效应最大的方向）将半导体切成小条制成半导体应变片，让其只沿纵向受力，则外部应力与半导体电阻率的相对变化关系为：

$$\frac{\Delta\rho}{\rho}=\pi\sigma \tag{3-8}$$

式中 π——半导体应变片的压阻系数，Pa^{-1}；

σ——纵向方向所受应力，Pa。

由胡克定律可知，材料受到的应力和应变之间的关系为：

$$\sigma=E\varepsilon \tag{3-9}$$

E 为常数，称为弹性模量或杨氏模量。将式（3-9）代入式（3-8），则：

$$\frac{\Delta\rho}{\rho} = \pi E\varepsilon \tag{3-10}$$

式（3-10）说明，半导体应变片的电阻变化率 $\Delta\rho/\rho$ 正比于其所受的纵向应变 ε。将式（3-10）代入式（3-7）：

$$\frac{\Delta R}{R} = (1 + 2\mu + \pi E)\varepsilon \tag{3-11}$$

设 $K=1+2\mu+\pi E$，定义 K 为应变片灵敏系数。对于半导体应变片，压阻系数 π 很大，为 50~100，故半导体应变片以压阻效应为主，其电阻的相对变化率等于电阻率的相对变化，即 $\Delta R/R=\Delta\rho/\rho$。

利用具有压阻效应的半导体材料可以做成粘贴式的半导体应变片，并进行压力检测。随着半导体集成电路制造工艺的不断发展，人们利用半导体制造工艺的扩散技术，将敏感元件和应变材料合二为一制成扩散型压阻式传感器。由于这类传感器的应变电阻和基底都是用半导体材料——硅制成的，所以又称为扩散硅压阻式传感器。它既有测量功能，又起弹性元件的作用，形成了高自振频率的压力传感器。在半导体基片上还可以很方便地将一些温度补偿、信号处理和放大电路等集成在一起，构成集成传感器或变送器。所以，扩散硅压阻式传感器一经出现就受到人们的普遍重视，发展很快。

扩散硅压阻式传感器的核心部分是一块圆形的单晶硅膜片，既是压敏元件，又是弹性元件。在硅膜片上，用半导体制造工艺中的扩散掺杂法做成四个阻值相等的电阻，构成平衡电桥，相对桥臂电阻对称布置，再用压焊法与外引线相连。膜片用一个圆形硅固定，用两个气腔隔开。膜片的一侧是高压腔，与被测对象相连接；另一侧是低压腔，当测量表压时，低压腔和大气相连通。当测量压差时，低压腔与被测对象的低压端相连。当膜片两边存在压差时，膜片发生变形，产生应力，从而使扩散电阻的阻值发生变化，电桥失去平衡，输出相应电压。如果忽略材料的几何尺寸变化对阻值的影响，则该不平衡电压大小与膜片两边的压差成正比。为了补偿温度效应的影响，一般还在膜片上沿对压力不敏感的径向增加一个电阻，这个电阻只感受温度变化，不承受压力，可接入桥路作为温度补偿电阻，以提高测量精度。

由于硅膜片是各向异性材料，它的压阻效应大小与作用力方向有关，所以在硅膜片承受外力时，必须同时考虑其纵向（扩散电阻长度方向）压阻效应和横向（扩散电阻宽度方向）压阻效应。鉴于硅膜片在受压时的形变非常微小，其弯曲的挠度远远小于硅膜片厚度，而膜片一般是圆形的，因而其压力分布可近似为弹性力学中的小挠度圆形板。

压阻式压力计目前已广泛用于工业过程检测、汽车、微机械加工、医疗等领域。其特点主要体现在以下几个方面：（1）体积小，结构简单，易于微小型化，目前国内生产出直径为 1.8~2.0mm 的压阻式压力传感器。（2）半导体应变片的灵敏度高，是金属应变片的 50~70 倍，能直接反映出微小压力的变化。（3）测量范围宽，可测低至十几帕的微压，同时还可测 9.8×10^{8}Pa 以上的超高压。（4）响应时间可达 10^{-11}s 数量级，动态特性较好，虽比其他电气式压力计略差一些，但仍可用来测量高达数千赫兹乃至更高的脉动压力。（5）工作可靠，准确度高，最高可达 0.02 级。（6）重复性好，频带较宽，固有频率在 1.5MHz 以上。（7）由于压阻系数和体电阻值都有较大的温度系数，压阻式压力计易产生温漂。当使用恒流源供电后，可减少温漂。一般要求，压阻式压力计在测量压力时被测介质的温度不超150℃。(8) 在使用时应采取温度补偿和非线性补偿措施。

3.4.6 振频式压力计

振频式压力计是利用谐振原理，即振动物体受压后其固有振动频率发生变化这一原理制成的。测量时，将振动物体置于磁场中，物体振动时会产生感应电势，其感应电势的频率与物体的振动频率相等，则可通过测量感应电势的频率，再根据振荡频率与压力的关系确定被测压力。振频式压力计包括振弦式压力计、振筒式压力计和振膜式压力计等。其特点是抗干扰能力强、零漂小、重复性好、性能稳定、结构简单、容易实现数字化和智能化、分辨力高、线性度差。

振弦式压力计除具有一般振频式压力计的优点外，还具有寿命长的优点，已广泛用于石油钻井、煤矿、大坝和路桥等场合。振弦式压力传感器由钢弦、磁钢、线圈和膜片等部件构成。钢弦作为振弦，其一端固定在支撑上，另一端固定在膜片上，膜片的下部通入被测压力。整个钢弦位于由磁钢和线圈形成的磁场中。

振弦式压力计的工作原理及过程是：首先由微处理器发出激振信号激振钢弦，使其按固有频率振动。振弦的激振方式有间歇激发和连续激发两种。被激振的钢弦切割它周围的磁场，从而在振弦上产生交变的感应电势。此电势的频率即为钢弦的固有频率。一般在膜片上没有施加被测压力时，振弦仅承受一定的初始张力。当膜片的下部通入被测压力时，钢弦的原始张力发生变化并引起其固有频率发生变化，随之感应电势的频率也发生变化。该信号分别经由一级放大、高通滤波、二级放大、低通滤波和整形电路组成的变送器送入微控制器进行计算、显示和存储等。由于弦长、固定支撑和支架的尺寸、弦的密度、弦的弹性模量等均受温度影响，因而引起振弦式压力计测量误差的主要因素是温度，设计和使用时应采取措施进行补偿。

振筒式压力计由振筒组件和激振电路组成，感压元件是一个薄壁金属圆筒，圆柱筒本身具有一定的固有频率。振筒用低温度系数的弹性材料制成，一端封闭为自由端，另一端为开口端，固定在底座上，压力由内侧引入。绝缘支架上固定着激振线圈和检测线圈，两者空间位置互相垂直，以减小电磁耦合。激振线圈使振筒按固有的频率振动。当筒壁受压张紧后，其刚度发生变化，固有频率相应改变。此种仪表具有的特点是：体积小，重复性好，耐振；准确度高，可达0.01级；适用于气体压力测量。

3.4.7 负荷式压力计

负荷式压力计应用范围广，结构简单，稳定可靠，准确度高，重复性好，可测正、负及绝对压力；既是检验、标定压力表和压力传感器的标准仪器之一，又是一种标准压力发生器，在压力基准的传递系统中占有重要地位。

3.4.7.1 活塞式压力计

活塞式压力计是依据流体静力学平衡原理和帕斯卡定律，利用压力作用在活塞上的力与砝码的重力相平衡的原理设计而成的，主要由压力发生部分和测量部分组成。

压力发生部分主要指手摇泵，通过加压手轮旋转丝杠，推动工作活塞（手摇泵活塞）挤压工作液，将待测压力经工作液传给测量活塞。工作液一般采用洁净的变压器油或蓖麻油等。

测量部分是指测量活塞上端的砝码托盘上放有荷重砝码，活塞插入活塞筒内，下端承受手摇泵挤压工作液所产生的压力。当作用在活塞下端的油压与活塞、托盘及砝码的质量所产生的压力相平衡时，活塞就被托起并稳定在一定位置上，这时压力表的示值即为被测压力。

活塞式压力计在使用过程中要考虑重力加速度、温度变化和空气浮力对测量结果的影响。

3.4.7.2 浮球式压力计

浮球式压力计由于介质是压缩空气，故克服了活塞式压力计中因油的表面张力、黏度等产生的摩擦力，也没有漏油问题，相对于禁油类压力计和传感器的标定更为方便。

浮球式压力计主要由浮球、喷嘴、砝码支架、专用砝码（组）、流量调节器、气体过滤器、底座等组成。其工作原理是，从气源来的压缩空气经气体过滤器减压，再经流量调节器调节，达到所需流量后，进入内腔为锥形的喷嘴，并喷向浮球。这样，气体向上的压力就是浮球在喷嘴内漂浮起来。浮球上挂有砝码和砝码架。当浮球所受的向下的重力和向上的浮力相平衡时，就输出一个稳定而准确的压力，即被测压力。

3.4.7.3 液柱式压力计

液柱式压力计是利用液柱所产生的压力与被测压力平衡，并根据液柱高度来确定被测压力大小的压力计。其测量原理是利用一定高度的液柱所产生的压力平衡被测压力，用相应的液柱高度显示被测压力。所用的液体称为封液，常用封液有水、酒精、水银等。液柱式压力计具有结构简单、显示直观、使用方便、精度较高、价格便宜等优点，但由于结构和显示上的原因，液柱式压力计的测压上限不高，一般显示的液柱高度上限为 2m。当液柱内的封液为水银时，其测压上限可达到 2000mmHg（1mmHg = 133.322Pa）。液柱式压力计主要适用于小压力、真空及压差的测量。

液柱式压力计可分为 U 形管压力计、单管压力计、多管压力计、斜管微压计、补偿式微压计、差动式微压计、钟罩式压力计和水银气压计等。下面主要介绍 U 形管压力计、单管压力计和斜管微压计。

（1）U 形管压力计的结构由三部分组成：U 形玻璃管、标尺及管内的工作液体（封液）。U 形管中两个平行的直管又称为肘管。精密的 U 形管压力计有游标对线装置、水准器、铅锤等。

U 形管的两个端头，就是直接能感受压力的传感部位。U 形压力计的一支管与大气相通，另一支管通入被测压力，当压力差一定时工作液的密度可以决定 U 形管压力计的灵敏度。在同样的压力差情况下，工作液为水的端面高度差值要比工作液为水银的端面高度差值高。在 25℃下，水银的密度是水的密度的 13.5 倍还多。因此人们常常用水银式 U 形压力计测量较大的压力或压差。另外，由于水和水银的表面张力不同，充装水银的 U 形管压力计内的液柱面呈凸状曲面，读压力差时，应从凸状曲面的顶点开始算起。相反，充装水的 U 形管压力计内的液柱面呈凹状曲面，读压力差时应从它的凹状曲面顶点计算。

（2）单管压力计是 U 形管压力计的变形仪表，又称杯形压力计，它是由一个宽容器（杯形容器）、一支肘管、标尺、封液等构成的。标尺可以是单独的，也可以直接刻在肘管的玻璃上。作为实验室仪表，一般都是把分度线刻到肘管的玻璃上。单管压力计可以测量小压力、真空及压差等。单管压力计在测量正压力时，宽容器接被测压力，肘管通大气。测量负压力时，肘管接被测负压，宽容器通大气。测量压差时，宽容器接通压力较高一侧的管子，肘管接通压力较低一侧的管子。若工作液体的密度一定，则测量管内的工作液体上升的高度即可得知被测压力的大小，也就是说单管压力计只需要一次读数便可得到测量结果。单管压力计的型号为TG，其精度等级可达0.02~1级。当进行精密测量或用作标准仪器时，要进行密度和重力加速度的修正。

(3) 斜管微压计是一种测量微小压力的测量仪表，由杯形容器、肘管、弧形支架、标尺、封液等组成。它可以测量微小正压、负压及压差。它的一支肘管可以倾斜，方便使用。斜管微压计除用于检定和校验其他类型的压力表外，也被广泛应用于现场锅炉的烟、风道各段压力与通风空调系统各段压力的测量。常用的斜管压力计上有一个弧形支架，上面有0.2、0.4、0.6、0.8刻度，即为斜管压力计转换因子。测量时只要将支管上的工作液上升高度值读出，乘以所对应的转换因子，即为被测压力或压差的大小。这种压力计的测量范围为0~2000Pa，精度为0.5~1.0级。

3.4.8 其他压力检测仪表

(1) 压磁式压力计。压磁式压力计是利用铁磁材料在压力作用下会改变其磁导率的物理现象而制成的，可用于测量频率高达1000Hz的脉动压力。

(2) 真空计。真空计按照测量原理可分为基于力平衡原理的力式真空计；基于压缩作用原理的麦氏真空计；基于气体热传导原理的热导式真空计，包括电阻式真空计和热电偶式真空计；基于电离作用原理的热阴极式真空计、冷阴极式真空计等。真空度一般以绝对压力来表示，真空度越高，绝对压力越小。

(3) 压力分布测量系统。目前应用较多的是美国Tekscan公司生产的压力分布测量系统。该系统使用独特的柔性薄膜网络压力传感器，能够对任何接触面之间的压力分布进行动态测量，并以直观、形象的二维、三维彩色图形显示压力分布的轮廓和数值。标准的Tekscan压力传感器是该压力分布测量系统的核心，它由两片很薄的聚酯薄膜组成，其中一片薄膜的内表面铺设若干行的带状导体，另一片薄膜的内表面铺设若干列的带状导体。导体本身的宽度、行距和列距可以根据不同的测量需要而设计，它决定了每单位面积内所测的压力点数。导体外表涂有特殊的压敏半导体材料涂层。当两片薄膜合为一体时，大量的横向导体和纵向导体的交叉点就形成了压力测量点阵列。当外力作用到其上时，半导体的阻值就会随着外力的变化而成比例变化，即压力为零时，阻值最大，压力越大，阻值越小，从而可以反映出两接触面间的压力分布情况。

3.4.9 压力变送器

压力变送器主要由测压元件传感器（也称压力传感器）、测量电路和过程连接件三部分组成。它能将测压元件传感器感受到的气体、液体等物理压力参数转变成标准的电信号，以供给指示警报仪、记录仪、调节器等二次仪表进行测量、指示和过程调节、也可以测量压力或压差。常用的有电容式压力变送器、霍尔式压力变送器、电感式压力变送器等。

(1) 电容式压力变送器。电容式压力变送器由电容器组成，电容器的电容量由两个极板的大小、形状、相对位置和电介质的介电常数决定。它是利用压力或压差可以导致弹性元件发生位移的特点，将弹性元件的位移变成电容值改变，从而将造成弹性元件位移的压力或压差信号变成电信号，再经过电路转换成标准信号输出。如有一种陶瓷电容式压力传感器，基于电子陶瓷电容技术，当压力增加时加在陶瓷电容上的压力会增加，使得电容值正比于压力值。其体积小，过载能力强，抗干扰，稳定性好，精度可以达到0.1~0.2，测量范围为0~60MPa。

电容式压力变送器的测量范围为$-1\times10^7\sim5\times10^7$Pa，可在-46~100℃的环境温度下工作，其优点是：1）需要输入的能量极低。2）灵敏度高，电容的相对变化量可以很大。3）结构可做到刚度大而质量小，因而固有频率高。又由于无机械活动部件，损耗小，所以可在很高的频率下工作。4）稳定性好，测量准确度高，其准确度可达±0.25%。5）结构简单、抗振、耐用，能在恶劣的环境下工作。其缺点是分布电容影响大，必须采取相应措施减小其影响。

（2）霍尔式压力变送器。霍尔式压力变送器是基于"霍尔效应"制成的，它把在压力作用下产生的弹性元件的位移信号转变成电势信号，通过测量电势进而获得压力的大小。具有结构简单、体积小、重量轻、功耗低、灵敏度高、频率响应宽、动态范围大、可靠性高、易于微型化和集成电路化等优点，但其信号转换效率较低，对外部磁场敏感，抗震性较差，受温度影响也较大，使用时应注意进行温度补偿。

霍尔效应是导电材料中的电流与磁场的相互作用而产生电动势的一种效应。这个导电材料通常是半导体材料，将半导体材料接入一个电源中，形成一个回路，此时电路中就存在电荷的定向移动，如果此时将这个导电板处于一个磁场中，电荷会受到洛伦兹力，其路径会发生偏移，电荷偏移之后，就会形成电场，电荷同时会受到电场力，这个力正好与洛伦兹力方向相反，阻碍其移动，最终，电场力与洛伦兹力平衡，即可使用仪表测试导电板两侧的电压。

当霍尔片材料、结构确定时，霍尔电动势的大小正比于控制电流和磁感应强度的乘积。由于半导体（尤其是N型半导体）的霍尔常数要比金属的大得多，因此霍尔元件主要由硅（Si）、锗（Ge）、砷化钢（InAs）等半导体材料制成。此外，元件的厚度对灵敏度的影响也很大，元件越薄，灵敏度就越高，所以霍尔元件一般都比较薄。

3.4.10 压力和压差测量仪表的安装

压力测量系统由取压口、压力信号导管、压力表及一些附件组成，各个部件安装正确与否以及压力表是否合格等，对测量准确度都有一定的影响。

3.4.10.1 取压口

取压口是被测对象上引取压力信号的开口，其本身不应破坏或干扰流体的正常流束形状。为此，取压口的孔径大小、开口方向、位置及孔口形状都有较严格的要求。

（1）取压口的位置选取原则。1）取压口不得选择在管道弯曲、分叉及流束形成涡流的地方。2）当管道中有突出物时，取压口应取在突出物的来流方向一侧（即突出物之前）。3）取压口处在管道阀门、挡板之前或之后时，其与阀门、挡板的距离应分别大于$2D$和$3D$（D为管道直径）。4）测量低于0.1MPa的压力时，取压口标高应尽量接近测量仪表，以减少由于液柱而引起的附加误差。5）测量汽轮机润滑油压时，取压口应选择在油管路末端压力较低处。6）测量凝汽器真空时，取压口应选择在喉部的中心处。7）粉煤锅炉一次风压的取压口不宜靠近喷燃器，否则将受炉膛负压的影响而不准确。8）二次风压的取压口，应在二次风调节门和二次风喷嘴之间。由于这段风道很短，因此测点应尽量离二次风喷嘴远一些，同时各测点到二次风喷嘴的距离应相等。9）测量炉膛压力时，取压口一般在锅炉两侧喷燃室火焰中心上部。取压口处的压力应能反映炉膛内的真实情况。若测点过高，接近过热器，则负压偏大；若测点过低，距火焰中心近，则压力不稳定，甚至出现正压（对负压锅炉而言）。10）锅炉烟道上的烟气压力测点，应选择在烟道左右两侧的中心线上。

（2）取压口的开口方位原则。1）流体为液体介质时，取压口应开在管道横截面的下侧部分，以防止介质中析出的气泡进入压力信号管道，引起测量的延迟，但也不宜开在最低部，以防沉渣堵塞取压口；如果介质是气体，取压口应开在管道横截面的上侧，以免气体中析出的液体流入压力信号管道，产生测量误差，但对于水蒸气压力测量，由于压力信号管道中总是充满凝结水，所以应按液体压力测量办法处理。2）测量含尘气体压力时，取压口开口方位应不易积尘、堵塞，并且要在便于吹洗导管的地方，必要时应加装除尘装置。

（3）取压口的处理原则。1）取压口直径不宜过大，特别是对于小管径管道的测压。2）取压口轴线最好与流束垂直。3）孔径不能有毛刺或倒角。

3.4.10.2　压力信号导管

压力信号导管是连接取压口与压力表的连通管道。为了不致因阻力过大而产生测量动作延迟，压力信号导管的总长度不应超过60m。导管内径也不能太小，可根据被测介质性质及导管长度进行选择。应防止压力信号导管内积水（当被测介质为气体时）或积气（当该测介质为水或水蒸气时），以避免产生测量误差和延迟。因此，对于水平敷设的压力信号导管，应有1%以上的坡度，以免导管中积气或积水。必要时还应在压力信号导管的适当部位，如最低点或最高点，设置积水或积气容器，以便积存并定期排放出积水或积气。当压力信号管路较长并需通过露天或热源附近时，还应在管道表面敷设保温层，以防管道内介质气化或冻结。为检修方便，对测量高温高压介质的压力信号导管，靠近取压口处还应设置隔离阀门。

3.4.10.3　压力表及附件

关于压力表的选择，应考虑被测介质的性质、压力的大小、仪表的安装条件，使用环境以及测量准确度要求等因素。压力表必须经检定合格后方可安装，且应垂直于水平面安装。压力表的安装地点应便于观测、检修、避免震动或高温，还应便于进行压力信号导管的定期冲洗及压力表的现场校验，因此一般应设置三通阀。测量蒸汽压力时，在靠近压力表处，一般还应装设U形管或环形管冷凝器，以聚集一些起缓冲作用的冷凝液，防止压力表因受高温介质的直接作用而损坏。测量剧烈波动的介质压力或含有高频脉冲扰动的介质压力时，由于波动频繁，对仪表传动机构的磨损很大或造成电气接点频繁动作，因此就地安装的压力表特别是电接点压力表，在仪表前应装设缓冲器（或阻尼器）。对于过分脏污、高黏度、结晶或腐蚀性介质的压力测量，应加装有中性介质的隔离罐，以保护压力表。

3.4.11　压力仪表的检验

工业压力仪表常采用示值比较法进行校验，常用的标准仪表有标准U形管液柱式压力计、补偿式微压计、活塞式压力计及标准弹簧管式压力表（校验9.8×10^4Pa以上压力），此外，校验压力变送器时还需标准电源、标准电流表和标准电阻箱。校验时，标准器的综合误差应不大于被校表基本误差绝对值的1/3。压力源常采用压力校验台、压力-真空校验台、手操压力泵等。

3.4.11.1 弹簧管压力表的校验

(1) 外观检查。

1) 外形。检查压力表外壳、玻璃是否有损坏，刻度盘是否清楚，指针是否在零位，压力表是否有铅封。新制造的压力表涂层应均匀光洁、无明显脱落现象。压力表应有安全孔，安全孔上需有防尘装置。观察表壳颜色，确定此表是否禁油，以确定检定方法。轻轻摇动压力表，看表内是否有零件和金属碰击声。

2) 标志。分度盘上应有制造单位或商标、产品名称、计量单位和数字、计量器具制造许可证标志和编号、准确度等级、出厂编号等标志，此外真空表上还应有“-”号或“负”字。

3) 读数部分。表玻璃应无色透明，不应有妨碍读数的缺陷或损伤。分度盘应平整光洁，各标志应清晰可辨。仪表指针平直完好，不掉漆，嵌装规整，与铜套铆合牢固，与表盘或玻璃不蹭不刮。指针指示端应能覆盖最短分度线长度的1/3~2/3；指针指示端的宽度应不大于分度线的宽度。

4) 测量上限量值数字应符合如下系列之一，1×10^n，1.6×10^n，2.5×10^n，4×10^n，6×10^n。

5) 分度值应符合如下系列之一，1×10^n，2×10^n，5×10^n。

6) 零位。带有止销的压力表，在无压力或真空时，指针应紧靠止销，缩格应不得超过允许误差绝对值。没有止销的压力表，在无压力或真空时，指针应位于零位标志内，零位标志应不超过允许误差绝对值的2倍。

7) 仪表接头螺纹无滑扣，仪表六方或四方接头的平面应完好，无严重滑方现象。

8) 电接点压力表的接点装置外观完好，接点无明显斑痕、缺陷，并在其明显部位标有电压和接点容量值。拨针器应好用，信号引出端子应完好，螺丝齐全并有完好的外盖。

(2) 校验点的选择。校验点一般不少于5个，并应均匀分布在全量程内，其中包括零点和上限值若使用中不能达到上限值，则可从实际出发，仅校验足够使用的最大范围即可，但在校验报告中应予以说明。

检验时，在每一校验点上，标准表应对准刻度线，读被校表。被校表的示值应读两次，轻敲前后各读一次，其差值为轻敲位移。在同一检定点，上升和下降时轻敲表壳后的读数之差为回程误差。被校表的基本误差、回程误差和轻敲位移（轻敲位移应小于允许误差绝对值的一半）应符合规定。

对于电接点压力表，可用拨针器将两个信号的设定指针拨到上限及下限以外的位置，然后进行示值校验。示值校验合格后，再进行信号误差校验，其方法是将上限和下限设定指针分别定于三个以上不同的校验点上，校验点应在测量范围的20%~80%之间选定，缓慢地升压或降压，直至发出信号的瞬时为止，标准表的示值与信号指针示值间的误差不应超过允许误差的1.5倍。

3.4.11.2 压力变送器的校验

压力变送器校验时，首先缓慢增减输入信号观察电流的输出情况，输出电流应在4~20mA范围内平稳变化。

校验及调整步骤：(1) 零点调整。接通电源，在输入零压力的情况下，调整输出电流为4mA。(2) 量程调整。用压力校验台（或加压泵）输入变送器满量程对应的压力，调整量程，使输出电流为20mA。量程调整后，须重新校正零点。(3) 零点迁移。根据迁移量的大小，用压力校验台加压到所需的压力，调输出电流为4mA。若不能达到4mA，则应切断电源，拨下放大器板，改变零点迁移插头的位置（根据需要，插在正或负迁移的位置上），装上放大器板，接通电源，再完成零点迁移的调整。(4) 再检查量程和零点。必要时进行微调，直至在误差允许的范围内。(5) 线性调整。输入所调量程压力的中间值，记下输出信号的理论值与实际值之间的偏差。(6) 阻尼调整。在放大器板上有阻尼调整电位器，仪表出厂校验时一般调到最小位置，需要调整时，可顺时针调整阻尼电位器，使阻尼时间满足测量要求。(7) 准确度校验。均匀选择几个校验点进行校验，一般选择4mA、8mA、12mA、16mA、20mA个校验点，按线性关系计算出它们所对应的压力值，再按正反行程进行校验，并做好记录。根据校验记录，计算出该变送器的基本误差和变差，并与允许误差作比较，给出校验结论。

3.5 例　　题

【例 3-1】 简述弹性元件的测量原理及特性。

答： 弹性元件的测量原理，根据其在弹性限度内受压后会产生变形，变形的大小与被测压力成正比关系而制成的。特性有以下几个方面：

(1) 输出特性，弹性元件承受负荷时，产生的变形量与负荷之间的函数关系。

(2) 弹性迟延，弹性元件在弹性范围内，加负荷与减负荷时，表现出的弹性特性不重合的现象。

(3) 弹性后效，在负荷停止变化或完成卸载时，弹性元件的应有变形量不能在同一时刻到达，而是过一段时间后才能到达。

(4) 刚度，弹性元件产生单位变形所需要的负荷。

(5) 灵敏度，弹性元件在单位负荷作用下产生的输出变形。

(6) 固有频率，弹性元件的无阻尼自由振动频率或自振频率。

【例 3-2】 简述力平衡式压力变送器的工作原理。

答： 力平衡式压力变送器是按力平衡原理工作的，被测压力通过弹性敏感元件转换成作用力，使平衡杠杆产生偏转，杠杆的偏转由检测放大器转换为0~10mA的直流电流输出，电流流入处于永久磁场内的反馈动圈中，使之产生与作用力相平衡的电磁反馈力。当作用力与该电磁反馈力达到动平衡时，杠杆系统就停止偏转。此时的电流即为变送器的输出电流，它与被测压力成正比。

【例 3-3】 力平衡式差压变送器中的弹性元件通常采用膜盒，如果换成平膜片是否可行？

答： 膜盒是指把两块金属膜片沿周边对焊起来，形成一个薄膜盒子，测压灵敏度较高。平膜片可以承受较大被测压力，但变形量较小，灵敏度不高，一般在测量较大的压力而且要求变形不很大时使用。平膜片的刚性大于膜盒，差压变送器若想测压灵敏度高，选用膜盒更为合适。

【例 3-4】 弹簧管式压力表为什么要在测量上限处进行耐压检定，其耐压检定的时间是如何规定的？

答：弹簧管压力表的准确度等级，主要取决于弹簧灵敏度、弹性后效、弹性滞后和残余变形的大小。而这些弹性元件的主要特性，除灵敏度以外，其他的只有在其极限工作压力下工作一段时间，才能最充分地显示出来。同时，亦可借此检验弹簧管的渗漏情况。根据国家计量检定规程规定，对弹簧管式压力表在进行示值检定时，当示值达到测量上限后，耐压 3min。弹簧管重新焊接过的压力表应在测量上限处耐压 10min。

【例 3-5】已知某测点压力约 10MPa，要求其测量误差不超过 0.1MPa，试确定该测点用的压力表量程范围及精度等级。

解：（1）对于平稳压力的测量，最大压力值不应超过满量程的 3/4，为了保证测量准确度，最小工作压力一般不应低于量程的 1/3。设 A 为量程，因此：

$10\text{MPa}>A/3$　$A<30\text{MPa}$；

$10\text{MPa}<3A/4$　$A>13\text{MPa}$；

可选择 0~25MPa 作为量程。

根据精度的计算公式，得：

$$\gamma=\frac{|\Delta x|_{\max}}{x_{\mathrm{FS}}}\times 100\%=\frac{0.1\text{MPa}}{25\text{MPa}}\times 100\%=0.4\%$$

压力表量程为 0~25MPa，精度等级为 0.4 级。

（2）若测量波动压力，最大压力值不应超过满量程的 2/3，为了保证准确度，最小工作压力一般不应低于满量程的 1/3。则：

$10\text{MPa}>A/3$　$A<30\text{MPa}$；　$10\text{MPa}<2A/3$　$A>15\text{MPa}$；

量程依然可以选择 0~25MPa，精度为 0.4 级。

【例 3-6】已知扩散硅压力变送器输出电流为 4~20mA，原测量范围 0~1MPa 改为测量范围 1~2.5MPa 后，则原来 0.6MPa 压力的电流表工作点对应于改测量范围后的被测压力为多少？

解：因为输出电流与被测压力成正比，则 0.6MPa 时电流 I_x：

$$\frac{0.6-0}{1-0}=\frac{I_x-4}{20-4}\quad 得：I_x=13.6\text{mA}$$

量程改动后，13.6mA 又对应被测压力 p_x，则：

$$\frac{p_x-1}{2.5-1}=\frac{13.6-4}{20-4}\quad 得：p_x=1.9\text{MPa}$$

即 0.6MPa 压力对应的电流为 13.6mA，其相应量程改变后的读数压力为 1.9MPa。

【例 3-7】有一烟囱高 $h=30\text{m}$（如图 3-5 所示），烟囱内烟气平均密度 $\rho_g=0.735\text{kg/m}^3$，若地面环境大气压力 $p_0=0.1\text{MPa}$，大气密度 $\rho_a=1.189\text{kg/m}^3$，求烟囱底部绝对压力 p_a 及真空度 p_v。

解：$p'=p_0-\rho_a gh=0.1\times10^6-1.189\times9.81\times30=99650\text{Pa}$

$p_a=P'+\rho_g gh=99650+0.735\times9.81\times30=99866.3\text{Pa}$

$p_v=p_b-p_a=0.1\times10^6-99866.3=133.7\text{Pa}$

即烟囱底部绝对压力为 99866.3Pa；真空度为 133.7Pa。

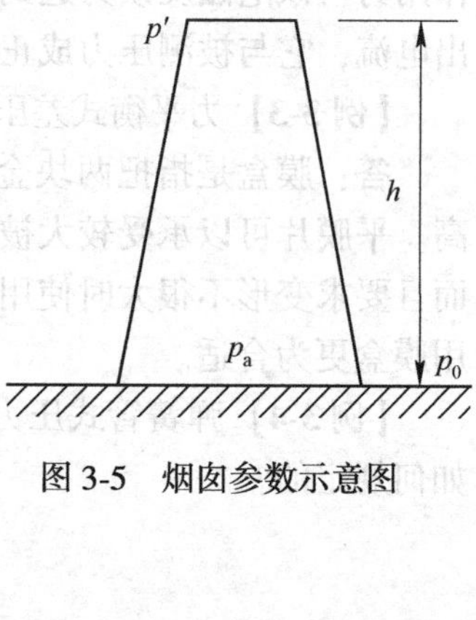

图 3-5　烟囱参数示意图

【例 3-8】 一个密闭的容器在海口市抽成真空度为 30kPa，将其安全运抵吉林市后，这时真空值是否有变化，为什么？

答： 真空值会有变化。这是因为真空度是环境大气压与绝对压力的差值，密闭容器中物质绝对压力不变，但环境大气压却随着地理纬度、海拔及气象条件而变化。

【例 3-9】 判断下述几种测压仪表中哪种在测压时示值不受重力加速度的影响：（1）U 形管、单管、斜管液体压力计；（2）弹簧管式压力表；（3）波纹管式压力计。

答： U 形管、单管和斜管液体压力计是利用液柱所产生的压力与被测压力平衡，并根据液柱高度来确定被测压力大小的压力计，其测量原理是利用一定高度的液柱所生产的压力平衡被测压力，用相应的液柱高度显示被测压力。而液柱一定高度下所产生压力的计算式中包含重力加速度这一因素。

弹簧管式压力表的工作原理是，当被测介质从开口端进入并充满弹簧管的整个内腔时，椭圆截面在被测压力的作用下将趋向圆形，弹簧管随之产生向外挺直的扩张变形，结果改变弹簧管的中心角，使其自由端产生位移，通过计算中心角相对变化量与被测压力的关系，即可得到测量结果。这个过程中不受重力加速度的影响。

波纹管是一种具有等间距同轴环状波纹，外周沿轴向有深槽形波纹状褶皱，而可沿轴向伸缩的薄壁管子。波纹管式压力计在压力作用下，其膜面产生的机械位移量不是依靠膜面的弯曲形变，而是主要依靠波纹柱面的舒展或屈服来带动膜面中心作用点的移动。这个过程中不受重力加速度的影响。

【例 3-10】 试分析影响液柱压力计测量准确度和灵敏度的主要因素有哪些？

答： U 形管压力计在测量时要进行两次读数，读数时要注意液体表面的弯月面情况，要求读到弯月面顶部位置处。测量 U 形管中的工作液面高度差时，必须分别读取两管内液面高度，然后再相加。若只读一侧管内液面的高度，并用此高度的 2 倍代替两管内液面高度和，则当两边管子截面不相等时，会带来误差。

单管压力计在测量正压力时，宽容器接被测压力，肘管通大气。测量负压力时，肘管接被测负压，宽容器通大气。测量压差时，宽容器接通压力较高一侧的管子，肘管接通压力较低一侧的管子。若工作液体的密度一定，则测量管内的工作液体上升的高度即可得知被测压力的大小，也就是说单管压力计只需要一次读数便可得到测量结果。单管压力计的型号为 TG，其精度等级可达 0.02~1 级。当进行精密测量或用作标准仪器时，要进行密度和重力加速度的修正。

用倾斜管微压计在测量微压时，为了提高灵敏度，可将单管微压计的测量管倾斜放置，但倾斜角不可太小（一般不小于 15°），否则液柱内封液容易被冲散，读数较困难，增大误差，可以测量到 0.98Pa 的微压。为了进一步提高微压计的精度，应选用密度小的酒精作为工作液体。由于测量管是倾斜安装的，对于同样的液柱高度，微压计可使测量的液柱长度增加，因而就可使其灵敏度和精度有所提高。影响其测量准确度的因素较多，如大气压力、重力加速度、温度、工作液体密度和标尺分度等，其中任何一个因素发生变化，都会造成测量误差。为了减少毛细现象的影响，通常要求测量管的内径不小于 10mm，在测量过程中也要考虑读数引起的误差。

【例 3-11】 什么叫压力表的变差？工业用压力表变差的允许值是多少？

答： 变差就是指压力表在进行升压检定和降压检定时，各对应检定点上，轻敲表壳后，两次读数之差。变差没有正负之分。根据规程规定，工业用压力表的变差不得超过允许基本误差的绝对值。

【例 3-12】 单圈弹簧管压力表有哪两个调整环节，调整这两个环节各起什么作用？

答： 这两个调整环节是：(1) 调整杠杆的活动螺钉位置；(2) 转动传动机构，改变扇形齿轮与杠杆的夹角。调整杠杆的活动螺钉可以得到不同的传动比，达到调整压力表线性误差的目的。转动传动机构，改变扇形齿轮与杠杆的夹角，可以起到调整压力表非线性误差的作用。

【例 3-13】 简述力平衡式压力变送器的工作原理。

答： 此压力变送器是按力平衡原理工作的。被测压力通过弹性敏感元件（弹簧管或波纹筒）转换成作用力，使平衡杠杆产生偏转，杠杆的偏转由检测放大器转换 0~10mA 的直流电流输出，电流流入处于永久磁场内的反馈动圈中，使之产生与作用力相平衡的电磁反馈力。当作用力与该反馈力达到动平衡时，杠杆系统就停止偏转，此时的电流即为变送器的输出电流，与被测压力成正比。

【例 3-14】 什么叫霍尔效应？简述霍尔压力变送器的工作原理。

答： 置于磁场中的一片半导体，若使磁场方向垂直于半导体平面，沿着与磁场垂直的方向给半导体通入电流，则在半导体内与磁场方向、电流方向相垂直的方向上将产生电势，称为霍尔电势。这一现象就叫霍尔效应。

霍尔压力变送器是基于半导体的霍尔效应而工作的。把半导体片（也称霍尔片元件）与弹性敏感元件的自由端相连接，并把其置于永久磁钢的磁场中，当被测压力通入弹性敏感元件后，其自由端产生位移，使霍尔元件在磁钢中的位置发生变化，从而产生霍尔电势，该电势值即反映被测压力的大小。

3.6 习题及解答

3-1 压力测量仪表的“压力”指什么？用图表示出大气压力、表压力、绝对压力和负压力之间的关系。

答： 压力是垂直地作用在单位面积上的力，即物理学上的压强。工程上常将压强称为压力，压强差称为压差。工程上压力的表示方式有 3 种：绝对压力 p_a、表压 p、真空度或负压 p_v，以及大气压力 p_0，如图 3-6 所示。

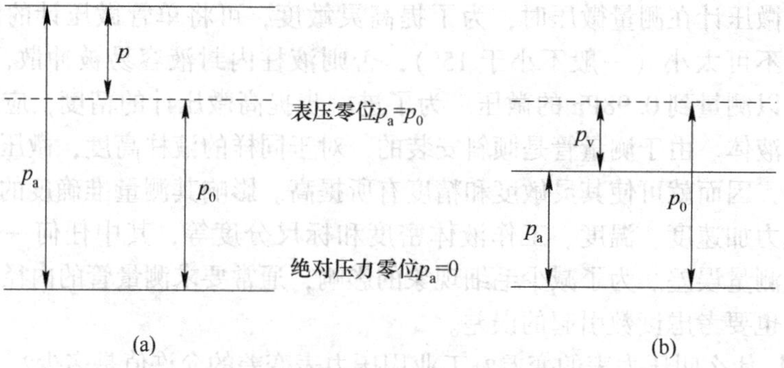

图 3-6 各种压力之间的关系

(a) $p_a \geqslant p_0$；(b) $p_a < p_0$

3-2 常用的压力计有哪些，其原理和特点各是什么？

答：常用的压力计有：

（1）弹性式压力计，根据弹性元件受力变形的原理，将被测压力转换成弹性元件的位移来实现测量的仪表。特点是结构简单、坚实牢固、价格低廉、测量范围宽，可以从负几十帕到吉帕的超高压，便于携带、安装、使用和维护，可以配合各种变换元件做成各种压力计。应用领域广，但是准确度不高，内部机件易磨损。由于存在弹性后效等缺陷，其频率响应低，不宜用于测量动态压力。

（2）电气式压力计，原理是利用敏感元件将被测压力转换成各种电量，如电阻、电感、电程、电位差等。特点是体积小、重量轻、结构简单、工作可靠，工作温度可在250℃以上。灵敏度高，线性度好，测量准确度多为0.5级和1.0级。测量范围宽，可测100MPa以下的所有压力。动态响应频带宽，动态误差小，是动态压力检测中常用的仪表。由压电晶体制成的压力计只能用于测量脉冲压力。压电式传感器无需外加电源，可避免电源带来的噪声影响。但是压电元件要求二次仪表的输入阻抗很高，且连接时需要用低电容、低噪声的电缆。这类压力计不适宜测量缓慢变化的压力和静态压力。

（3）负荷式压力计，原理是基于流体静力学平衡原理和帕斯卡定律进行压力测量的，典型仪表主要有活塞式、浮球式和钟罩式3大类。特点是应用范围广，结构简单，稳定可靠，准确度高，重复性好，可测正、负及绝对压力；既是检验、标定压力表和压力传感器的标准仪器之一，又是一种标准压力发生器，在压力基准的传递系统中占有重要地位。

（4）液柱式压力计，原理是根据流体静力学原理，把被测压力转换成液柱高度来实现测量的，主要有U形管压力计、单管压力计、斜管微压计、补偿微压计和自动液柱式压力计等。特点是该方法常用于实验室或科学研究的低压、负压或压力差的测量，具有结构简单、使用方便、准确度较高等优点。其缺点是量程受液柱高低的限制，玻璃管易损坏，只能就地指示，不能进行远传。

3-3 能否用圆形截面的金属管做弹簧管测压力，为什么？弹簧管测压力时应考虑哪些因素的影响？

答：不能。弹簧管压力计的工作原理是：当被测压力介质从开口端进入并充满弹簧管的整个内腔时，椭圆形或扁圆形截面在压力作用下将趋向圆形，由于弹簧管长度一定，迫使弹簧管产生向外挺直的扩张变形，结果改变弹簧管的中心角，使其自由端产生位移。所以圆形截面很难再变形产生位移进行测量。影响因素有：弹簧管的几何尺寸；弹簧管的管壁厚度；外圆弧半径和弹簧管的刚度。

3-4 活塞式压力计的工作原理是什么，影响测量准确度的因素有哪些？

答：活塞式压力计是根据流体静力学平衡原理和帕斯卡定律，利用压力作用在活塞上的力与砝码的重力相平衡的原理而设计的。误差来源主要有三个方面：重力加速度的影响，不同的海拔、纬度对实验会有一定的影响；空气浮力的影响，空气会对砝码产生一定的浮力，因此在计算被测压力时应加入空气浮力修正因子；温度的影响，当实验环境温度不是20℃时，应在计算被测压力时加入温度修正因子。

3-5 某台空压机的缓冲器，其工作压力为1.1~1.6MPa，工艺要求就地观察罐内压力，并要求测量误差不大于罐内压力的±5%，试选用一只合适的压力表。

解：通常工业上应用比较广泛的为弹簧管压力计，最大压力值不应超过满量程的

3/4，最小工作压力一般不应低于量程的1/3。设A为量程，因此：

1.1MPa>A/3　　A<3.3MPa；　　1.6MPa<3A/4　　A>2.1MPa；

因此，选择量程为0~3MPa；

根据精度计算公式：$\gamma=\frac{|\Delta x|_{max}}{x_{FS}}\times 100\%$

则：$\frac{(1.1\times 5\%)\ \mathrm{MPa}}{3\mathrm{MPa}}\times 100\%=0.018\%$

因此，选择精度等级为1.6，量程为0~3MPa弹簧管压力表。

3-6　如果某反应器最大压力为0.8MPa，允许最大绝对误差为0.01MPa。现用一只测量范围为0~1.6MPa，准确度等级为1级的压力表来进行测量，问是否符合工艺要求？若其他条件不变，测量范围改为0~1.0MPa，结果又如何？试说明其理由。

解：选用弹簧管压力计，根据量程规范要求，有：

(1/3)A<0.8<(3/4)A　A为0~1.6MPa时，量程符合要求。

根据精度计算公式：$\gamma=\frac{|\Delta x|_{max}}{x_{FS}}\times 100\%$

得：$0.01=\frac{|\Delta x|_{max}}{1.6}$，则$|\Delta x|_{max}=0.016>0.01$，不符合要求；

当量程为0~1.0MPa时，$|\Delta x|_{max}=0.01=0.01$，符合要求；

但是最大压力0.8MPa>(3/4)×1.0，即量程不符合要求。

因此，选用量程0~1.6MPa压力表时精度不符合要求；选用0~1.0MPa压力表时，量程不符合要求。

3-7　何谓压电效应，压电式压力计的特点是什么？

答：某些电介质在受压时发生机械变形（压缩或伸长），则在其两个相对表面上就会产生电荷分离，使一个表面带正电荷，另一个表面带负电荷，并相应地有电压输出，当作用在其上的外力消失时，形变也随之消失，其表面的电荷也随之消失，它们又重新回到不带电的状态，这种现象称为压电效应。压电式压力计的特点是：(1) 体积小、重量轻、结构简单、工作可靠，工作温度可在250℃以上。(2) 灵敏度高，线性度好，测量准确度多为0.5级和1.0级。(3) 测量范围宽，可测100MPa以下的所有压力。(4) 动态响应频带宽，可达30kHz，动态误差小，是动态压力检测中常用的仪表。(5) 由于压电晶体产生的电荷量很微小，一般为皮库仑级，这样，即使在绝缘非常好的情况下，电荷也会在极短的时间内消失，所以由压电晶体制成的压力计只能用于测量脉冲压力。(6) 由于压电式传感器是一种有源传感器，无需外加电源，因此可避免电源带来的噪声影响。(7) 压电元件本身的内阻非常高，因此要求二次仪表的输入阻抗也要很高，且连接时需用低电容、低噪声的电缆。(8) 由于在晶体边界上存在漏电现象，故这类压力计不适宜测量缓慢变化的压力和静态压力。

3-8　分析比较应变片式压力计和压阻式压力计在各方面的相同点和不同点。

答：应变片式压力计和压阻式压力计都属于电阻式压力计，其原理是金属导体或半导体材料制成的电阻体，在受到外力作用时而引起电阻值发生变化。但是两者电阻的变化取决因素并不相同。应变片式压力计是电阻丝在外力作用下发生机械变形，引起电阻值变化，称为应变效应；压阻式压力计是固体受到压力作用后，其晶格间距发生变化，电阻率随压力变化，这种情况称为压阻效应。

3-9 简述振弦式压力计和振筒式压力计的工作原理，并比较两者的异同点。

答： 振弦式传感器由受力弹性形变外壳（或膜片）、钢弦、紧固夹头、激振和接收线圈等组成。一般在膜片上没有施加被测压力时，振弦仅承受一定的初始张力，当膜片的下部通入被测压力时，钢弦的原始张力发生变化并引起其固有频率发生变化，随之感应电势的频率也发生变化，通过测量感应电势的频率，再根据振荡频率与压力的关系确定被测压力。振筒式压力计由振筒组件和激振电路组成。感压元件是一个薄壁金属圆筒，圆柱筒本身具有一定的固有频率。当筒壁受压张紧后，其刚度发生变化，固有频率相应改变。因此，两者的测压原理大致相同，但感压元件是不同的。

3-10 差动式电容压力变送器的优点是什么，为什么？

答： 差动式电容压力变送器与单极板电容压力变送器相比非线性得到很大改善，灵敏度也提高近一倍，并减少了由于介电常数受温度影响引起的不稳定性。该方法不仅可测量差压，而且若将一侧抽成真空，还可用于测量真空度和微小绝对压力。

3-11 测压仪表在选择时应遵循什么原则？

答： 压力表的选择是一项重要的工作，如果选用不当，不仅不能正确、及时地反映被测对象压力的变化，还可能引起事故。选用时应根据生产工艺对压力检测的要求、被测介质的特性、现场使用的环境及生产过程对仪表的要求，如信号是否需要远传、控制、记录或报警等，再结合各类压力仪表的特点，本着节约的原则合理地考虑仪表的类型、量程、准确度等。

3-12 当测量气体、液体和蒸汽时，取压口开孔位置应如何选择，为什么？

答： 取压口开孔位置的选择应使压力信号走向合理，以避免发生气塞、水塞或流入污物。具体说，当测量气体时，取压口应开在设备的上方，以防止液体或污物进入压力计中，以避免凝结气体流入而造成水塞；当测量液体时，取压口应开在容器的中下部（但不是最底部），以免气体进入而产生气塞或污物流入；当测量蒸汽时，取压口应开在容器的中上部，以避免发生气塞、水塞或流入污物。

3-13 导压管在与管道连接和敷设时应注意哪些事项？

答： 应注意以下几个方面：（1）管路应垂直或倾斜敷设，不得有水平段；（2）导压管倾斜度至少为3/100，一般为1/12；（3）测量液体时下坡，且在导压管系统的最高处应安装集气瓶；（4）当导压介质的黏度较大时还要加大倾斜度；（5）在测量低压时，倾斜度还要增大到5/100~10/100；（6）导压管在靠近取压口处应安装关断阀，以方便检修；（7）在需要进行现场校验和经常冲洗导压管的情况下，应装三通阀。

3-14 弹性元件有哪几种，各有何特点，在不同压力计中的作用各是什么？

答： 工业上常用的弹性压力计所使用的弹性元件有三种：（1）膜片，可分为平面膜、波纹膜和挠性膜片。平面膜可以承受较大被测压力，但变形量较小，灵敏度不高，一般在测量较大的压力而且要求变形不很大时使用。波纹膜片测压灵敏度较高，常用在小量程的压力测量中。挠性膜片一般不单独作为弹性元件使用，而是与线性较好的弹簧相连，起压力隔离作用，主要是在较低压力测量时使用。（2）波纹管，特点是灵敏度高，可以用来测取较低的压力或压差。但波纹管迟滞误差较大，准确度最高仅为1.5级。（3）弹簧管，特点是结构简单，测量范围最高可达 10^9Pa，因而在工业上应用普遍。

3-15 某一待测压力约为 12MPa，能否选用一量程范围为 0~16MPa 的压力表来测量，为什么？

答：不能。因为测量高压力时，其最大工作压力不应超过仪表量程的 3/5，而此题中工作压力为 12MPa（高压力），已经超过了仪表量程的 3/5，也就是 9.6MPa，所以不能选用 0~16MPa 的压力表来测量。

3-16 活塞式压力计是否可以同时拿来校验普通压力表和氧压表，为什么？

答：不可以。为了安全起见，氧压表必须禁油，因为氧气遇到油脂很容易引发爆炸，而普通压力表难免将油脂带进活塞式压力计，所以校验氧压表时必须用专门的校验装置和校验工具。

3.7 知识扩容

3.7.1 其他类型压力传感器

电测式压力（压差）传感器的种类很多，如电容式、电位计式、应变式、压电式、振频式、霍尔式、力平衡式、电涡流式等。根据它们的工作原理不同，其性能和适用范围也不同。

电位计式压力（压差）传感器，是将压力（压差）信号变为电位信号，然后以电流或电压信号输出，信号值较大，结构简单，精度级较低，一般为 1.0~1.5 级，不适于振动状况或精密测量。

应变式压力（压差）传感器，是利用金属应变片或半导体应变片将测量压力（压差）的弹性元件的应变转换成电阻的变化，从而达到测量压力或压差的目的。可分为不粘贴式、粘贴式和扩散式。

电涡流式压力（压差）传感器的工作原理是将高频电流输入空心电感线圈，使电感线圈产生一个动磁场，靠近线圈的金属板在磁场作用下会感应出电涡流。当金属板在压力（压差）作用下沿轴线方向移动时，线圈电感量便发生相应的变化，通过电路测量出电感量的变化，就可以测量压力或压差值。这种传感器的一个特殊用途就是可以测量核爆炸等恶劣工况下冲击波的压力。

光学式压力传感器是利用光学原理和光电转换等技术来测量压力或压差的。一般有光导纤维式、光电式及激光式等。

光导纤维简称光纤，是用来传输光波能量的导线，可以将光强和光频由一端传到另外一端。光纤呈圆柱形，通常由玻璃纤维芯和玻璃包皮制成。光纤压力传感器是以光为载体，光纤为媒介，感知和传输外界压力信号的新型传感技术。其工作原理是利用敏感元件受压力作用时的形变与反射光强度相关的特性，由硅框和金铬薄膜组成的膜片结构中间夹了一个硅光纤挡板，在有压力的情况下，光线通过挡板的过程中会发生强度的改变，通过检测这个微小的改变量，就能测得压力的大小。光纤压力传感器与传统的压力传感器相比，具有体积小、重量轻、电绝缘、不受电磁干扰，可用于易燃易爆的环境中等优点，还可以构成光纤分布式压力传感器用于对桥梁和大坝等健康情况的实时监测。利用光纤压力传感器进行称重已成为目前动态称重的研究重点，例如在汽车运动状态下称出其质量。

光电式压力（或压差）传感器以氦氖激光为光源，通过感应膜片形成位移，经过换算关系来确定被测压力或压差值。

光学式压力（压差）传感器不受电场、磁场的干扰，灵敏度高。特别是光纤式，体积小，重量轻，可以加工成各种形状的感应元件，并且可以直接与现代通信网络相连接，形成遥测和控制系统。其测压的最大值可达 3000kPa，测压范围可达 20kPa。

气动式压力（压差）传感器工作原理，是将感应元件受压后产生的位移通过喷嘴挡板机械变成气压输出信号，再经过数据传送或显示。这种气动式压力传感器又可以分为位移平衡型和力平衡型两类，它们在工作中需要压缩空气作为动力源，能将信号远距离传送，具有防爆的特点。

多维力传感器是指能够同时测量两个方向以上力及力矩分量的一种力传感器，被广泛应用于机器人手指和手爪研究、机器人外科手术研究、指力研究、牙齿研究、力反馈、刹车检测、精密装配和切削、复原研究、整形外科研究、产品测试、触觉反馈等领域，行业覆盖了机器人、汽车制造、自动化流水线装配、生物力学、航空航天、轻纺工业等领域。六维力传感器的研究和应用是多维力传感器研究的热点，现在国际上只有美、日等少数国家可以生产。

助眠压力传感器，其本身无法促进睡眠，只是将压力传感器放在床垫底下，由于压力传感器具有高灵敏度，当人发生翻身、心跳以及呼吸等有关的动作时，传感器会分析这一系列信息，去推断人的状态，然后通过对传感器的分析，收集传感器的信号得到心跳和呼吸节奏等睡眠的数据。将压力传感器与睡眠分析程序结合，就能了解睡眠情况，通过对数据的深入分析即可得到有效的缓解失眠的方法。

3.7.2 一维测压管

假设一流体低速水平流动，密度为常数，不可压缩，绕过一物体，根据理想流体绕物体流动的位流理论，由一维水平稳定流动的微分方程式，可以写出：

$$v\mathrm{d}v + \frac{\mathrm{d}p}{\rho} = 0 \tag{3-12}$$

设流体未受扰动区域的速度和静压力分别为 v 和 p，受扰动区的速度和静压力分别为 v_i 和 p_i，通过对式（3-12）积分，可以得到伯努利（Bernoulli's）方程式：

$$\frac{1}{2}v^2 + \frac{p}{\rho} = \frac{1}{2}v_i^2 + \frac{p_i}{\rho} = \text{constant}$$

即

$$p_t = \frac{1}{2}v^2\rho + p = \frac{1}{2}v_i^2\rho + p_i \tag{3-13}$$

式中，总的压力沿着流动方向是不变的；p_t 为全压（总压）；p 或 p_i 为静压；$\frac{1}{2}v^2$ 和 $\frac{1}{2}v_i^2\rho$ 为动压，即是全压与静压之差。

未受扰动的流体到达物体时的接触点设为 t，在 t 点，部分流体质点完全滞止，即速度等于零。在任何被流体绕过的物体上，都会存在这样的点。因此，点就称为临界点或驻点。驻点上的压力就是全压，而这点上的全压就等于静压。如果在驻点处迎着流体方向放置两根小管，管口所感受的压力就是全压。在未扰动区和扰动区之间，当扰动很小时，可以认为受扰区速度等于未受扰动区域的速度，且不为0。即受扰动区的压力等于未扰动区的压力。根据静压力的概念，它是垂直作用于流体流动方向单位面积上的作用力。由此可知，只要在扰动较小的条件下，与未扰动区有一定距离的合适位置上，垂直作用于流体流动方向的物体上开孔，或者放置一个小管管口与流体流动方向垂直，则它们所感受的压力就是静压。这就是测量全压和静压的原理。

由此可知全压、静压和动压之间的关系，因此，只要拥有全压测量管和静压测量管，就可以进行流体压力和速度的测量。一般对测压管的要求是：在惯性不大的情况下，感压部分的尺寸尽量要小。对来流方向的敏感性越迟钝越好。要有足够的强度。感受孔与测压管转轴之间要保持最小的距离。

3.7.2.1 全压管

设计全压管的关键参数是使流动偏角具有不敏感性能。因为在实际应用中，并不能十分准确地使测量孔对准来流方向。而由于它的不敏感性，即使来流方向与全压孔轴线有一定的偏角，还可以正确地测量全压值。全压管对流动的偏斜角的敏感性在很大程度上取决于管径与全压孔直径之比。常用全压管有L形全压管和圆柱形全压管。

3.7.2.2 静压管

与全压管相比较，静压管的设计要复杂些。因为测量静压分为两种情况：测量被绕流物体表面上某点的压力或流通壁面上流体的压力；测量流场中某点的压力。

测量被绕流物体表面上某点的压力或流通壁面上流体的压力时，可以在绕流物体上或者流动壁面上开静压孔，开孔直径为0.5~1.5mm，孔口要光洁，孔轴线垂直于壁面。对于后一种情况，可以利用尺寸较小具有一定形状的测压管插入流体中进行测量，如果被测量的是平直流通管内的流体静压（截面上无静压差），则可以用第1种测量方式来代替第2种静压管。

3.7.2.3 皮托管

皮托管也称测速管（速度探针），是将全压管和静压管组合到一起直接得到动压的测压或测速工具。其结构简单，精度较高，得到广泛的应用。皮托管是测量流体空间中某点的平均速度，它的头部形状、全压孔的大小、静压孔的孔数及形状、探头与支杆轴的连接方式，都会对它的测量精度产生影响。

一字形或L形皮托管头部临界点的中心孔测量流体的全压，侧面均布的小孔或狭缝测量流体的静压，把它们的连通管接到显示仪表上，就可以得到全压和静压的差值，即动压。这种形式的皮托管，其头部为半球形的要比头部为锥形的对流动方向的不敏感性大。

T形皮托管比较适用于含尘量大的气体通道及输油管道上的流速测量。它由两根小管背靠背焊接在一起，其中迎着来流的小孔测量全压，背着来流的小孔测量静压。这种测压管对流动方向的变化很敏感。T形皮托管结构简单，制作方便，截面尺寸小，对流场的影响小，但是刚度差，适合近壁处的测量。

对于一维的管流流动，人们经常使用一种像笛子形状的测压管，称为笛形管。笛形管的设计思想是将被测量管的截面分成若干的同心圆，每个圆环的面积均相等，在等面积环的划分圆与直径相交点及中心处开测量孔，这样各个孔所被感受的全压为平均值。如果在它的背面再附设一个静压管，注意静压管的孔口要与流体流动方向垂直，两支测压管测得的差值就是动压。因此用笛形管可以方便地测量管道截面上的平均流速。

3.7.2.4 三维测压管

在研究空气动力场的过程中，经常要测量三维空间的气流速度场，它包括流速及其方向。就接触式的测量系统来说，有五孔测压管、七孔测压管，通常分别称为五孔探针和七孔探针。

典型的球形五孔探针是由球头和支杆组成，球头的直径一般为5~10mm，球面上有5个测压孔，测压孔的直径0.5~1mm，中间孔与侧孔轴线间的夹角为30°~50°，一般取45°，支杆轴线通过球心偏在后面。一些经验表明，支杆相对于球头轴线的位置对探针的方向特性有一定的影响，支杆轴心相对于球中心后移越多，方向特性的不对称性越小。一般在支杆的后边还设置一个测角器，用它来确定有关的角度，进而计算来流的方向。

除了球形五孔探针以外，还有管束形和楔形五孔探针。管束形五孔探针的感受头部尺寸小，支杆离测孔较远，它比球形五孔探针对来流参数的影响要小。因此可以用它较准确地测量不均匀流场中一个点的参数。楔形五孔探针由于它的头部形状特点，更适合测量狭窄流动空间的流场参数，特别是当垂直于支杆轴线平面内全压力梯度较大时，用它来测量流场参数会获得较高的准确度。

用五孔探针测量三维流场比较方便，但缺点是在水平方向上测量的角度范围较小，而且测量得出的数据也不能立即直观地反映出当时流场的情况，需要进一步对数据加以处理才可得知。这样不仅测量任务繁重，而且测量的速度、精度都不高。清华大学研制的七孔探针自动测量系统由球形七孔探针、异步步进电机、角度传感器、压力传感器、模拟放大器、计算机数据采集（A/D）、开关量输出及数据处理系统组成。其特点是大广角，高灵敏度，整个测量过程都是由计算机自动控制，自动进行数据处理，从而将测量者从繁重的测量及处理数据的任务中解脱出来，为空气动力场的测试提供了一个有力的测量手段。

与五孔探针一样，七孔探针也是应用流体绕流球体的特性，用来测量空间流场的流动参数。七孔探针相对于五孔探针的最大改进是可以使测量角范围大大增加，从原理上测量角的范围可以达到-90°~90°，但由于探针支杆对六个孔的影响，以及校准时所用的风洞与探针支杆的位置对所能校得的测量角的限制，最终使测量角测量范围为-60°~75°，就是说可测角度约为135°，所以称之为大广角。

4 流量测量仪表

流量测量是人类文明的一种标志。埃及人用尼罗河流量来预报年成的好坏，古罗马人修渠引水，采用孔板测量流量。20 世纪 50 年代，工业中用的主要流量计只有孔板、皮托管和浮子流量计三种，被测介质范围也较窄，测量准确度也只满足低水平的生产需要。第二次世界大战后，流量仪表随之迅速发展起来。在工业生产过程中，流量是非常重要的参数，流量测量是实现自动化检测和控制的重要环节。它表征着运行设备负荷高低、工作状况和生产效率等运行情况。因此连续监视流体的流量对热力设备的安全、经济运行及能源管理有着重要意义。随着过程测量、能源计量、环境保护、交通运输等高耗能领域对流量测量的需求急速增长，人们对流量测量的各方面提出了越来越高的要求。流量是一个动态量，其测量过程与流体的流动状态、物理性质、工作条件及流量计前后直管段的长度等因素有关。测量对象遍及高、低黏度以及强腐蚀的流体，可以是单相流、双相流和多相流。测量条件有高温高压、低温低压，流动状态有层流、湍流和脉动流等，因此在确定流量的测量方法、选择合适的流量仪表时，需要综合考虑上述因素的影响，才能达到理想的测量要求。

4.1 重　点

（1）节流式流量计的工作原理、特点和流量方程的推导。
（2）标准节流装置，以及各标准节流件特点。
（3）浮子流量计的工作原理及刻度换算。
（4）容积式流量计工作原理。
（5）质量流量计的基本测量原理和特点。

4.2 难　点

（1）节流式流量计的流量方程推导。
（2）浮子流量计刻度换算和量程换算。

4.3 关 键 词

流量；节流式差压流量计；标准节流装置；浮子流量计；靶式流量计；皮托管；均速管流量计；弯管流量计；V 锥流量计；威力巴流量计；叶轮流量计；涡轮流量计；电磁流量计；涡街流量计；超声波流量计；转子型容积式流量计；刮板型容积式流量计；质量流量计。

4.4 知识体系

4.4.1 基本概念

4.4.1.1 流量的定义

流量是指流体流过一定截面的量，其中流体又可分为可压缩流体（气体）和不可压缩流体（液体）。流体在单位时间内流过管道或设备某横截面处的数量称为瞬时流量。该数量可以用体积、质量和重量来表示，流过的数量用体积计算的称为体积流量，用 q_V 表示，其单位为 m^3/s（也可用 m^3/h，cm^3/s，L/min）；流过的数量用质量计算的称为质量流量，用 q_m 表示，其单位为 kg/s（也用 kg/h）；流过的数量用重量计算的称为重量流量，用 q_G 表示，其单位为 N/s。

$$q_G = q_m g = q_V \rho_g = q_V r \tag{4-1}$$

式中 g——重力加速度，$g = 9.80665 m/s^2$；

ρ——流体的密度，kg/m^3；

r——流体的重度，N/m^3。

因为流体的密度 ρ 随流体的状态参数的变化而变化，故在给出体积流量的同时，需要指明流体所处的状态，特别是对于气体，其密度随压力、温度变化比较显著，为了便于比较，常把工作状态下的体积流量换算成标准状态下（温度为20℃，绝对压力为101325Pa）的体积流量，用 q_{Vn} 表示。

$$q_{Vn} = q_V \frac{\rho}{\rho_n} \tag{4-2}$$

式中 ρ_n——标准状态下的被测气体密度；

ρ——测量条件下气体密度。

在工程应用中，除了要测量瞬时流量外，往往还需要了解在某一段时间内 $[t_1, t_2]$ 流过流体的总和，即累积流量。在数值上，累积流量等于在该时间段内瞬时流量对时间的积分，即有：

$$Q_V = \int_{t_1}^{t_2} q_V \mathrm{d}t \tag{4-3}$$

式中 Q_V——累积体积流量，m^3。

工业生产中，瞬时流量是涉及流体工艺流程中需要控制和调节的重要参数，用以保障可靠稳定的生产和保证产品质量。累积流量则是有关流体介质的贸易、分配、交接、供应等商业性活动中必知的参数之一，它是计价、结算、收费的基础。

4.4.1.2 流量测量的分类

利用流体的流动属性，并采用某种物理方法将这一流动属性加以检测，便得某种流量的测量方法。由于流量测量对象是液体、气体、固体、特种介质、非牛顿流体及多相状态的流体，它们的流动特性有速度、差压、容积、质量、离心力、阻力、漩涡、散热、超声传播速度等，因此流量测量方法相当繁多。目前，已投入使用的流量计有100多种。流量计有各种不同的分类方法，按工作原理不同，一般归纳为容积法、速度法和质量流量法三种。

(1) 容积法。利用容积法制成的流量计相当于一个具有标准容积的容器，它连续不断地对流体进行度量，在单位时间内，度量的次数越多，即流量越大，这种测量方法受流动状态的影响较小，因而适用于测量高黏度、低雷诺数的流体，但不宜用于测量高温、高压以及脏污介质的流体，其流量测量上限比较小。椭圆齿轮流量计、腰轮流量计、刮板流量计等都属于容积式流量计。

(2) 速度法。根据流体的连续性方程，由于体积流量等于截面上的平均流速与截面面积的乘积，如果再有流体密度的信号，便可得到质量流量。在速度法流量计中，节流式流量计历史悠久，技术最为成熟，是目前工业生产和科学实验中应用最为广泛的一种流量计。此外，属于速度式流量计的还有涡轮流量计、电磁流量计等。

(3) 质量流量法。无论是容积法，还是速度法，都必须给出流体的密度才能得到质量流量，而流体的密度受流体的状态参数影响，这就不可避免地给质量流量的测量带来误差。解决这个问题的一种方法是，同时测量流体的体积流量和密度或根据测量得到流体的压力、温度等状态参数对流体密度的变化进行补偿。当然，理想的方法是直接通过测量得到流体的质量流量，这种方法的物理基础是测量与流体质量流量有关的物理量（如动量、动量矩等）。这种方法与流体的成分和参数无关，具有明显的优越性，但目前生产的这种流量计结构都比较复杂，价格昂贵，因而限制了它的应用。

应当指出，无论哪一种流量计，都有一定的适用范围，对流体的特性和管道条件都有特定的要求。目前生产的各种容积法和速度法流量计，都要求满足以下条件：(1) 流体必须充满管道内部，并连续流动。(2) 流体在物理和热力学上是单相的，流经测量元件时不发生相变。(3) 流体的速度一般在声速以下。

用于测流量的计量器具称为流量计，通常由一次装置和二次仪表组成。一次装置安装于流体导管内部或外部，根据流体与一次装置相互作用的物理定律，产生一个与流量有确定关系的信号。一次装置又称流量传感器。二次仪表接受一次装置的信号，并实现流量的显示、输出或远传。流量计的主要技术参数包括测量范围上限值和压力损失。压力损失的大小是流量仪表选型的一个重要技术指标。压力损失小，流体能耗小，输运流体的动力要求小，测量成本低；反之则能耗大，经济效益相应降低，故希望流量计的压力损失越小越好。

4.4.2 节流式差压流量计

差压式流量计是根据安装在管道中的流量检测元件所产生的压差 Δp 来测量流量的仪表，是工业上最广泛使用的一种流量计。节流式差压流量计是差压式流量计中的一种，因为其精度可靠、应用方便，制造简便，在火电厂中凡较大流量的圆形管道，无论蒸汽流量还是给水流量都采用该流量计。而其他流量计通常不适宜高温、高压，所以节流式流量计的使用已颇为重视。国内外都制定了相应标准法规，其应用技术已相当成熟。节流装置按其标准化程度，可以分为标准型和非标准型两大类。所谓标准型是指按照标准文件（如节流装置国际标准 ISO 5176 或我国标准 GB/T 2624）进行节流装置的设计、制造、安装和使用，无需实际流体校准和单独标定即可确定输出信号（压差）与流量的关系，并估算其测量误差。标准型节流装置由于具有结构简单并已标准化、使用寿命长和适用范围广的优点，在流量测量仪表中占据重要地位。非标准型节流装置是指成熟程度较低、尚未标准化的节流装置。

4.4.2.1 工作原理及理论基础

节流式流量计的工作原理，是在管道内装入节流件，流体流过节流件时流束被收缩，于是在节流件前后产生差压。对于一定型式和尺寸的节流件，一定的取压位置和前后直管段情况以及流体参数条件下，节流件前后产生的差压随被测流量变化而变化，两者之间具有确定的关系。因此，可通过测量节流前后的差压来推知流量。

现以不可压缩流体流经孔板为例，分析流体流经元件时的压力及速度变化情况。在充满流体的管道中放置一个固定的、有孔的局部阻力件（节流元件），可以形成流束的局部收缩。对一定结构的节流元件，其前后的静压差与流量呈一定的函数关系，如图 4-1 所示。

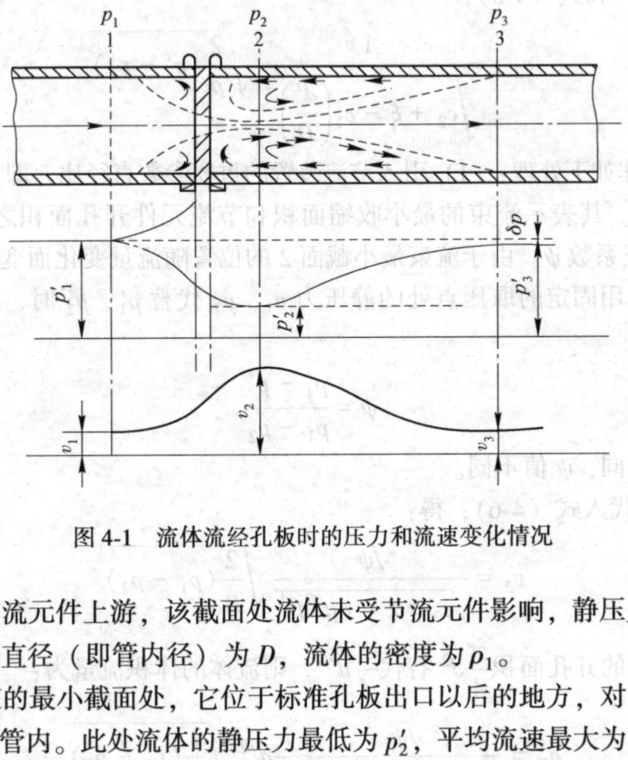

图 4-1　流体流经孔板时的压力和流速变化情况

截面 1 位于节流元件上游，该截面处流体未受节流元件影响，静压力为 p'_1，平均流速为 v_1，流束截面的直径（即管内径）为 D，流体的密度为 ρ_1。

截面 2 为流束的最小截面处，它位于标准孔板出口以后的地方，对于标准喷嘴和文丘里管，则位于其喉管内。此处流体的静压力最低为 p'_2，平均流速最大为 v_2，流体的密度为 ρ_2，流束直径为 d'。对于孔径为 d 的标准孔板，$d'<d$；对于标准喷嘴和文丘里管，$d'=d$。

在节流元件前，流体向中心加速，至截面 2 处流束截面收缩到最小，流动速度最大，静压力最低，然后流束扩张，流动速度下降，静压有所升高，直至在截面 3 处流束又充满管道。由于产生了涡流区，致使流体能量损失，故在截面 3 处静压力 p'_3 不等于原先的数值 p'_1，而产生了压力损失 Δp。

设管道水平放置，对不可压缩流体有 $\rho_1=\rho_2=\rho$，能量损失记为 $s_w=\xi\dfrac{v_2^2}{2}$，则对于截面 1 和 2，根据伯努利方程有：

$$\frac{p_1'}{\rho}+\frac{c_1v_1^2}{2}=\frac{p_2'}{\rho}+\frac{c_2v_2^2}{2}+\xi\frac{v_2^2}{2} \tag{4-4}$$

式中 p_1'——管道截面 1 处流体的静压力，Pa；

p_2'——管道截面 2 处流体的静压力，Pa；

v_1——管道截面 1 处流体的平均速度，m/s；

v_2——管道截面 2 处流体的平均速度，m/s；

c_1——管道截面 1 处的动能修正系数；

c_2——管道截面 2 处的动能修正系数；

ξ——阻力系数。

由流体的连续性方程可得：

$$v_1\frac{\pi D^2}{4}\rho=v_2\frac{\pi d'^2}{4}\rho \tag{4-5}$$

联立式（4-4）和式（4-5）：

$$v_2=\frac{1}{\sqrt{c_2+\xi-c_1\left(\frac{d'}{D}\right)^4}}\sqrt{\frac{2}{\rho}(p'-p_2')} \tag{4-6}$$

对式（4-6）作如下处理：（1）引入节流装置的重要参数直径比，即 $\beta=d/D$。（2）引入流束的收缩系数 μ。其表示流束的最小收缩面积和节流元件开孔面积之比，即 $\mu=d'^2/d^2$。（3）引入取压修正系数 ψ。由于流束最小截面 2 的位置随流量变化而变化，而实际取压点的位置是固定的，用固定的取压点处的静压力 p_1，p_2 代替 p_1'，p_2' 时，必须引入一个取压修正系数 ψ，即

$$\psi=\frac{p_1'-p'}{p_1-p_2} \tag{4-7}$$

注意，取压方式不同，ψ 值不同。

将式（4-7）代入式（4-6），得：

$$v_2=\frac{\sqrt{\psi}}{\sqrt{c_2+\xi-c_1\mu^2\beta^4}}\sqrt{\frac{2}{\rho}(p_1-p_2)} \tag{4-8}$$

若用节流元件的开孔面积 $\frac{\pi}{4}d^2$ 替代 $\frac{\pi}{4}d'^2$，则流体的体积流量为：

$$q_V=\frac{\sqrt{\psi}}{\sqrt{c_2+\xi-c_1\mu^2\beta^4}}\frac{\pi}{4}d'^2\sqrt{\frac{2}{\rho}(p_1-p_2)} \tag{4-9}$$

注意：公式中的 d 和 D 是在工作条件下的直径。在任何其他条件下，所测得的值均需根据测量时实际的流体温度和压力对其进行修正。

记静压力差 $\Delta p=p_1-p_2$，设节流元件的开孔面积 $A_0=\frac{\pi}{4}d^2$，并定义流量系数为：

$$\alpha_0=\frac{\mu\sqrt{\psi}}{\sqrt{c_2+\xi-c_1\mu^2\beta^4}} \tag{4-10}$$

则流体的体积流量为：

$$q_V = \alpha_0 A_0 \sqrt{\frac{2}{\rho}\Delta p} \tag{4-11}$$

目前国际上多用流出系数 C 来代替流量系数 a_0，流出系数 C 定义为实际流量值与理论流量值的比值。所谓理论流量值，是指在理想工作条件下的流量值。理想条件主要包括：(1) 无能量损失，即 $\xi=0$。(2) 用平均流速代替瞬时流速，无偏差，即 $c_1=c_2=1$。(3) 假定在孔板处流束收缩到最小，则有 $d'=d$，$\mu=1$。(4) 假定截面 1 和截面 2 所在位置恰好为差压计两个固定取压点的位置，则固定点取压值 p_1，p_2 分别等于 p_1'，p_2'，即 $\psi=1$。

因此理论流量值 q_{V0} 为：

$$q_{V0} = \frac{A_0}{\sqrt{1-\beta^4}}\sqrt{\frac{2}{\rho}\Delta p} \tag{4-12}$$

流出系数 C 的表达式为：

$$C = \frac{q_V}{q_{V0}} = \frac{\alpha_0}{E} \tag{4-13}$$

式中　E——渐近速度系数，$E=\dfrac{1}{\sqrt{1-\beta^4}}$。

用流出系数 C 表示的体积流量公式为：

$$q_V = \frac{C}{\sqrt{1-\beta^4}}A_0\sqrt{\frac{2}{\rho}\Delta p} \tag{4-14}$$

用流出系数 C 表示的质量流量公式为：

$$q_m = \frac{C}{\sqrt{1-\beta^4}}A_0\sqrt{\frac{2}{\rho}\Delta p} \tag{4-15}$$

对于可压缩流体，由于密度随压力或温度的变化而变化，不再满足 $\rho_1=\rho_2=\rho$。此时，如果仍用不可压缩流体的流出系数 C，则算出的流量偏大。为方便起见，流量方程仍取不可压缩流体流量方程的形式，只是规定公式中的 ρ 取节流元件前流体的密度 ρ_1，流量系数 a_0 和流出系数 C 也仍取不可压缩时的数值，同时把流体可压缩性的全部影响集中用一个流束膨胀修正系数 ε 来考虑。显然，不可压缩流体的 $\varepsilon=1$，可压缩流体的 $\varepsilon<1$。因此，可压缩流体的流量公式为：

$$q_V = \frac{C_\varepsilon}{\sqrt{1-\beta^4}}A_0\sqrt{\frac{2}{\rho}\Delta p} \tag{4-16}$$

$$q_m = \frac{C_\varepsilon}{\sqrt{1-\beta^4}}A_0\sqrt{2\rho_1\Delta p} \tag{4-17}$$

式中　ε——可压缩流体的流束膨胀修正系数，简称膨胀系数。

这一关系实用中常被用来校验差压计或对差压计进行流量分度的标定。

当测得节流装置输出的任一差压 Δp_x 时，其相应流量 q_x 可用下式计算：

$$q_x = q_m\sqrt{\frac{\Delta p_x}{\Delta p_m}} \tag{4-18}$$

式中 q_m——节流装置设计中已知点流量，kg/s；

Δp_m——相应已知点 q_m 流量下的差压，Pa。

4.4.2.2 标准节流装置的结构

为了采用节流原理通过差压来测取流量，就必须采用节流装置。凡设计、制造、安装和使用都符合国标 GB/T 2624—93（即流量规程）的节流装置称为“标准节流装置”。否则，就是非标准节流装置。标准节流装置的最大优点是其流量与差压的关系可通过国标 GB/T 2624—93 提供的资料直接计算确定，而不必通过校验或标定来得到，因此这在工业生产中得到了广泛的应用。上述国标与 ISO（国际标准化组织）推行的 ISO 5716-1 标准相应。

标准节流装置只适用于测量圆形管道中的单相、均质流体的流量。它要求流体充满管道，在节流件前、后一定距离内不发生相变或析出杂质，流速小于音速。流动属于非脉动流，流体在流过节流件前的流束与管道轴线平行，不得有旋转流。流动状况为典型发展的紊流。标准节流装置除包括节流件及取压装置外，还包括节流件上游侧的第一阻力件、第二阻力件，下游侧的第一阻力件以及在它们之间的直管段，如图 4-2 所示。已标准化了的节流件称为标准节流件，分为标准孔板（见图 4-3）、标准喷嘴和文丘里管三种。

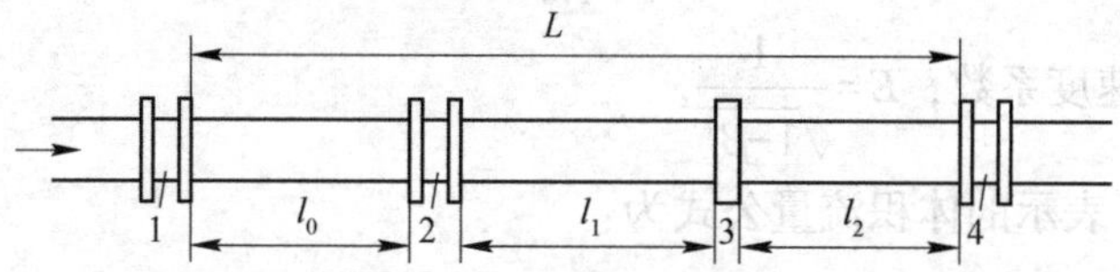

图 4-2 节流装置示意图

1—上游侧第二个局部阻力件；2—上游侧第一个局部阻力件；3—节流件；4—下游侧第一个局部阻力件

标准孔板的开孔直径 d 是一个非常重要的尺寸，在任何情况下都要满足其值大于 12.5mm，对制成的孔板，应至少取 4 个大致相等的角度测得直径的平均值，且要求任一个直径与直径平均值之差不超过直径平均值的 0.05%。根据所用标准孔板的取压方式，直径比 β 应满足 $0.20 \leqslant \beta \leqslant 0.75$。节流孔的厚度 e 应满足 $0.05D \sim 0.02D$。孔板厚度 E 应满足 $e \sim 0.05D$，而当 $50\text{mm} \leqslant D \leqslant 64\text{mm}$ 时，孔板厚度 E 只要不大于 3.2mm 即可。在各处测得的 e 值偏差和 E 值偏差均应不大于 $0.001D$。

孔板上游端面 A 的平面度（即连接孔板表面上任意两点的直线与垂直于轴线的平面之间的斜度）应小于 0.5%，上游端面 A 的表面粗糙度值必须满足 $Ra \leqslant 10^{-4}d$。孔板的下游侧应有一个扩散的圆锥表面，该表面的表面粗糙度值无需达到上游端面 Ra 的要求，圆锥面的斜面角度为 $\alpha = 45° \pm 15°$。上游边缘 G 应是尖锐的，即边缘半径不大于 $0.0004D$，无卷口，无毛边，无目测可见的任何异常。标准孔板的进口圆筒部分应与管道同心安装；孔板必须与管道轴线垂直，其偏差不得超过±1°。

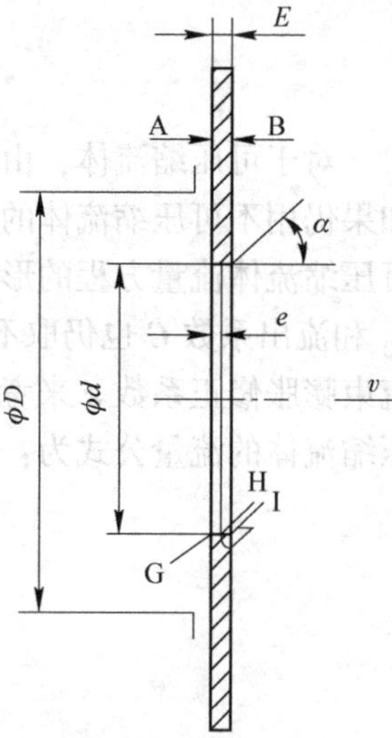

图 4-3 标准孔板

A—上游端面；B—下游端面；E—孔板厚度；α—斜角；e—节流孔厚度；v—流动速度；D—管道直径；d—节流孔直径；G—上游边缘；H，I—下游边缘

标准孔板结构简单、加工方便、价格便宜，但对流体造成的压力损失较大，测量准确度较低，所以一般只适用于洁净流

体介质的测量。此外，测量高温、高压介质在大管径管道中的流动时，孔板易出现变形现象。

喷嘴的轴向截面由圆弧形收缩部分与圆筒形喉部所组成。标准喷嘴是一种以管道轴线为中心线的旋转对称体，有 ISA1932 喷嘴和长径喷嘴两种类型。

文丘里管是轴向截面由入口收缩部分、圆筒形喉部和圆锥形扩散段所组成的节流元件。按收缩段的形状不同，又分为经典文丘里管和文丘里喷嘴。

标准节流装置的设计、制造、安装、使用等环节都严格按照 GB/T 2624—93 执行时，流量测量只具有基本误差。如果不符合标准时，则将产生附加误差。流量测量基本误差的设计因素中，包含有设计程度误差，使用的公式、图表数据误差及理论误差。设计程度误差是指设计流程顾及了现场哪些应用指标（如流量误差、孔径计算、压力损失、直管段长度、最小流量下黏度修正等）。能顾及全性能指标的设计流程尚未有定论。应用中通常顾及主要指标，不满足一些次要指标，势必形成附加误差的增加。使用的公式及图表数据虽由国标 GB/T 2624—93 详情提供，但还是会存在着分度误差、实验回归误差及尚未完善的误差。理论误差指方法上的理论公式不完善引起的。在标准节流装置的制造中，多数还是存在着尺寸误差，材料性能不符合计算性能的误差、光洁度误差和不尖锐度误差。在标准节流装置安装中存在有轴线同心度、端面垂直度、差压传递中动、静态准确度低等误差。这些因素虽然主观上克服了，但由于检验工具、检验方法等不俱全而实际上存在误差。在标准节流装置使用方面主要是差压计精确度存在误差、运行参数变化（包括补偿）存在测量误差及管道粗糙度误差。标准节流装置的流量测量误差是用置信概率 95%时的不确定度来估计的。

4.4.2.3 取压方式

取压装置是取压的位置与取压口结构形式的总称。根据节流装置取压口位置，可将取压方式分为理论取压、角接取压、法兰取压、*D* 和 *D*/2 取压（径距取压）与损失取压（管接取压）五种，如图 4-4 所示。

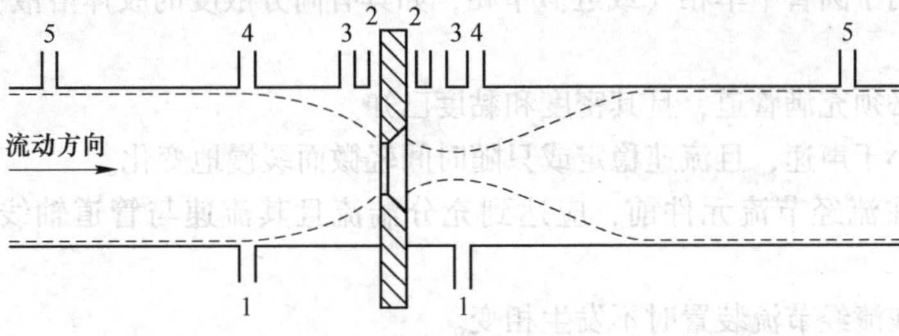

图 4-4　节流装置取压方式

(1-1)—理论取压；(2-2)—角接取压；(3-3)—法兰取压；(4-4)—径距取压；(5-5)—损失取压

各标准节流元件的取压方式：

（1）标准孔板。可以采用角接取压、法兰取压、*D* 和 *D*/2 取压等方式。一块孔板可以采用不同的取压方式，当在同一个取压装置上设置不同取压方式的取压口时，为了避免相互干扰，在孔板一侧的几个取压口的轴线不得处于同一轴向平面内。

（2）标准喷嘴。ISA1932 喷嘴采用角接取压，而长径喷嘴采用 *D* 和 *D*/2 取压，其上游取压口轴线与喷嘴前端平面部分间的距离 $L_1 = 1D^{+0.2D}_{-0.1D}$；下游取压口轴线与喷嘴前端平面部分间的距离 $L_1' = 0.50D \pm 0.01D$，但在任何情况下都不得设置在喷嘴出口的下游处。

(3) 文丘里管。经典文丘里管上游取压口位于距收缩段与入口圆筒相交平面的 $(1/2)D$ 处，文丘里喷嘴上游取压口与标准喷嘴相同。它们的下游取压口分别在距圆筒形喉部起始端的 $0.5D$ 处和 $0.3d$（d 为孔径）处。

4.4.2.4 取压装置

以标准孔板为例，介绍两种典型的取压装置：

(1) 角接取压装置。角接取压装置有环室取压和单独钻孔取压两种。它们可位于管道、管道法兰上，或位于夹持环上。节流元件前后的静压是从前后环室和节流元件前后端面之间所形成的连续环隙处取得的，其值为整个圆周上静压的平均值。环室有均压作用，压差比较稳定，所以被广泛采用。但当管径超过 500mm 时，环室加工比较麻烦，可以采用单独钻孔取压。环隙通常在整个圆周上穿通管道，连续而不中断。否则，每个夹持环应至少有四个开孔与管道内部连通。每个开孔的中心线彼此互成等角度，且每个开孔的面积至少为 $12mm^2$。若采用单独钻孔取压，则取压口的轴线应尽可能以 90°角与管道轴线相交。

(2) 法兰取压装置。法兰取压装置即为设有取压孔的法兰。上、下游的取压孔必须垂直于管道轴线。上、下游取压孔的直径相同，且其值应小于 $0.13D$，同时应小于 13mm。可以在孔板上、下游规定的位置上同时设有几个法兰取压孔，但在同一侧的取压孔应按等角距配置。

4.4.2.5 标准节流装置的适用条件

节流装置的流量与压差的关系，是在特定的流体和流动条件下，以及在节流元件上游侧 D 处已形成典型的湍流流速分布并且无涡旋的条件下通过实验获得的。任何一个因素的改变，都将影响确定的流量和压差的关系，因此标准节流装置对流体条件、流动条件、管道条件和安装要求等都做了明确的规定。

流体条件和流动条件包括五方面：

(1) 只适用于圆管中单相（或近似单相，如具有高分散度的胶体溶液）、均质的牛顿流体。

(2) 流体必须充满管道，且其密度和黏度已知。

(3) 流速小于声速，且流速稳定或只随时间轻微而缓慢地变化。

(4) 流体在流经节流元件前，应达到充分湍流且其流速与管道轴线平行，不得有漩涡。

(5) 流体在流经节流装置时不发生相变。

管道条件和安装要求是：节流装置应安装在两端有恒定横截面积和圆筒形直管段之间，且在此管段内无流体的流入或流出。节流元件上、下游侧最短直管段长度与节流元件上、下游侧阻力件，节流元件的形式和直径比 β 值有关。

4.4.3 浮子流量计

在工业生产中经常会遇到小流量的测量，因其流体的流速低，要求测量仪表具有较高的灵敏度，这样才能保证一定的精度。浮子流量计解决了这一问题。浮子流量计具有结构简单、使用方便、价格便宜、量程比大、刻度均匀、直观性好等特点，可测量各种液体和气体的体积流量，并将所测得的流量信号就地显示或变成标准电信号或气信号远距离传送。

浮子流量计又名转子流量计，其工作原理也是基于节流效应。与节流差压式流量计不同的是，浮子流量计在测量过程中，始终保持节流元件前后的压降不变，而通过改变节流面积来反映流量，所以浮子流量计也称恒压降变面积流量计。

浮子流量计是用量仅次于差压式流量计的一类应用广泛的流量仪表，尤其在微小流量测量方面具有举足轻重的作用。浮子流量计与差压式流量计、容积式流量计并列为三类使用量最大的流量仪表。

4.4.3.1 结构原理和流量公式

转子流量计主要由转子（浮子）、锥形管及支撑连接部分组成，如图4-5所示。工作时，被测流体（气体或液体）由锥形管下部进入，沿着锥形管向上运动，流过转子与锥形管之间的环隙，再从锥形管上部流出。转子受到三个力的作用，即重力、流体对转子的浮力和转子所受的压差力，压差力是指转子下面流体推动转子的压力和转子上方空气向下对转子的压力之差。当转子稳定在某一高度，即处于平衡状态时，转子上所受的向上作用力与转子上所受的向下作用力相等。向上的作用力包括转子的浮力和由于转子的节流作用而产生的压差，即作用在转子最大横截面上产生的压差力，向下的作用力是转子的重力。

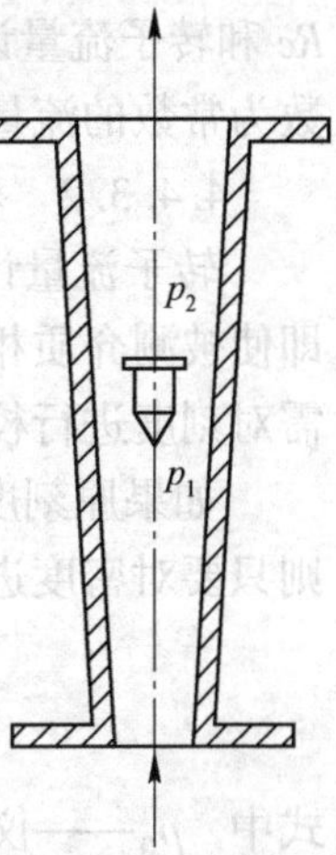

图4-5 转子流量计工作原理示意图

当忽略流体对转子的摩擦力，且转子平衡时，有：

$$\rho_f V_f g = \rho V_f g + \Delta p A_f \tag{4-19}$$

式中 ρ_f——转子的材料密度，kg/m^3；

V_f——转子的体积，m^3；

g——重力加速度，m/s^2；

Δp——转子上的压差，Pa，$\Delta p = p_1 - p_2$；

A_f——转子的最大横截面积，m^2。

式（4-19）可以改写为：

$$\Delta p = \frac{1}{A_f} V_f g(\rho_f - \rho)$$

从伯努利方程可以推导出流体流过节流元件前后所产生的压差与体积流量之间的关系为：

$$q_V = \alpha A_0 \sqrt{2\frac{\Delta p}{\rho}} \tag{4-20}$$

式中 α——流量系数，与转子的形状、尺寸有关；

A_0——转子与锥形管壁之间环形通道的面积，m^2。

将式（4-19）和式（4-20）合并：

$$q_V = \alpha A_0 \sqrt{\frac{2V_f g}{A_f}} \sqrt{\frac{\rho_f - \rho}{\rho}} \tag{4-21}$$

由于锥形管的锥角较小，所以 A_0 和转子在锥形管中的高度近似呈比例关系，即

$$A_0 = Ch \tag{4-22}$$

式中 C——与锥形管锥度有关的比例系数；

h——转子在锥形管中的高度，mm。

由此得到体积流量与转子高度的关系为

$$q_V = \alpha Ch\sqrt{\frac{2V_f g}{A_f}}\sqrt{\frac{\rho_f - \rho}{\rho}} \tag{4-23}$$

由式（4-23）可知，由于转子在锥形管中位置的升高，造成转子与锥形管间环隙增大，即流通面积增大。随着环隙的增大，流过此环隙的流体流速变慢，因而流体作用在转子上的力变小。当转子再次受力平衡时，转子又稳定在一个新的高度上。转子在锥形管中的平衡位置的高低与被测介质的流量大小相对应。根据这个高度，就可测得流体流过转子流量计的流量，这就是转子流量计测量流量的基本原理。实验证明，流量系数 α 与雷诺数 Re 和转子流量计的结构有关。当被测流体黏度与标定流体的黏度相差不大，或在流量系数为常数的流量范围内，可以不考虑 α 的影响，即认为 $\alpha=\alpha_0$（标定流量系数）。

4.4.3.2 刻度换算

转子流量计在出厂刻度时所用介质是水或空气，在实际使用时，被测介质可能不同，即使被测介质相同，但由于温度和压力不同，这时介质的密度和黏度也会发生变化，因此需对刻度进行校正。

如果原刻度是以水为介质刻度的，当介质的温度与压力改变时，如果黏度相差不大，则只要对密度进行校正就可以了，其校正系数为：

$$K_1 = \sqrt{\frac{(\rho_f - \rho)\rho_0}{(\rho_f - \rho_0)\rho}} \tag{4-24}$$

式中 ρ_0——仪表原刻度时的介质密度，kg/m³；

ρ_f——转子材料密度，kg/m³；

ρ——在工作状态下被测介质的密度，kg/m³。

校正后被测介质的流量 q 为：

$$q = K_1 q' \tag{4-25}$$

式中 q'——仪表原刻度时的流量值。

气体流量计通常采用空气在标定状态下进行标定。由于气体的密度受温度、压力变化的影响比较大，因此不同的气体在非标定状态下的测量都要进行刻度换算。对于气体，$\rho_f \gg \rho_0$，$\rho_f \gg \rho$，可得：

$$q_V = q_{V0}\sqrt{\frac{\rho_0}{\rho}} \tag{4-26}$$

用转子流量计测量非标定状态下的非空气流量时，可直接用式（4-26）计算。但要注意 ρ 为被测流体在工作状态下的密度，实际使用起来不方便。为此，可以将流体密度和所处状态分开修正，即先在标定状态下对被测流体的密度进行修正，然后再进行状态修正，计算公式为：

$$q_V = q_{V0}\sqrt{\frac{p_0 T \rho_0}{p T_0 \rho_0'}} \tag{4-27}$$

式中 p_0——标定状态下的绝对压力，Pa；

p——工作状态下的绝对压力，Pa；

T_0——标定状态下的热力学温度，K；

ρ_0'——被测气体在标定状态下的密度，kg/m^3。

4.4.3.3 工作特性

A 浮子体积的选择原则

测量小流量的浮子流量计应尽量减小体积，反之亦然。浮子形状的选择，主要考虑被测流量的大小和获得稳定的流量系数。测量大流量的浮子流量计，其流量系数应小些，反之亦然。

当出现下列两种情况时，黏度变化引起的测量误差不能忽略：（1）当浮子沿流体流动方向的长度较长时，尤其对于小口径浮子流量计。（2）当浮子流量计工作在雷诺数非常数区域时。

目前，对一些浮子流量计已提供了黏度上限值的要求，但对浮子流量计黏度修正的研究离实用要求还有较大差距。

B 浮子流量计的特点

（1）适用于中小管径和低流速的中小流量测量，耐高温高压。对于玻璃管浮子流量计，压力可高达2400kPa，温度的上限值为205℃；而对金属管浮子流量计，压力可高达5000kPa，温度的上限值为500℃。

（2）临界雷诺系数低。如果选用黏度不敏感形状的浮子，如板式浮子（或圆盘式浮子），只要雷诺数大于40（或300），浮子流量计的流量系数将不随雷诺数而变化，且流体黏度的变化也不影响流量系数。

（3）玻璃管浮子流量计结构简单，价格低廉，在只需就地指示的场合使用方便。缺点是玻璃强度低，易碎。金属管浮子流量计广泛应用于各种气体、液体的流量测量和自动控制中。

（4）压力损失小而且恒定，玻璃管浮子流量计的压力损失一般为2~3kPa，较高者为10kPa左右；金属管浮子流量计一般为4~9kPa，较高者为20kPa左右。

（5）对上游直管段的要求较低，刻度近似为线性。

（6）灵敏度高，量程比宽，一般为5∶1或10∶1。可测得的流量范围是0.01~15000cm^3/min。

（7）当被测介质与标定物质、工作状态与标定状态不同时，应进行刻度换算。

（8）受被测介质密度、黏度、温度、压力等因素的影响，其准确度中等，一般在1.5级左右。准确度与浮子流量计的种类、结构（主要指口径尺寸）和标定分度有关。

4.4.3.4 靶式流量计

靶式流量计的工作原理如图4-6所示。靶式流量计的测量元件是一个放在管道中心的圆形靶，靶与管道间形成环形流通面积。流体流动时质点冲击到靶上，会使靶面受力，并产生相应的微小位移，这个力（或位移）就反映了流体流量的大小。通过传感器测得靶上的作用力（或靶子的位移），就可实现流量的测量。

A 流体对靶的作用力

流体对靶的作用力有三种：

（1）流体对靶的直接冲击力，在靶板正面中心处，其值等于流体的动压力。

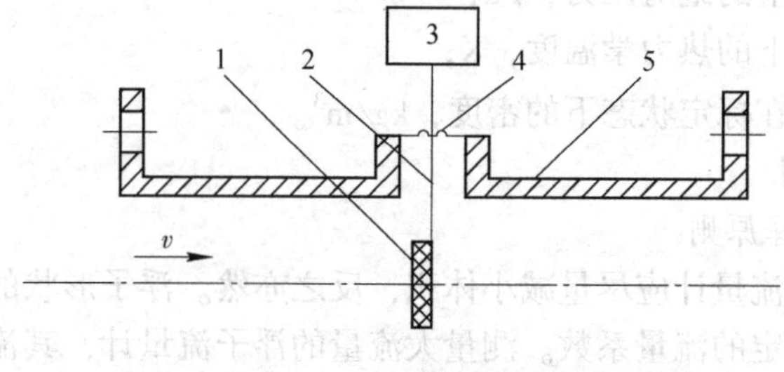

图 4-6 靶式流量计工作原理示意图

1—靶；2—杠杆；3—力平衡转换器；4—密封膜片；5—管道

（2）靶的背面由于存在旋涡而造成“抽吸效应”，使该处的压力减小，因此靶的前后存在静压差，此静压差对靶产生一个作用力。

（3）流体流经靶时，由于流体流通截面缩小，流速增加，流体与靶的周边产生黏滞摩擦力。

在流量较大时，前两种力起主要作用，而且它们是在同一流动现象中产生的，两者方向一致，可看作一个力。

靶式流量计的流量计算公式为：

$$q_V = \alpha D\left(\frac{1}{\beta} - \beta\right)\sqrt{\frac{\pi}{2}}\sqrt{\frac{F}{\rho}} \tag{4-28}$$

式中 α——流量系数；

D——管道内径，m；

β——直径比，d/D；

d——靶的最大直径，m；

F——作用于靶上的力，N；

ρ——被测流体的密度，kg/m^3。

由式（4-28）可以看出，在被测流体的密度、管道直径、靶径 d 和流量系数已知的情况下，只要测出靶上受到的作用力，便可以求出通过流体的流量。在工业上一般是通过转换器将此力信号转换成电或气信号进行测量、显示、记录和远传。例如应变片靶式流量计就是将流体作用在靶上的力通过杠杆传给弹性圆筒，使之弯曲变形。筒壁产生的应变，通过筒壁上粘贴的应变片电桥转换成电压信号，此电压信号与流量成对应关系。显然，上述各因素有任何变化都会带来测量误差。

B 产生测量误差的原因

靶式流量计产生测量误差的主要原因有两个：

（1）由于在靶式流量计的流量计算时，忽略了流体对周边的黏滞摩擦力的影响，但在实际测量高黏性的流体流量时，该黏滞摩擦力将使靶的实际受力增加，从而导致仪表显示的流量偏大。

（2）在被测流量较小时，由于黏滞力的影响，流体对靶的作用力与流体速度的平方不呈线性关系。

4.4.4 其他差压式流量计

以伯努利能量守恒为理论基础的流量测量仪表，除节流式差压流量计、浮子流量计和靶式流量计外，还有较为经典的皮托管和均速管流量计、新型的弯管流量计、V锥流量计和威力巴流量计等。

4.4.4.1 均速管流量计

均速管流量计又称阿纽巴（Annubar）管，是基于皮托管原理而发展起来的一种新型流量计。均速管能够直接测出管道截面上的平均流速，相比于皮托管，简化了测量过程，提高了测量准确性。

均速管是一根横跨管道的中空、多孔金属管。由于管道中流速分布是不均匀的，为了提高测量准确度，将整个管道截面均分成四个面积相等的半环形和半圆形区域，又称等面积单元。在迎流方向上开有对称的两对总压取压孔（也可以是两对以上），各总压取压孔位置分别对应四个等面积单元，其所测总压即反映了各个等面积单元内的流速大小。各总压孔相通，测得的流体总压均压后由总压管引出，这可认为是反映截面平均流速的总压。在背向流体流向一侧的中央开有一个静压取压孔，测得流体静压并由静压管引出。由平均总压与静压之差即可求得管道截面的平均流速，从而实现测量流量的目的。

4.4.4.2 弯管流量计

弯管流量计现已广泛应用于石油、化工、电力、冶金、钢铁等行业的液体、气体和蒸汽流量测量。主要有90°弯管流量计、正方形弯管流量计、环形管流量计和焊接弯管流量计等形式。

弯管流量计主要由弯管传感器和差压变送器组成。若用于测量蒸汽或其他气体流量，原则上必须配置温度和压力变送器，以进行补偿，弯管流量计是最简单的差压式流量计，其传感器是经机加工而成的几何精度很高的90°弯管。弯管是流量计的核心部件，管内部中空，没有任何节流件和插入件。弯管的两端与工艺管道直接连接，内壁应尽量保持光滑。一般采用焊接方法进行安装，取消了一般流量计所固有的连接法兰及紧固件，解决了普通流量计存在的易泄漏的难题。

弯管的粗糙度对流量系数的影响，远比孔板、喷嘴流量计小。当雷诺数增大，即进入阻力平方区后，流量系数几乎不受管壁粗糙度的影响。弯管传感器的取压位置对流量系数影响很大。目前，取压口角度主要有22.5°和45°两种。两种取压形式均可实现工艺管路正、反双向流量测量，是其他流量计无法实现的。弯管流量计取压孔径大小一般按照管道的内径情况而定，一般为3~30mm。两个相对取压孔应相对于90°弯管圆心成一条直线，且内侧无毛刺。

弯管流量计差压值的产生与传统节流式差压流量计有着本质的区别。后者是利用流体在通过工艺管道中节流装置时产生的差压进行流量测量的。而弯管传感器没有节流件和插入件，差压产生与之不同。当流体沿着弯管的弧形通道流动时，流体由于受到角加速度的作用而产生惯性离心力，使弯管的外侧管壁压力增加，从而使弯管的内外侧管壁之间产生压力差。根据伯努利方程原理，该压力差的平方与流体流量成正比，其流量公式为：

$$q_V = C\left(\frac{\pi}{4}D^2\right)\sqrt{\frac{2\Delta p}{\rho}} \tag{4-29}$$

式中　C——流量系数，$C=\alpha\sqrt{\frac{R}{2D}}$，$\alpha$ 为考虑实际流速分布与强制旋流的不同而引进的修正系数，其值一般由取压口位置决定。

弯管流量计的流量系数与弯管的几何结构尺寸（曲率半径 R 和管径 D）有关。如果 R 和 D 准确值已知，且弯头上游有足够长的直管段，则 α 取值在 0.96～1.04 之间。此时，若不考虑 α 变化的影响，则引进误差不超过 4%。

4.4.4.3　V 锥流量计

V 锥流量计是 20 世纪 80 年代提出的一种新颖差压式流量计，由 V 锥传感器和差压变送器组成，如图 4-7 所示。V 锥传感器由前后两个锥体构成，与管道同轴安装。测压位置分别安置在 V 锥前缘的高压区和 V 锥尖端后的低压区。当流体通过 V 锥体时，会造成局部收缩。在收缩处，流速增加，静压力降低，从而在 V 锥体前后产生差压，通过对差压的测量达到对流量的测量。可见，V 锥流量计的测量原理同节流式差压流量计，二者的流量方程也相似。所不同的是，标准节流装置的最小流通截面为圆形，而 V 锥传感器的最小流通截面为环形。标准孔板是中心突然收缩式结构，文丘里管是中心逐渐收缩式结构，而 V 锥流量计通过在管道中心悬挂的锥形节流件，将流体逐渐地节流，收缩到管道内壁附近。

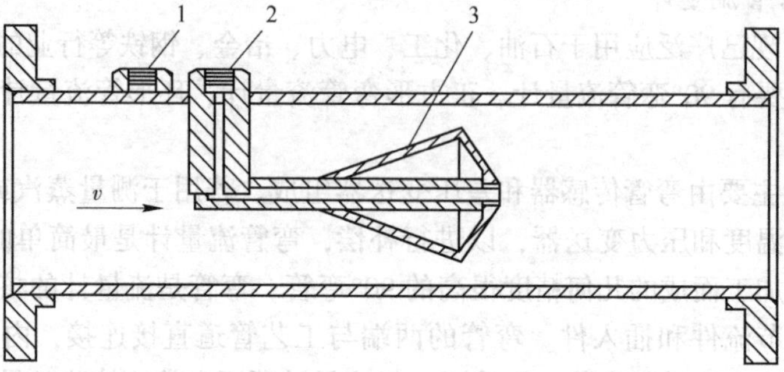

图 4-7　V 锥传感器

1—高压取压口；2—低压取压口；3—V 锥体

4.4.4.4　威力巴流量计

威力巴流量计的探头由 316 不锈钢制成，为单片双腔结构，可避免其他探头三片式结构导致的腔室间渗漏，增加了探头的强度。探头截面采用子弹头形状，该结构使探头受到的牵引力最小，使流体与探头的分离点固定。在子弹头的前部表面进行了粗糙处理，使得低流速时也可以产生紊流边界层。通过面积积分所得的多对取压孔按一定准则排布，遍及整个管道的速度剖面，能较为准确地测量平均流速。高压取压孔迎向流体，用于获取高压平均信号；低压取压孔在探头的侧后两边、流体与探头的分离点之前，可避免涡流影响和防止低压孔堵塞，使获取的低压平均信号更稳定和准确。流体从探头流过后在探头后部产生杂质聚集区（部分真空），并且在探头的两侧出现旋涡。

当流体流过探头，在其前部产生一个高压分布区，其压力略高于管道的静压。根据伯努利方程原理，流体流过探头时速度加快，在探头后部产生一个低压分布区，其压力略低于管道的静压。通过测量流体平均速度所产生的平均差压就可求出被测流量。威力巴的流量系数主要取决于探头结构和尺寸、取压孔的位置和探头截面与管道截面的面积比，而与前表面粗糙度无关。

4.4.5 叶轮流量计

速度式流量计是通过测量管道内流体流动速度来测量流量的。为了保证测量精度，对管道内流体的速度分布有一定的要求，速度式流量计前后必须有足够长的直管段或加装整流器。速度式流量计种类很多，目前还在不断地发展中，主要有叶轮式流量计、涡街流量计、电磁流量计和超声波流量计。涡轮流量计在石油计量中应用广泛，并且发展前景良好。电磁流量计因具有可测量脏污、腐蚀性介质及悬浊性液固两相流体的流量等独特优点而得到越来越多的应用。

4.4.5.1 涡轮流量计

涡轮流量计是基于流体动量矩守恒原理工作的。被测流体经导直后沿平行于管道轴线的方向以平均速度 v 冲击叶片，使涡轮转动，在一定范围内，涡轮的流速与流体的平均流速成正比，通过磁电转换装置将涡轮转速变成电脉冲信号，经放大后送给显示记录仪表，即可以推导出被测流体的瞬时流量和累积流量。其流量的数学表达式为：

$$q_V = vA = \frac{2\pi RA}{Z\tan\theta} = \frac{1}{\xi}f \tag{4-30}$$

式中 v——被测流体的平均流速，m/s；

A——涡轮形成的流通截面积，m^2；

R——涡轮叶片的平均半径，m；

f——磁电转换器所产生的脉冲频率，$f=nZ$；

n——涡轮的转速，转/s；

Z——涡轮叶片的数量；

θ——流体流向与涡轮叶片的夹角；

ξ——涡轮流量计的流量系数，$\xi=\dfrac{Z\tan\theta}{2\pi RA}$。

涡轮流量计一般由涡轮变送器和显示仪器组成，也可做成一体式涡轮流量计。变送器的结构主要包括壳体、导流器、轴、轴承组件、涡轮和磁电转换器。

涡轮是检测流量的传感器，其结构由摩擦力很小的轴和轴承组件支撑，与壳体同轴。叶片数视口径大小而定，通常为 2~8 片。叶片有直板叶片、螺旋叶片和丁字形叶片等几种。涡轮的几何形状及尺寸对传感器的性能有较大影响，因此要根据流体性质、流量范围、使用要求等进行设计。涡轮的动态平衡很重要，直接影响仪表的性能和使用寿命。为提高对流速变化的响应性，涡轮的质量要尽可能小。

导流器由导向环（片）及导向座组成，使流体在进入涡轮前先导直，以免因流体的漩涡而改变流体与涡轮叶片的作用角度，从而保证流体计的准确度。在导流器上装有轴承，用以支撑涡轮。

变送器失效通常是由轴和轴承组件引起的，因此它决定着传感器的可靠性和使用寿命。其结构设计、材料选用以及定期维护至关重要。在设计时应考虑轴向推力的平衡，流体作用于涡轮上的力使涡轮转动，同时也给涡轮一个轴向推力，使轴承的摩擦转矩增大。

为了抵消这个轴向推力，在结构上采取各种轴向推力平衡措施，方法有：采用反推力方法实现轴向推力自动补偿；采用中心轴打孔的方式，通过流体实现轴向力自动补偿。另外，减小轴承磨损是提高测量准确度、延长仪器寿命的重要环节。目前常用的轴承主要有滚动轴承和滑动轴承（空心套轴承）两种。滑动轴承虽然摩擦力矩很小，但对脏污流体及腐蚀性流体的适应性较差，寿命较短。因此，目前仍广泛应用滚动轴承。为了彻底解决轴承磨损问题，我国目前正在研制生产无轴承的涡轮流量变送器。

磁电转换器由感应线圈和永久磁钢组成，安装在流量计壳体上，可分成磁阻式和感应式两种。磁阻式磁电转换器将永久磁钢放在感应线圈内，涡轮叶片由导磁材料制成。当涡轮叶片旋转通过磁钢下面时，磁路中的磁阻改变，使得通过线圈的磁通量发生周期性变化，因而在线圈中感应出电脉冲信号，其频率就是转动叶片的频率。感应式是在涡轮内腔放置磁钢，涡轮叶片由非导磁材料制成。磁钢随涡轮旋转，在线圈内感应出电脉冲信号。由于磁阻式比较简单、可靠，并可以提高输出信号的频率，所以使用较多。

除磁电转换方式外，也可用光电元件、霍尔元件、同位素等方式进行转换。为提高抗干扰能力和增大信号传送距离，在磁电转换器内装有前置放大器。

流量系数ξ的含义是单位体积流量通过磁电转换器所输出的脉冲数，它是涡轮流量计的重要特性参数。对于一定的涡轮结构，流量系数为常数。因此流过涡轮的体积流量q_V与脉冲频率f成正比。但应注意，式（4-30）是在忽略各种阻力矩的情况下导出的。实际上，作用在涡轮上的力矩，除推动涡轮旋转的主动力矩外，还包括三种阻力矩：一是流体黏滞摩擦力引起的黏性摩擦阻力矩。二是由轴承引起的机械摩擦阻力矩。三是叶片切割磁力线而引起的电磁阻力矩。

因此，在整个流量测量范围内流量系数不是常数。在流量很小时，即使有流体通过变送器，涡轮也不转动，只有当流量大于某个最小值，克服了各种阻力矩时，涡轮才开始转动。这个最小流量值被称为始动流量值，它与流体的密度呈平方根关系，所以变送器对密度较大的流体敏感。当流量大于某一数值后，其值才近似为一个常数，这就是涡轮流量计的工作区域。当然，由于轴承寿命和损失等条件的限制，涡轮也不能转得太快，所以涡轮流量计和其他流量仪表一样，也有测量范围的限制。

影响涡轮流量测量精度的因素有：（1）密度。由于变送器的流量系数ξ一般是在常温下用水标定的，所以密度改变时应该重新标定。对于气体介质，由于密度受温度、压力影响较大，除影响流量系数外，还直接影响仪表的灵敏度。工作压力对流量系数具有较大的影响，使用时应时刻注意其变化。虽然涡轮流量计时间常数很小，很适于测量由于压缩机冲突引起的脉动流量，但是用涡轮流量计测量气体流量时，必须对密度进行补偿。（2）黏度。涡轮流量计的最大流量和线性范围一般是随着黏度的增大而减小。对于液体涡轮流量计，流量系数通常是用常温水标定的，因此实际应用时，只适于与水具有相似黏度的流体，当实际流体运动黏度超过$5\times10^{-6}m^2/s$时，则需要重新标定。（3）仪表的安装方式要求与校验情况相同。一般要求水平安装。仪表受来流流速分布畸变和旋转流等影响较大。除在变送器结构上装有导流器外，还必须保证变送器前后有一定的直管段，一般入口直管段的长度取管道内径的20倍以上，出口可取5倍以上，否则需用整流器整流。

4.4.5.2　电磁流量计

电磁流量计是一种测量导电性流体流量的仪表。其测量原理基于电磁感应原理。由于具有压力损失小，可测量脏污、腐蚀性介质及悬浊性液固两相流体的流量等独特优点，现已广泛应用于酸、碱、盐等腐蚀性介质，以及化工、冶金、矿山、造纸食品、药业等工业部门的泥浆、纸浆、矿浆等脏污介质的流量测量中。

根据法拉第电磁感应定律，导电液体在磁场中运动切割磁力线时，导体两端将产生感应电动势，其方向由右手定则确定，可表示为：

$$U_{AB} = BDv \tag{4-31}$$

式中 U_{AB}——两电极间的感应电势，V；

D——管道内径，m；

B——磁场的磁感应强度，T；

v——液体在管道中的平均流速，m/s。

由此可得电磁流量计的体积流量公式为：

$$q_V = \frac{\pi D}{4B} U_{AB} \tag{4-32}$$

式（4-32）必须符合以下假定条件时才成立，即：（1）磁场是均匀分布的恒定磁场；（2）被测流体各向同性，具有一定的电导率，且非导磁；（3）流速以管轴为中心对称分布。

励磁系统用于给电磁流量传感器提供均匀且稳定的磁场。它不仅决定了电磁流量传感器工作磁场的特征，也决定了电磁流量计流量信号的处理方法，对电磁流量计的工作性能有很大的影响。励磁方式一般有直流励磁、交流励磁和低频方波励磁三种。

直流励磁方式用直流电产生磁场或采用永久磁铁，它能产生一个恒定的均匀磁场。

对于电解性液体，一般采用工频交流励磁传感器励磁绕组供电，即利用正弦波工频（80Hz）电源给电磁流量计传感器激磁绕组供电。

低频方波励磁兼具直流励磁和交流励磁的优点。在半个周期内，磁场是稳定的直流磁场，它具有直流励磁的特点，受电磁干扰影响很小。从整个时间过程看，方波信号又是一个交变的信号，所以它能克服直流励磁易产生的极化现象。因此，低频方波励磁是一种比较好的励磁方式，目前已在电磁流量计中广泛应用。

电磁流量计由传感器、转换器和显示仪表三部分组成。电磁流量计的传感器主要由励磁系统、测量管道、绝缘衬里、电极、外壳和干扰调整机构等构成，其具体结构随着测量导管口径大小的不同而不同。电磁流量计的转换器的作用是把电磁流量传感器输出的毫伏级电压信号放大，并转换成与被测介质的体积流量成正比的标准电流、电压或频率信号，以便与仪表及调节器配合，实现流量的指示、记录、调节和计算。

电磁流量计的主要优点为：（1）传感器结构简单。（2）适于测量各种特殊液体的流量。（3）电磁流量计在测量过程中不受被测介质的温度、黏度、密度以及电导率（在一定范围内）的影响。（4）测量范围广。（5）电磁流量计无机械惯性，反应灵敏，可以测量脉动流量，也可以测量正、反两个方向的流量。

4.4.5.3 涡街流量计

振动式流量计是利用流体在管道中特定的流动条件下，产生的流体振动和流量之间的关系来测量流量。这类仪表一般均以频率输出，便于数字测量。常见的振动式流量计有涡街流量计和旋进式流量计。前者是利用自然振荡的卡门涡街原理，而后者是利用强迫振荡的旋涡旋进原理。涡街流量计是一种新型流量计，输出与流速成正比的脉冲频率信号，可实现信号的远距离传输，具有准确度高、量程大、流体的压力损失小、对流体性质不敏感等优点。

涡街流量计是利用流体力学中的卡门涡街原理在管道中垂直于流体流动方向放置一个非线性柱体（漩涡发生体），当流体流量增大到一定程度以后，流体在漩涡发生体两侧交替产生两列规则排列的漩涡，两列漩涡的旋转方向相反，且从发生体上分离出来，平行但不对称，这两列漩涡被称为卡门涡街，简称涡街。如图 4-8 所示。

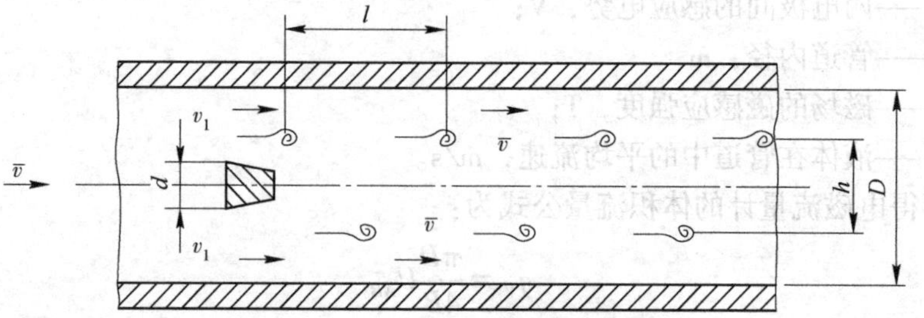

图 4-8　卡门涡街形成原理

由于漩涡之间的相互作用，漩涡列一般不稳定，若两列平行漩涡的距离为 h，同一列中先后出现的两个漩涡的间隔距离为 l，当满足 $\mathrm{sh}\,\dfrac{\pi h}{l}=1$ 时，则漩涡的形成是稳定的，即涡列稳定，其中 sh 为双曲函数。从上述稳定判据中进一步计算涡列稳定的条件为 $h/l=0.281$。稳定的单侧漩涡产生的频率 f（Hz）和漩涡发生体两侧的流体速度 v_i（m/s）之间有如下关系：

$$f = St\frac{v_i}{d} \tag{4-33}$$

式中　f——单侧漩涡产生的频率，1/s；

v_i——漩涡发生体两侧的流速，m/s；

St——斯特劳哈尔数，无量纲数；

d——漩涡发生体迎着来流截面的最大宽度，m。

St 又被称为流体产生漩涡的相似特征数，主要与漩涡发生体的形状和雷诺数有关。对于圆柱形漩涡发生体，$St=0.2$。在发生体的几何形状确定后，在一定雷诺数范围内，St 为常数。

由流动的连续性可知：

$$S_1 v_1 = Sv \tag{4-34}$$

式中　S_1——漩涡发生体两侧的流通面积，m^2；

S——管道横截面积，m^2；

v——管道内流体的平均流速，m/s。

体积流量为：

$$q_V = Sv = \frac{\pi}{4}D^2\frac{Stf}{d} = \frac{f}{K} \tag{4-35}$$

式中　K——涡街流量计系数，$K=\frac{4d}{\pi D^2 St}$。

可见，当管道内径和漩涡发生体的几何形状与尺寸确定，且满足一定雷诺数要求时，K为常数，体积流量q_V与频率f成正比，可见测出漩涡的频率就可知体积流量，体积流量测量不受流体的物理参数如温度、压力、黏度、密度及组分等的影响。

漩涡发生体是涡街流量计的核心部件。常见的漩涡发生体有圆柱形、棱柱形、T柱形、三角形等。由相似定理证明可得，在几何相似的涡街体系中，只要保持流体动力学相似（即雷诺数相等），则斯特劳哈尔数St必然相等。漩涡发生体的形状和尺寸对涡街流量计的性能有决定性作用。它的设计一方面与漩涡频率的检测手段有关，另一方面要使漩涡尽量沿柱体长度方向产生，且同时与柱体分离，这样才便于得到稳定的涡列，而且信噪比高，容易检测。一般情况下，柱体长度有限，靠近管道轴线处流速高，靠近管壁处流速低，沿柱长方向各处的漩涡不容易同步产生，合理的几何形状有利于同步分离。其中三角形和梯形柱漩涡发生体的优点很多，应用较为广泛。

漩涡频率的检测是通过漩涡检测器来实现的。伴随漩涡的形成和分离，漩涡发生体的周围流体会同步发生流速、压力变化和下游尾流周期振荡，依据这些现象可以进行漩涡分离频率的检测。流体漩涡频率检测的出发点是检测器安装方便，耐高温高压。由于发生体结构的多样化，漩涡频率检测的方法也多种多样。目前使用的漩涡检测器主要有三种形式：(1) 圆柱形漩涡检测器。它是一根中空的长管，管中空腔由隔板分成两部分。管的两侧开两排小孔。隔板中间开孔，孔上绕有铂电阻丝。铂丝通常被通电加热到高于流体温度10℃左右。当流体绕过圆柱时，在下侧产生漩涡，由于漩涡的作用使圆柱体的下部压力高于上部，部分流体从下面小孔被吸入，从上部小孔被吹出。结果使下部漩涡被吸在圆柱表面，越转越大，而没有漩涡的一侧由于流体的吹除作用，将使漩涡不易发生。下侧漩涡生成之后，它将脱离圆柱表面而向下游运动，这时柱体的上侧将重复上述过程并生成漩涡。如此，柱体的上、下两侧交替地生成并放出漩涡。与此同时，在柱体的内腔自下而上或自上而下产生的脉冲流通过被加热的电阻丝。空腔内流体的运动，交替对电阻丝产生冷却作用，电阻丝的阻值发生变化，从而输出和漩涡的生成频率一致的脉冲信号，再送入频率检测电路，即可求出流量。(2) 棱柱形漩涡检测器。可以得到更稳定、更强烈的漩涡。埋在棱柱体正面的两个热敏电阻组成电桥的两壁，并以恒流源供以微弱的电流进行加热。在产生漩涡的一侧，因流速变低，使热敏电阻的温度升高，阻值减小。因此，电桥失去平衡，产生不平衡输出。随着漩涡的交替形成，电桥将输出一个与漩涡频率相等的交变电压信号，该信号通过放大、整形及数/模转换送至计算器和指示器进行计算和显示。(3) T柱形漩涡检测器。流体通过T柱形漩涡发生体出现漩涡时，使粘贴在T柱形漩涡发生体两侧的敏感元件交替地受到漩涡的作用，输出相应频率的电信号。它是在漩涡发生体后设置一个信号电极，信号电极又处在磁感应强度为B的永久磁场中，被测流体流经发生体产生漩涡，振动的漩涡列作用于信号电极，使其产生与漩涡相同频率的振动。根据法拉第电磁感应定律，导体在磁场中运动切割磁力线，在信号电极上会产生感应电动势E，即$E=Bdv$，感应电动势的变化频率等于漩涡频率，因此可以通过检测感应电动势的频率和大小来测量流量。

按被测介质、环境、使用要求等选择合适类型与结构的涡街流量计。涡街流量计是速度式流量计，漩涡的规律性易受上游侧的湍流、流速分布畸变等因素的影响。因此，对现场管道安装条件要求十分严格，应遵照使用说明书的要求执行。具体要求如下：

（1）安装方向。涡街流量计在管道上可以水平、竖直或倾斜安装，测量液体和气体时应分别采取防止气泡和液滴干扰的措施。测量液体时，还必须保证待测流体充满整个管道。如果是竖直安装，应使液体自下而上流动，以保证管路中总是充满液体。仪表的流向标志应与管内流体的流动方向一致。

（2）直管段长度。涡街流量计的直管段长度要求为上游不小于15D，下游不小于10D，直管段内部要求光滑。

（3）安装漩涡发生体时，应使其轴线与管道轴线垂直。对于三角柱、梯形或柱形发生体，应使其底面与管道轴线平行，其夹角最大不应超过5°。

（4）涡街流量计对振动很敏感，传感器的安装地点应注意避免机械振动，尤其要避免管道振动。否则应采取减振措施，在传感器上、下游2D处分别设置防振座并加装防振垫。

（5）接地。接地应遵循一点接地原则，接地电阻应小于10Ω，整体型和分离型的涡街流量计都应在传感器一侧接地，转换器外壳接地点也应与传感器同地。

涡街流量计的特点是：

（1）漩涡的频率只与流速有关，在一定雷诺数范围内，几乎不受流体性质（压力、温度、黏度和密度等）变化的影响，故不需单独标定。

（2）测量精度高，误差为1%，重复性为0.5%，不存在零点漂移的问题。

（3）压力损失小，测量范围可达100∶1，宽于其他流量计，故涡街流量计特别适合大口径管道的流量测量。

4.4.5.4　超声波流量计

波是振动在弹性介质中的传播，通常把振动频率在20Hz以下的机械波称为次声波；振动频率为20～20000Hz的机械波称为声波，它是人耳所能听到的；振动频率超过20000Hz，人耳不能听到的声波称为超声波。根据声源在介质中的施力方向与波在介质中的传播方向，声波的波型可分为三种：一是纵波。质点振动方向与传播方向一致的波，称为纵波。它能在固体、液体和气体中传播。二是横波。质点振动方向与传播方向相垂直的波，称为横波。它只能在固体中传播。三是表面波。表面波是指质点的振动介于纵波和横波之间，质点振动的轨迹是椭圆形的波。表面波只沿着固体表面传播，振幅随深度增加而迅速衰减。其长轴垂直于传播方向，短轴平行于传播方向。超声波可以在气体、液体及固体中传播，并有各自的传播速度，简称声速。纵波、横波及表面波的传播速度不仅与介质的密度、弹性模量、成分、浓度等特性有关，还与介质所处的状态，如温度、压力、流速等有关。在确定状态下，一定介质中，声波则以一定速度传播。由于气体和液体的剪切模量为零，所以超声波在气体和液体中没有横波，只能传播纵波。

在超声波检测技术中主要是利用它的反射、折射、衰减等物理性质。不管哪一种超声波仪器，都必须把超声波发射出去，然后再把超声波接收回来，变换成电信号，完成这一部分工作的装置，就是超声波传感器，通常把这个发射部分和接收部分均称为超声波换能器，或超声波探头。超声波探头有压电式、磁致伸缩式、电磁式等。

在检测技术中最常用的是压电式。每台超声波流量计至少有一对换能器，包括发射换能器和接收换能器。换能器通常由压电元件、声楔和能产生高频交变电压/电流的电源构成。作为发射超声波的发射换能器是利用压电材料的逆压电效应（电致伸缩现象）制成的，即在压电元件上施加交变电压，使它产生电致伸缩振动而产生超声波。发射换能器所产生的超声波以某一角度射入流体中传播，被接收换能器接收。

压电元件的固有频率 f 与晶体片（材料）的厚度 d 有关，即

$$f = \frac{nc}{2d} = \frac{n}{2d}\sqrt{\frac{E}{\rho}} \tag{4-36}$$

式中 n——谐波的级数，$n=1, 2, 3, \cdots$；

c——波在压电材料里传播的纵波速度，m/s；

E——杨氏模量，Pa；

ρ——压电元件的密度，kg/m^3。

作为接收用的换能器则是利用压电材料的压电效应制成的，其结构和发射换能器基本相同，即当超声波作用到压电晶片上时，使晶片伸缩，在晶片上便产生交变电荷，这种电荷被转换成电压经放大后送到测量电路，最后记录或显示出来。

在实际使用中，由于压电效应的可逆性，有时将换能器作为“发射”与“接收”兼用，亦即将脉冲交流电压加到压电元件上，使其向介质发射超声波，同时又利用它作为接收元件，接收从介质中反射回来的超声波，并将反射波转换为电信号送到后面的放大器。因此，压电式超声波换能器实质上是压电式传感器。

铁磁物质在交变的磁场中沿着磁场方向产生伸缩的现象，称为磁致伸缩效应。磁致伸缩效应的强弱即伸长缩短的程度，因铁磁物质的不同而不同。镍的磁致伸缩效应最大，它在一切磁场中都是缩短的；如果先加一定的直流磁场，再通以交流电流时，可工作在特性最好的区域。

磁致伸缩超声波发射换能器是把铁磁材料置于交变磁场中，使它产生机械尺寸的交替变化即机械振动，从而产生出超声波。磁致伸缩超声波接收换能器是利用磁致伸缩的逆效应工作的。当超声波作用到磁致伸缩材料上时，使磁致材料伸缩，引起它的内部磁场（即导磁特性）的变化。根据电磁感应定律，磁致伸缩材料上所绕的线圈里便获得感应电动势，其结构与发射换能器差不多。

超声波流量计的特点是：

（1）超声波流量计可以做成非接触式的，即从管道外部进行测量。因在管道内部无任何插入测量部件，故没有压力损失，不改变原流体的流动状态，对原有管道不需任何加工就可以进行测量，使用方便。

（2）测量对象广。因测量结果不受被测流体的黏度、电导率的影响，故可测各种液体或气体的流量。

（3）超声波流量计的输出信号与被测流体的流量呈线性关系。

（4）和其他流量计一样，超声波流量计前后也需要一定长度的直管段。一般要求上游侧 10D 以上，下游侧 5D 左右。

（5）准确度不太高，约为 1.0 级。

（6）温度对声速影响较大，一般不适于温度波动大、介质物理性质变化大的流量测量，其次也不适于小流量、小管径的流量测量，因为这时相对误差将增大。

速度差法超声波流量计是根据超声波在流动的流体中，顺流传播的时间与逆流传播的时间之差与被测流体的流速有关这一特性制成的。按所测物理量的不同，速度差法超声波流量计可分为时差法超声波流量计、相位差法超声波流量计和频差法超声波流量计三种。

时差法超声波流量计就是测量超声波脉冲顺流和逆流时传播的时间差。当声速为常数时，流体流速和时间差成正比，测得时间差即可求出流速，进而求得流量。但应注意：声速是温度的函数，当被测流体温度变化时会带来流速测量误差。若实测声速，其准确度要求高。

夹装式时差法超声波流量计的工作原理也是时间差法，所不同的是换能器未直接插入管道中。

采用时差法测量流速，不仅对测量电路要求高，而且还限制了流速测量的下限。因此，为了提高测量准确度，早期采用了检测灵敏度高的相位差法。相位差法超声波流量计是把上述时间差转换为超声波传播的相位差来测量。

频差法超声波流量计是通过测量顺流和逆流时，超声波脉冲的循环频率之差来测量流量的。超声波发射器向被测流体发射超声波脉冲，接收器接收到超声波脉冲并将其转换成电信号，经放大后再用此电信号去触发发射电路发射下一个超声波脉冲。这样，任一个超声波脉冲都是由前一个接收信号所触发，不断重复，即形成“声循环”。频差法超声波流量计流体流速和频差成正比，流速的测量与声速无关，不必进行声速修正，这是频差法超声波流量计的显著优点。

时差法超声波流量计只能用来测量比较洁净的流体。如果在超声波传播路径上，存在微小固体颗粒或气泡，则超声波会被散射，此时若选用时差法超声波流量计就会造成较大测量误差。与此相反，多普勒超声波流量计由于是利用超声波被散射这一特点工作的，所以非常适合测量含固体颗粒或气泡的流体。

多普勒超声波流量计是基于多普勒效应测量流量的，即当声源和观察者之间有相对运动时，观察者所接收到的超声波频率将不同于声源所发出的超声波频率。二者之间的频率差，被称为多普勒频移，它与声源和观察者之间的相对速度成正比，故测量频差就可以求得被测流体的流速，进而得到流体流量。

利用多普勒效应测量的必要条件是：被测流体中存在一定数量的具有反射声波能力的悬浮颗粒或气泡。因此，多普勒超声波流量计能用于两相流的测量，这是其他流量计难以解决的难题。多普勒超声波流量计具有分辨率高，对流速变化响应快，对流体的压力、黏度、温度、密度和电导率等因素不敏感，没有零点漂移，重复性好，价格便宜等优点。因为多普勒超声波流量计是利用频率来测量流速的，故不易受信号接收波振幅变化的影响。与超声波时间差法相比，其最大的特点是相对于流速变化的灵敏度非常大。

4.4.6 容积式流量计

容积式流量计也称为（正）排量流量计，是一种具有悠久历史的流量仪表。其广泛应用于测量石油类流体、饮料类流体、气体以及水的流量。容积式流量计在流量计中是准确度最高的一类仪表之一。

容积式流量计的结构形式多种多样，但就其测量原理而言，都是通过机械测量元件把被测流体连续不断地分割成具有固定已知体积的单元流体，然后根据测量元件的动作次数给出流体的总量，即采取所谓容积分界法测量出流体的流量。把流体分割成单元流体的固定体积空间，称为计量室。它是由流量计壳体的内壁和测量元件的活动壁组成的。当被测流体进入流量计并充满计量室后，在流体压力的作用下推动测量元件运动，将一份一份的流体排送到流量计的出口。同时，测量元件还把它的动作次数通过齿轮等机构传递到流量计的显示部分，指出流量值。如果已知计量室的体积和测量元件的动作次数，便可以由计数装置给出流量。常用来计算累积流量，又称总量。

容积式流量计的结构形式很多，如椭圆齿轮流量计、腰轮流量计、齿轮流量计和刮板流量计等。

椭圆齿轮流量计又称奥巴尔流量计，其测量部分是由壳体和两个相互啮合的椭圆形齿轮组成的，计量室是指在齿轮与壳体之间所形成的半月形空间。流体流过仪表时，因克服阻力而在仪表的入口、出口之间形成压差，在此压差的作用下推动椭圆齿轮旋转，不断地将充满半月形计量室中的流体排出，由齿轮的转数即可表示流体的体积总量。椭圆齿轮流量计适用于石油、各种燃料油和气体的流量测量。因为测量元件工作时有齿轮的啮合转动，所以被测介质必须清洁。椭圆齿轮流量计的测量准确度较高，一般为0.2~1.0级。

腰轮流量计又称罗茨流量计，其测量原理和工作过程与椭圆齿轮流量计基本相同，两者只是运动部件的形状不同，两个腰轮表面无齿，不是靠相互啮合滚动进行接触旋转，而是靠套在伸出壳体的两轴上的齿轮啮合的。腰轮流量计可用于各种清洁液体的流量测量，也可测量气体，由于腰轮上没有齿，对流体中的杂质没有椭圆齿轮流量计敏感。其优点是计量准确度高，可达0.2级，主要缺点是体积大、笨重，进行周期检定比较困难，压损较大，运行中有振动等。

齿轮流量计是一种较新的容积式流量计，也称其为福达流量计。齿轮流量计的优点很突出，体积小，重量轻，运行时振动噪声小，可测量黏度高达10000Pa·s的流体，测量的量程比宽，最高可达1000∶1，且测量精度高，一般可达±5%，加非线性补偿后精度可高达±0.05%。

刮板流量计由于结构特点，能适用于不同黏度和带有细小颗粒杂质的液体的流量测量。其优点是性能稳定，准确度较高，一般可达0.2级。运行时振动和噪声小，压力损失小于椭圆齿轮和腰轮流量计，适合于中、大流量的测量。但刮板流量计结构复杂，制造技术要求高，价格较高。

容积式流量计的优点有：

（1）测量准确度高。容积式流量计是所有流量仪表中测量准确度最高的一类仪表。其测量液体的基本误差一般可达0.1%，甚至更高。

（2）容积式流量计的特性一般不受流动状态的影响，也不受雷诺数大小的限制。除脏污介质和特别黏稠的流体外，它可用于各种液体和气体的流量测量。

（3）安装管道条件对流量计测量准确度没有影响，流量计前不需要直管段，而绝大部分其他流量计都要受管内流体流速分布的影响，这使得容积式流量计在现场使用有极重要的意义。

（4）量程比较宽，典型的为5∶1到10∶1，特殊的可达30∶1，高准确度测量时量程比有所降低。

（5）为直读式仪表，无需外部能源就可直接得到流体总量，使用方便。

容积式流量计的缺点有：

（1）机械结构较复杂，体积庞大笨重，尤其是大口径仪表。因此，容积式流量计口径为10~500mm，一般只适用于中小口径流体的流量测量。

（2）被测介质工作状态等的适应范围不够宽。容积式流量计的适用范围为：工作压力最高可达10MPa，测量液体时工作温度可达300℃，测量气体时工作温度可达120℃。

（3）大部分容积式流量计只适用于洁净单相流体。测量含有颗粒、脏污物的流体时需安装过滤器，测量含有气体的液体时必须安装气体分离器。

（4）部分形式的仪表在测量过程中会给流动带来脉动，大口径仪表会产生较大噪声，甚至使管道产生振动。

（5）在流速变化频繁的场合使用，容易损坏转动部件。

4.4.7 质量流量计

质量流量计总的来说可分为两大类：直接式质量流量计和间接式质量流量计。直接式质量流量计是指流量计的输出信号能直接反映被测流体质量流量的仪表，它在原理上与介质所处的状态参数和物性参数等无关，具有高准确度、高重复性和高稳定性的特点，在工业上得到了广泛应用。间接式质量流量计在工业上应用较早，目前主要应用于温度和压力变化较小、被测气体可近似为理想气体、被测流体的温度与密度呈线性关系的场合。间接式质量流量计可分为组合式质量流量计和补偿式质量流量计。组合式质量流量计是在分别测量两个参数的基础上，通过计算得到被测流体的质量流量。补偿式质量流量计同时检测被测流体的体积流量和其温度、压力值，再根据介质密度与温度、压力的关系，间接地确定质量流量。其实质是对被测流体作温度和压力的修正。如果被测流体的成分发生变化，这种方法就不能确定质量流量。

4.4.7.1 科里奥利质量流量计

科里奥利质量流量计是利用流体在振动管中流动时能产生与流体质量流量成正比的科里奥利力这个原理制成的。由力学理论可知，当一个位于旋转系内的质点做朝向或者离开旋转中心的运动时，质点要同时受到旋转角速度和直线速度的作用，即受到科里奥利力的作用。质量流量与科里奥利力之间的关系为：

$$q_m = \frac{\Delta F_c}{2\omega \Delta x} \tag{4-37}$$

式中 q_m——流体的质量流量，kg/s；

ω——管道绕轴旋转的角速度，1/s；

F_c——质点所受科里奥利力，N。

当密度为 ρ 的流体以恒定流速 v，沿旋转管道流动时，任何一段长度为 Δx，内截面积为 A 的管道都将受到一个切向科里奥利力 ΔF_c，$\Delta F_c = 2\omega v \rho A \Delta x$。

可见，只要能直接或者间接地测量出在旋转管道中流动的流体作用于管道的科里奥利力，就可以测得流体通过管道的质量流量。

科里奥利质量流量计主要由传感器和转换器两部分组成。转换器用于使传感器产生振动，检测时间差的大小，并将其转换为质量流量。传感器用于产生科里奥利力，其核心是测量管。科里奥利质量流量计按测量管形状可分为直管型和弯管型两种，按照测量管的数目又可分为单管型和多管型两类。实际应用中，测量管的形状多采用上述几种类型的组合，主要有U形、环形、直管形及螺旋形等几种。尽管科里奥利质量流量计的测量管结构千差万别，但基本原理相同。

科里奥利质量流量计的优点是：

（1）准确度高，一般为0.25级，最高可达0.1级。

（2）可实现直接的质量流量测量，与被测流体的温度、压力、黏度和组分等参数无关。

（3）不受管内流动状态的影响，无论是层流还是湍流都不影响测量准确度，对上游侧的流速分布不敏感，无前后直管段要求。

（4）无阻碍流体流动的部件，无直接接触和活动部件，免维护。

（5）量程比宽，最高可达100：1。

（6）可进行各种液体、非牛顿流体的测量。除可测原油、重油、成品油外，还可测果浆、纸浆、化妆品、涂料、乳浊液等，这是其他流量计不具备的特点。

（7）动态特性好。

科里奥利质量流量计的缺点是：

（1）由于测量密度较低的流体介质，灵敏度较低，所以不能用于测量低压、低密度的气体、含气量超过某一值的液体和气-液两相流。

（2）对外界振动干扰较敏感，对流量计的安装固定有较高要求。

（3）适合DN150~DN200mm以下中小管径的流量测量，大管径的使用还受到一定的限制。

（4）压力损失较大，大致与容积式流量计相当。

（5）被测介质的温度不能太高，一般不超过205℃。

（6）大部分型号的CMF有较大的体积和质量。

（7）测量管内壁磨损、腐蚀或沉积结垢会影响测量准确度，尤其对薄壁测量管的CMF更为显著。

（8）价格昂贵，约为同口径电磁流量计的2~5倍或更高。

（9）零点稳定性较差，使用时存在零位漂移问题。

4.4.7.2 热式质量流量计

热式质量流量计（简称TMF），在国内习惯上被称为量热式流量计，可用以下两种方法来测量流体质量流量：利用流体流过外热源加热的管道时产生的温度场变化来测量；利用加热流体时，流体温度上升某一值所需的能量与流体质量之间的关系来测量。热式质量流量计一般用来测量气体的质量流量，具有压损低、量程比大、高准确度、高重复性和高可靠性、无可动部件以及可用于极低气体流量监测和控制等特点。

目前，常用的热式流量计是利用气体吸收热量或放出热量与该气体的质量成正比的原理制成的，分内热式和外热式两种。内热式质量流量计具有较好的动态特性，但是由于电加热丝和感温元件都直接与被测气体接触，易被气体脏污和腐蚀，影响仪表的灵敏度和使用寿命。外加热式质量流量计在小流量测量方面具有一定的优势，但只适用于小管径的流量测量，其最大的缺点就是热惯性大，响应速度慢。

4.4.7.3 差压式质量流量计

差压式质量流量计是以马格努斯效应为基础的流量计，实际应用中利用孔板和定量泵组合实现质量流量测量。常见的有双孔板和四孔板分别与定量泵组合两种结构。差压式质量流量计压力损失较大，测量范围为0.5～250kg/h，量程比为20∶1，测量准确度可达0.5级。

4.4.7.4 组合式质量流量计

组合式质量流量计是在分别测量两个参数的基础上，通过运算器计算得到质量流量值。通常分为两种：(1) 用一个体积流量计和一个密度计的组合；(2) 采用两个不同类型流量计的组合。

4.4.7.5 补偿式质量流量计

补偿式质量流量计在用体积流量计测量流体流量的同时，测量流体的温度和压力，然后利用流体密度与温度和压力的关系，求出该温度、压力状态下的流体密度，进而求得质量流量值。

对于气体介质，在低压范围内，可利用理想气体状态方程来进行温度、压力补偿计算；但在高压时，必须考虑气体压缩性的影响；对于过热蒸汽，必须做实际气体处理。

4.5 例 题

【例4-1】 判断。

(1) 孔板开孔上游侧直角部分应保持极端尖锐和直角，不应带有毛刺、凹坑及划痕圆角等。(✓)

(2) 标准孔板的最大优点是加工方便、容易安装、省料并且造价低。不足之处是压力损失较大。(✓)

(3) 热电厂给水流量测量，其节流元件多选用孔板。(✓)

(4) 热电厂主蒸汽流量测量，其节流元件多选用喷嘴。(✓)

(5) 当被测介质的流量是稳定的，涡轮流量计可以垂直安装。(×)

(6) 容积式流量计不适用于测量高压高温流体和脏污介质的流量。(✓)

(7) 被测介质的黏度越大，从齿轮和测量室的间隙中泄漏出去的泄漏量越小，所引起的泄漏误差就越小。所以椭圆齿轮流量计适合于高黏度介质的流量测量。(✓)

解析：节流装置按其标准化程度，可分为标准型和非标准型两大类。所谓标准型是指按照标准文件进行节流装置设计、制造、安装和使用，无需实流校准和单独标定即可确定输出信号（差压）与流量的关系，并估算其测量不确定度。非标准型节流装置是指成熟程度较低、尚未标准化的节流装置。标准节流元件有标准孔板、标准喷嘴和文丘里管3种，标准文件对它们的形状、结构参数和使用范围都作了严格的规定。

【例4-2】 选择。

(1) 标准化节流装置是（A）。

A. 文丘里管　　B. 偏心孔板　　C. 翼形动压管　　D. 毕托管

(2) 在节流装置的流量测量中进行温压补偿是修正（C）。

A. 随机误差　　B. 相对误差　　C. 系统误差　　D. 偶然误差

(3) 标准节流装置的流出系数 C 值和流量系数 a 值，通过下列哪种方式确定？(B)

A. 理论计算　　B. 实验

C. 节流件开孔直径　　D. 流体密度

(4) 标准节流装置可以测量（D）。

A. 矩形截面管道中的空气流量

B. 圆形截面管道中流动十分缓慢的水的流量

C. 锅炉一次风流量

D. 圆形截面管道中充分发展的液态流体流量

(5) 涡轮流量计在使用之前通常（B）。

A. 采用被测流体标定　　B. 可采用水标定

C. 无需标定　　D. 采用标准状态下的空气标定

(6) 超声流量计是属于（B）。

A. 容积式流量计　B. 速度式流量计　C. 差压式流量计　D. 阻力式流量计

【例 4-3】 某气体转子流量计的量程范围为 4~60m³/h。现用来测量压力为 60kPa（表压）、温度为 50℃的氨气，转子流量计的读数应如何校正？此时流量量程的范围又为多少？(设流量系数 C_R 为常数，当地大气压为 101.3kPa)

解：50℃条件下氨气的密度为：

$$\rho_2 = \frac{PM}{RT} = \frac{(101.3 + 60) \times 10^3 \times 0.017}{8.314 \times (273 + 50)} = 1.022\text{kg/m}^3$$

对于气体来说，由于转子密度 $\rho_f \gg$ 空气密度 ρ_0，所以，用浮子流量计测量非标定状态下的非空气流量时，可直接使用下列公式：

$$q_V = q_{V0}\sqrt{\frac{\rho_0}{\rho}}$$

因此，$\dfrac{q_2}{q_1} = \sqrt{\dfrac{\rho_1}{\rho_2}} = \sqrt{\dfrac{1.2}{1.022}} = 1.084$

即同一刻度下，氨气的流量应该是空气流量的 1.084 倍。此时转子流量计的流量范围为 4×1.084~60×1.084m³/h，即 4.34~65.0m³/h。

解析：转子流量计的读数在实际使用前应进行校正。

【例 4-4】 一气体浮子流量计，厂家用 p_0=101325Pa，t_0=20℃的空气标定，现用来测量绝对压力 p=400kPa，t=27℃的气体，求：(1) 若用来测量空气，则流量计显示 5m³/h 时的实际空气流量是多少？(2) 若用来测量氨气，则流量计显示 5m³/h 时的实际氨气流量是多少？

解：根据题已知，标定状态下，p_0=101325Pa，t_0=293K；

工作状态下，p=400000Pa，t=300K；

查气体性质表得，空气和氨气在标定状态下的密度分别为 1.205kg/m³ 和 0.166kg/m³。根据非空气气体流量的刻度换算公式，

(1) 用浮子流量计测量不同状态下的空气流量，刻度换算为：

$$q_V = q_{V0}\sqrt{\frac{p_0 T}{p T_0}} = 5\sqrt{\frac{101325 \times 300}{400000 \times 293}} = 2.55\text{m}^3/\text{h}$$

(2) 用浮子流量计测量不同状态下的氦气流量，刻度换算为：

$$q_V = q_{V0}\sqrt{\frac{p_0 T \rho_0}{p T_0 \dot{\rho}_0}} = 5\sqrt{\frac{101325 \times 300 \times 1.205}{400000 \times 293 \times 0.166}} = 6.86\text{m}^3/\text{h}$$

解析：通过浮子流量计的实际流量值与流量计未经修正的读数是有很大差别的，必须根据被测流体的密度或状态进行换算，这在使用中是非常重要的。

【例 4-5】 已知某节流装置最大流量 100T/h 时，产生的差压为 40kPa。试求差压计在 10kPa、20kPa、30kPa 时，分别流经节流装置的流量为多少（T/h）?

解：$q_m = 100\text{T/h}$，$\Delta p_m = 40\text{kPa}$，根据公式可得：

$\Delta p_x = 10\text{kPa}$ 时，$q_{10} = 100\sqrt{\frac{10}{40}} = 50.0$（T/h）

$\Delta p_x = 20\text{kPa}$ 时，$q_{20} = 100\sqrt{\frac{20}{40}} = 70.7$（T/h）

$\Delta p_x = 30\text{kPa}$ 时，$q_{30} = 100\sqrt{\frac{30}{40}} = 86.6$（T/h）

可见，当差压 Δp_x 按正比增加时，流量按平方根增加，故差压计面板上流量刻度是不等距分布的，其灵敏度越来越高。

【例 4-6】 试说明热电厂中流量测量的意义。

答：在热力生产过程中，需要边监视水、气、煤和油等的流量或总量。其目的是多方面的。例如，为了进行经济核算需测量原煤或燃油量；为了控制燃烧，测量燃料和空气量是不可少的；而给水流量和蒸汽流量则是进行汽包水位三冲量调节不可缺少的；另外检测锅炉每小时的蒸发量及给水泵在额定压力下的给水流量，能判断该设备是否在最经济和安全的状况下运行。

【例 4-7】 举例说明热电厂中使用有哪些类型的流量计?

答：热电厂中常用流量计有以下几种：差压式流量计、动压式流量计、恒压降式流量计（亦称转子式）、容积式流量计、靶式流量计、电磁流量计。

【例 4-8】 试分析利用差压变送器测量水蒸气流量，在排污后为什么要等一段时间后才能启动差压变送器?

答：对于测量蒸汽的差压变送器，排污时会将导压管内冷凝液放掉，投运前应等导压管内充满冷凝液，并使正负压导管中的冷凝面有相等的高度和保持恒定。这样，当差压急剧变化时，才不会产生测量误差。

【例 4-9】 怎样判断现场运行中差压变送器的工作是否正常?

答：由于差压变送器的故障多是零点漂移和导压管堵塞，所以在现场很少对刻度逐点校验，而是检查它的零点和变化趋势，具体方法如下：

(1) 零点检查，关闭正、负压截止阀。打开平衡阀，此时电动差压变送器电流应为 4mA。

(2) 变化趋势检查，零点以后，各阀门恢复原来的开表状态，打开负压室的排污阀。这时变送器的输出应最大即电动差压变送器为 20mA 以上。若只打开正压室排污阀，则输出为最小，即电动差压变送器为4mA。打开排污阀时，被测介质排出很少或没有。说明导压管有堵塞现象，要设法疏通。

4.6 习题及解答

4-1 分析速度法和容积法测量流量的异同点，并各举一例详细说明。

答： 速度法和容积法测量流量准确度都很高，在工业生产中广泛应用。但是速度式流量计是利用测量管道内流体流动速度来测量流量的，对管道内流体的速度分布有一定的要求，流量计前后必须有足够长的直管段或加装整流器，以使流体形成稳定的速度分布。而容积式流量计是通过机械测量元件把被测流体连续不断地分割成具有固定已知体积的单元流体，然后根据测量元件的动作次数给出流体的总量。容积式流量计的特性一般不受流动状态的影响，也不受雷诺数大小的限制，安装管道条件对流量计测量准确度没有影响，流量计前不需要直管段，而绝大部分其他流量计都要受管内流体流速分布的影响，这使得容积式流量计在现场使用有重要的意义。

涡轮流量计是典型的速度式流量计，其中涡轮是核心测量元件，作用是把流体的动能转换成机械能。涡轮流量计是基于流体动量矩守恒原理工作的，被测流体经导直后沿平行于管道轴线的方向以平均速度冲击叶片，在克服一定的阻力矩的前提下，推动涡轮转动。在一定的流量范围内，对一定的流体黏度，涡轮的转速与流体的平均流速成正比。通过磁电转换装置将涡轮转速变成电脉冲信号，经放大后送给显示记录仪表，即可推导出被测流体的瞬时流量和累积流量。

椭圆齿轮流量计是典型的容积型流量计，其测量部分是由壳体和两个相互啮合的椭圆形齿轮组成，计量室是指在齿轮与壳体之间形成的半月形空间。流体流过仪表时，因克服阻力而在仪表的入、出口之间形成压力差，在此压差作用下推动椭圆齿轮旋转，不断地将充满半月形计量室中的流体排除，由齿轮的转数即可表示流体的体积总量。

4-2 国家规定的标准节流装置有哪几种，标准孔板使用的极限条件是什么？

答： 国家规定的标准节流装置有标准孔板、标准喷嘴和文丘里管三种。标准孔板使用的条件是孔径 d 不小于 12.5mm；管道内径 D 为 50~1000mm；当直径比 β 在 0.10~0.56 时，流体雷诺数 Re 不小于5000，当 β 大于 0.56 时，Re 不小于 $16000\beta^2$；或者 Re 不小于 5000 或不小于 $170\beta^2 D$。

4-3 何谓标准节流装置，它对流体种类、流动条件、管道条件和安装等有何要求，为什么？

答： 标准节流装置是使管道中流动的流体产生压力差的装置，由标准节流元件、带有取压口的取压装置、节流件上游第一个阻力件和第二个阻力件，下游第一个阻力件以及它们之间符合要求的直管段组成。

对流体条件和流动条件的要求是：(1) 只适用于圆管中单相均质的牛顿流体；(2) 流体必须充满圆形管道，且其密度和黏度已知；(3) 不适用于脉动流的测量；(4) 流体在流经节流件前，应符合无旋涡且流动充分发展的要求，其流束必须与管道轴线平行；(5) 流体在流经节流装置时不发生相变。

对管道条件和安装的要求：节流装置应安装在两段有恒定横截面积的圆筒形直管段之

间。在此直管段内应无流体的流入或流出，但可设置排泄孔和（或）放气孔。使用时应注意，在流量测量期间不得有流体通过排泄孔和放气孔。整个所需最短直管段的管孔都应是圆的。

节流件上下游侧最短直管段长度与节流件上下游侧阻力件的形式、节流件的形式和直径比β值有关。在不安装流动调整器的情况下，标准孔板与管件之间的最短直管段要求、标准喷嘴和文丘里喷嘴所需直管段要求和经典文丘里所需直管段要求根据规定数据进行选取。

这些规定和要求是因为，流经节流装置的流量与差压的关系，是在特定的流体与流动条件下，以及在节流件上游侧 1D 处已形成典型的紊流流速分布并且无漩涡的条件下通过实验获得的。任何一个因素的改变，都将影响流量与差压的确定函数关系，因此，标准节流装置对流体条件、流动条件、管道条件和安装要求等都做了明确的规定。

4-4 试述节流式差压流量计的测量原理。

答：在充满流体的管道内固定放置一个流通面积小于管道截面积的节流件，则管内流束在通过该节流件时就会造成局部收缩，在收缩处流速增加、静压力降低，因此，在节流件前后将会产生与流量成一定函数关系的静压力差，这种现象即为节流效应。标准节流装置是基于节流效应工作的，即在标准节流装置、管道安装条件、流体参数一定的情况下，节流件前后的静压力差 Δp（简称差压）与流量 q 之间具有确定的函数关系。因此，可以通过测量节流件前后的差压来测量流量。

4-5 何谓标准节流装置的流出系数，其物理意义是什么？何谓流量系数，它受何种因素影响？

答：流出系数 C 是指实际流量值与理论流量值的比值。所谓理论流量值是指在理想工作情况下的流量值。

流量系数的定义为：

$$\alpha = \frac{\mu\sqrt{\psi}}{\sqrt{c_2 + \xi - c_1\mu^2\beta^4}}$$

式中，μ 为引入流束的收缩系数；ψ 为取压系数；c_1 和 c_2 分别为管道截面 1、2 处的动能修正系数；ξ 为阻力系数；β 为直径比。

流量系数的影响因素有：取压方式、直径比，以及管道条件等。

4-6 试述浮子流量计的基本原理及工作特性。

答：基本原理是，当被测流体自下而上流经锥形管时，由于节流作用，在浮子上、下面处产生差压，进而形成作用于浮子的上升力，使浮子向上运动。此外，作用在浮子上的力还有重力、流体对浮子的浮力、流体流动时对浮子的黏性摩擦力。当上述这些力相互平衡时浮子就停留在一定的位置。如果流量增加，环形流通截面中的平均流速加大，浮子上下面的静压差增加，浮子向上升起。此时，浮子与锥形管之间的环形流通面积增大、流速降低，静压差减小，浮子重新平衡，其平衡位置的高度就代表被测介质的流量。

工作特性包括以下三个方面：（1）流量系数因浮子的形状不同而有所不同；（2）当浮子流量计的结构和浮子形状一定时，流量系数主要受雷诺数的影响。当雷诺数达到临界雷诺数后，流量系数基本上保持平稳，可近似为一个常数；（3）当浮子沿流体流动方向的长度较长时，尤其对于小口径浮子流量计，黏度变化引起的误差不能忽略。当浮子流量计工作在雷诺数非常数区域时，黏度变化引起的误差不能忽略。

4-7 浮子流量计在什么情况下对测量值要修正，如何修正？

答：浮子流量计如果用来测量非标定介质时，应该对读数进行修正。对于液体，由于密度为常数，只需修正被测液体和标定液体不同造成的影响即可。而对于气体，由于具有可压缩性，还要考虑标定（或刻度）状态和实际工作状态不同造成的影响，即温度和压力的影响。

4-8 用某转子流量计测量二氧化碳气体的流量，测量时被测气体的温度为40℃，压力是49.03kPa（表压），二氧化碳气体的密度为2.58kg/m³。如果流量计读数为120m³/s，问二氧化碳气体的实际流量是多少？已知标定仪表时，绝对压力$p=98.06$kPa，温度为20℃，二氧化碳密度为1.84kg/m³；空气的密度为1.21kg/m³。

解：根据非空气气体流量的刻度换算公式：

$$q_V = q_{V0}\sqrt{\frac{p_0 T \rho_0}{p T_0 \dot{\rho}_0}} = 120 \times \sqrt{\frac{98.06 \times (273+40) \times 1.21}{(49.03+101.325) \times (273+20) \times 1.84}} = 81.23(\mathrm{m^3/h})$$

即二氧化碳气体的实际流量是81.23m³/h。

4-9 一浮子流量计，其浮子密度为$\rho=6500\mathrm{kg/m^3}$，流量计测量上限为70m³/h。出厂时用气体A标定，标定时温度为30℃，压力表测得的压力为25kPa，此时气体A的密度为$\rho=1.413\mathrm{kg/m^3}$。现用来测量某化学容器内气体B的流量，已知现场仪表测得容器内的温度为85℃，压力为76kPa，气体B的密度为$\rho=0.456\mathrm{kg/m^3}$。求：（1）流量计显示52m³/h时，实际通过流量计的气体B的流量为多少？（2）若浮子材料改用铅，铅密度为$\rho=11350\mathrm{kg/m^3}$，则测量气体B的最大流量又为多少？

解：依题已知，$\rho_f=6500\mathrm{kg/m^3}$，$T_0=30$℃，$\rho_0=1.413\mathrm{kg/m^3}$。

（1）实际通过流量计的气体B的流量为：

$$q_V = q_{V0}\sqrt{\frac{p_0 T \rho_0}{p T_0 \dot{\rho}_0}} = 52 \times \sqrt{\frac{(25+101.325) \times (273+85) \times 1.413}{(76+101.325) \times (273+30) \times 0.456}} = 84(\mathrm{m^3/h})$$

（2）若浮子材料改变，测量气体A的最大流量为：

$$q_{V1} = q_{V0}\sqrt{\frac{(\dot{\rho}_f-\rho_0)\rho_0}{(\rho_f-\rho_0)\rho_0}} = 70 \times \sqrt{\frac{(11350-1.413) \times 1.413}{(6500-1.413) \times 1.413}} = 92.5(\mathrm{m^3/h})$$

测量气体B的最大流量是：

$$q_{V2} = q_{V0}\sqrt{\frac{(\dot{\rho}_f-\rho)\rho_0}{(\rho_f-\rho_0)\rho}} = 70 \times \sqrt{\frac{(11350-0.456) \times 1.413}{(6500-1.413) \times 0.456}} = 163(\mathrm{m^3/h})$$

4-10 请详细阐述节流式流量计和转子流量计在各方面的异同点。

答：节流式流量计和转子流量计的工作原理都是基于节流效应。但是对于节流式流量计，是在标准节流装置、管道安装条件、流体参数一定的情况下，节流件前后的静压力差与流量之间具有确定的函数关系。以不可压缩流体流经孔板为例，充满圆管的稳定流动的流体沿水平管道流动到节流件上游某一位置后，流束开始收缩，位于边缘处的流体向中心加速，则流体的动能增加，静压力随之减少。由于惯性的作用，流束通过孔板后还将继续收缩，指导孔板后的某一距离处达到最小流束截面，此位置随流量大小而变。在此位置流体的平均流速达到最大值，静压力达到最小值，过此截面后，流束又逐渐扩大，在到达某一位置后流束恢复到原来的状态，流速逐渐降低到原来的流速，但流体流经节流元件时，会产生涡流、撞击，再加上沿程的摩擦阻力，所有这些均会造成能量损失，称为压力损失。

转子流量计在测量过程中，始终保持节流元件前后的压降不变，而通过改变节流面积来反映流量，所以转子流量计也称恒压降变面积流量计。当被测流体自下而上流经锥形管时，由于节流作用，在浮子上、下面处产生压差，进而形成作用于浮子的上升力，使浮子向上运动。此外，作用在浮子上的力还有重力、流体对浮子的浮力、流体流动时对浮子的黏性摩擦力。当上述这些力相互平衡时浮子就停留在一定的位置。如果流量增加，环形流通截面中的平均流速加大，浮子上下面的静压差增加，浮子向上升起。此时，浮子与锥形管之间的环形流通面积增大、流速降低，静压差减小，浮子重新平衡、其平衡位置的高度就代表被测介质的流量。

4-11　试述靶式流量计的测量原理和特点。

答：测量原理是，测量元件是一个放在管道中心的圆形靶，靶与管道间形成环形流通面积。流体流动时质点冲击到靶上，会使靶面受力，并产生相应的微小位移，这个力或位移就反映了流体流量的大小。通过传感器测得靶上的作用力或位移就可实现流量的测量。

主要特点有：

（1）无可动部件，结构牢固简单不需要安装引压管和其他辅助管件，安装维护方便不易堵塞。

（2）压力损失小，可用于小口径（0.0015~0.2mm）、低雷诺数 $Re_D=(1\sim5)\times10^3$ 的流体，弥补了标准节流装置难以应用的场合。

（3）测量下限低，量程比为3∶1，基本误差为±1%。

（4）测量对象适用范围广。

（5）仪器尚未标准化，需要个别实流标定才能保证仪器准确度。

（6）高流速冲击靶板时，在其后会产生漩涡，使输出信号发生震荡，影响信号的稳定性，因此高流速测量对象慎用。

4-12　涡轮流量计是如何工作的，它有什么特点？涡轮流量计如何消除轴向压力的影响？

答：涡轮流量计是基于流体动量矩守恒原理工作的。被测流体经导直后沿平行于管道轴线的方向以平均速度 v 冲击叶片。在克服一定的阻力矩的前提下，推动涡轮转动。在一定的流量范围内，对一定的流体黏度，涡轮的转速与流体的平均流速成正比。通过磁电转换装置将涡轮转速变成电脉冲信号，经放大后送给显示记录仪表，即可以推导出被测流体的瞬时流量和累积流量。

优点是：（1）准确度高，可达到0.5级以上，在小范围内可高达0.1级；复现性和稳定性均好，短期重复性可达0.05%~0.2%，可作为流量的准确计量仪表；（2）对流量变化反应迅速，可测脉动流量；（3）线性好、测量范围宽，量程比可达（10~20）∶1，有的大口径涡轮流量计甚至可达40∶1，故适用于流量大幅度变化的场合；（4）耐高压，承受的工作压力可达16MPa；（5）体积小，且压力损失也很小，压力损失在最大流量时小于25kPa；（6）输出为脉冲信号，抗干扰能力强，信号便于远传及与计算机相连。

缺点是：（1）制造困难，成本高；（2）被测介质的物性参数，如密度黏度等，对流量系数有较大影响；(3) 由于涡轮高速转动，轴承易损，降低了长期运行的稳定性，影响使用寿命；(4) 对被测流体清洁度要求较高，适用温度范围小，约为-20~120℃；(5) 受流场分布影响较大，所需上下游直管段较长；(6) 不能长期保持校准特性，需要定期校验。

因为流体作用于涡轮上的力使涡轮转动，同时也给涡轮一个轴向推力，使轴承的摩擦转矩增大。为了抵消这个轴向推力，在结构上采取各种轴向推力平衡措施，主要有：(1) 采用反推力方法实现轴向推力自动补偿；(2) 采取中心轴打孔的方式，通过流体实现轴向力自动补偿。

4-13 试述电磁流量计的工作原理，并指出其应用特点。

答：电磁流量计的测量原理是基于法拉第电磁感应定律。其传感器部分由线圈、电极和绝缘内衬组成，在测量时传感器中的励磁线圈通电产生磁场，当导电流体通过磁场时，由于切割磁力线的作用力，产生微小的感应电动势，由电极将这些微小的感应电动势采集，并输送至仪表的转换器部分，对信号进行放大、修正等操作，再通过公式将其换算成相应的流量数据，最终显示到仪表或输出到上位机系统。

优点是：(1) 压力损失非常小；(2) 适于测量各种特殊液体的流量；(3) 标定简单；(4) 测量范围宽；(5) 无机械惯性，反应灵敏，可以测量脉动流量，也可测量正反两个方向的流量；(6) 口径范围极宽，为 $\phi 2 \sim 2400$mm，而且目前国内已有口径达 3m 的实流校验设备，为电磁流量计的应用和发展奠定了基础；(7) 测量准确度可达 0.5 级，且输出与流量呈线性关系；(8) 对直管段要求不高，使用方便。

缺点是：(1) 只能测量具有一定电导率的液体流量；(2) 被测介质的磁导率应接近于1；(3) 普通工业用电磁流量计由于测量导管内衬材料和电气绝缘材料等因素限制，不能用于测量高温介质，一般工作温度不超过200℃，如未经特殊处理，也不能用于低温介质的测量，因为低温时，测量导管外侧会结露或结霜，使绝缘阻抗降低；(4) 容易受外界电磁干扰的影响；(5) 流速测量下限有一定限度，一般为 0.5m/s；(6) 电磁流量计结构复杂，成本较高；(7) 由于电极装在管道上，工作压力受到限制，一般不超过 4MPa。

4-14 电磁流量计有哪些激磁方式，各有什么特点？采用正弦波激磁时会产生什么干扰信号？如何克服？

答：励磁系统用于给电磁流量传感器提供均匀且稳定的磁场，主要有三种方式：

(1) 直流励磁方式是利用永久磁铁或者直流电源给电磁流量传感器励磁绕组供电，以形成恒定均匀的直流磁场。具有方法简单可靠，受交流磁场干扰较小以及流体中的自感现象可以忽略不计等优点。但电极上产生的直流电势将使被测液体电解，使电极表面极化、电极间等效电阻增大，这不仅破坏了原来的测量条件，而且使电极间产生不均衡的电化学干扰电势，影响测量准确度，当管道直径很大时，永久磁铁相应也很大，笨重且不经济。直流励磁方式只适用于非电解质液体，如液态金属钠或汞等的流量测量。

(2) 交流励磁具有能够基本消除电极表面的极化现象，降低电极电化学电势的影响和传感器内阻，以及便于信号放大等优点。

(3) 低频方波励磁兼具直流和交流励磁的优点，能排除极化现象，避免正交干扰；又能抑制交流磁场在流体和管壁中引起的电涡流，提高了电磁流量计的零点稳定性和测量准确度。

采用正弦波会产生正交干扰、同相干扰，以及激磁电压的幅值和频率变化引起的干扰。克服方法：(1) 将经过主放大器放大后的正交干扰信号通过相敏检波的方式鉴别分离出来，然后反馈到主放大器的输入端，以抵消输入端进来的正交干扰信号。(2) 在传感器方面将电极和励磁线圈在几何形状上做得结构均匀对称，在尺寸以及性能参数方面尽量匹配，并分别严格屏蔽，以减少电极与励磁线圈之间的分布电容影响；在转换器方面，通常是在转换器的前置放大级采用差分放大电路，以利用差分放大器的高共模抑制比，使进入转换器输入端的同相干扰信号得不到放大而被抑制；在转换器的前置放大级中增加恒流源电路，能更好地抑制同相干扰；单独、良好的接地也十分重要，减小接地电阻可以减小由于管道杂散电流产生的同相干扰电势。

4-15 涡街流量计是如何工作的，它有什么特点？

答：涡街流量计是利用流体流过阻碍物时产生稳定的漩涡，通过测量其漩涡产生频率而实现流量计量的。

优点：

(1) 量程比宽，可达 10∶1，数字涡街可达 30∶1。

(2) 准确度较高，液体可达 0.5 级，气体可达 1.0 级。

(3) 在一定的雷诺数范围内，测量几乎不受流体的温度、压力、成分、黏度、密度以及组分的影响，流量计系数仅与发生体及管道的结构和尺寸有关，因此用水或空气标定后的流量计无需校正即可用于其他介质的测量。

(4) 输出是与流速（流量）成正比的脉冲频率信号，抗干扰能力强，易于进行流量计算和与数字仪表或计算机相连接。

(5) 使用流体种类多。

(6) 结构简单，装于管道内的漩涡发生体坚固耐用，可靠性高，易于维护。

(7) 在管道内无可动部件，使用寿命长，压损小，约为孔板流量计的1/4。

(8) 可根据被测介质和现场情况选择相应的检测方法，仪表的适应性较强。

(9) 在中等程度的雷诺数下，标定的系数对于边缘的尖锐度或尺寸的变化不像孔板和靶式流量计那样敏感。

缺点：

(1) 由于低雷诺数（$Re_D<2\times10^4$），斯特劳哈尔数 St 不为常数，所以涡街流量计不适于测量低流速、小口径或高黏度的流体流量。

(2) 流量系数低。

(3) 除热敏和超声式外，其他涡街流量计的抗振动能力差。

(4) 流速分布和脉动旋转情况影响漩涡分离的稳定性，进而影响测量准确度。

(5) 不适于测量脉动流。

4-16 速度差法超声波流量计和多普勒超声波流量计各自的工作原理是什么，两者有何不同？

答：速度差法超声波流量计是根据超声波在流动的流体中，顺流传播的时间与逆流传播的时间之差与被测流体的流速有关这一特性制成的。

多普勒超声流量计是基于多普勒效应测量流量的，即当声源和观察者之间有相对运动时，观察者所接收到的超声波频率将不同于声源所发出的超声波频率。两者之间的频率差，被称为多普勒频移，它与声源和观察者之间的相对速度成正比，故测量频差就可以求得被测流体的流速，进而得到流体流量。

速度差法超声波流量计只能用来测量比较洁净的流体，但利用多普勒效应测流量的必要条件是被测流体中存在一定数量的具有反射声波能力的悬浮颗粒或气泡，因此，多普勒超声波流量计能用于两相流的测量。

4-17 容积式流量计测量的基本原理是什么？请任举一例详细分析其工作原理和结构。

答：容积式流量计测量的基本原理是通过机械测量元件把被测流体连续不断地分割成具有固定已知体积的单元流体，然后根据测量元件的动作次数给出流体的总量。

以椭圆齿轮流量计为例，又称奥巴尔流量计，其测量部分是由壳体和两个相互啮合的椭圆形齿轮组成，计量室是指在齿轮与壳体之间所形成的半月形空间。流体流过仪表时，因克服阻力而在仪表的入、出口之间形成压力差，在此压差的作用下推动椭圆齿轮旋转，不断地将充满半月形计量室中的流体排出，由齿轮的转数即可表示流体的体积总量。

4-18 试述容积式流量计的误差及造成误差的原因，为了减少误差，测量时应该注意什么？

答：漏流是通过流量计测量元件与壳体之间的间隙和测量元件之间的间隙直接从入口流向出口的流体，它未经“计量室”的计量，是造成容积式流量计测量误差的主要因素。漏流量与间隙、黏度、前后压差以及流过的时间有关。

为了减少误差，仪表有一个流量测量下限，即不宜在极小流量下工作，然而流量太大又将使运动的测量元件因运动速度提高而增加磨损，所以常根据磨损允许的转速决定允许的流量上限。容积式流量计量程比经常选为5~10。

4-19 简述常用的各种质量流量测量方法。

答：质量流量计总的来说可分为两大类：直接式质量流量计和间接式质量流量计。

直接式质量流量计是指流量计的输出信号能直接反映被测流体质量流量的仪表，它在原理上与介质所处的状态参数和物性参数等无关，具有高准确度、高重复性和高稳定性的特点。

间接式质量流量计可分为组合式质量流量计和补偿式质量流量计。组合式质量流量计是在分别测量两个参数的基础上，通过计算得到被测流体的质量流量。补偿式流量计同时检测被测流体的体积流量和其温度、压力值，再根据介质密度与温度、压力的关系，间接地确定质量流量。其实质是对被测流体作温度和压力的修正。如果被测流体的成分发生变化，这种方法就不能确定质量流量。

4-20 简述科里奥利质量流量计的工作原理和特点。

答：科里奥利质量流量计是利用流体在振动管中流动时能产生与流体质量流量成正比的科里奥利力这个原理制成的。即当一个位于旋转系内的质点做朝向或者离开旋转中心的运动时，质点要同时受到旋转角速度和直线速度的作用，即受到科里奥利力的作用。

优点：

（1）准确度高，一般为0.25级，最高可达0.1级。

（2）可实现直接的质量流量测量，与被测流体的温度、压力、黏度和组分等参数无关。

(3) 不受管内流动状态的影响，无论是层流还是湍流都不影响测量准确度，对上游侧的流速分布不敏感，无前后直管段要求。

(4) 无阻碍流体流动的部件，无直接接触和活动部件，免维护。

(5) 量程比宽，最高可达 100：1。

(6) 可进行各种液体和高黏度、非牛顿流体的测量。

(7) 动态特性好。

缺点：

(1) 由于测量密度较低的流体介质，灵敏度较低，所以不能用于测量低压、低密度的气体，含气量超过某一值的液体和气-液两相流。

(2) 对外界振动干扰较敏感，对流量计的安装固定有较高要求。

(3) 适合 DN150 ~ 200mm 以下中小管径的流量测量，大管径的使用还受到一定的限制。

(4) 压力损失较大，大致与容积式流量计相当。

(5) 被测介质的温度不能太高，一般不超过 205℃。

(6) 大部分型号的 CMF 有较大的体积和重量。

(7) 测量管内壁磨损、腐蚀或沉积结垢会影响测量准确度，尤其对薄壁测量管的 CMF 更为显著。

(8) 价格昂贵，约为同口径电磁流量计的 2~5 倍或更高。

(9) 零点稳定性较差，使用时存在零点漂移问题。

4.7 知识扩容

4.7.1 ZY-LDE 智能电磁流量计

ZY-LDE 智能电磁流量计是一种根据法拉第电磁感应定律来测量管内导电介质体积流量的感应式仪表，采用单片机嵌入式技术，实现数字励磁。同时在电磁流量计上采用 CAN 现场总线（controller area network，控制器局域网络），属国内首创，技术达到国内领先水平。智能电磁流量计在满足现场显示的同时，还可以输出 4~20mA 电流信号供记录、调节和控制用，现已广泛地应用于化工、环保、冶金、医药、造纸、给排水等工业领域和管理部门。电磁流量计除可测量一般导电液体的流量外，还可测量液固两相流，高黏度液流及盐类、强酸、强碱液体的体积流量。

智能电磁流量计测量原理是基于法拉第电磁感应定律。流量计的测量管是一内衬绝缘材料非导磁合金短管。两只电极沿管径方向穿通壁固定在测量管上。其电极头与衬里内表面基本齐平。励磁线圈由双向方波脉冲励磁时，将在与测量管轴线垂直的方向上产生一磁通量强度为 B 的工作磁场。此时，如果具有一定电导率的液体流经测量管，将切割磁力线感应出电动势 E。电动势 E 正比于磁通量强度 B。电动势 E（流量信号）由电极检出并通过电缆送至转换器。转换器将流量信号放大处理后，可显示流体流量，并能输出脉冲，模拟电流等信号，用于流量的控制和调节。即

$$E = kBDv \tag{4-38}$$

式中 k——修正系数，常数；

B——磁场磁感应强度，T；

D——管道内径，m；

v——液体在管道中的平均流速，m/s。

从式（4-38）中可以看出，电动势与流速成正比，即电动势与流量成正比。因此，只要测量出 E 就可以确定流量。

智能电磁流量计的特点：（1）仪表结构简单、可靠，测量管道内无阻流件，没有附加的压力损失；测量管道内无可动部件，传感器寿命长。（2）由于感应电压信号是在整个充满磁场的空间中形成的，是管道截面上的平均值，因此传感器所需的直管段较短，长度为 5 倍的管道直径。（3）无机械惯性，响应快速，稳定性好，可应用于自动检测、调节和程控系统。（4）测量精度不受流体密度、黏度、温度、压力和电导率变化的影响，传感器感应电压信号与平均流速呈线性关系，测量精度高。（5）备有管道式、插入式等多种流量计型号。（6）采用 EEPROM 存储器，测量运算数据存储保护可靠。（7）具备一体化和分离型两种形式。（8）高清晰 LCD 背光显示。LDE 转换器采用国际最新最先进的单片机（MCU）和表面贴装技术（SMT），性能可靠，精度高，功耗低，零点稳定，参数设定方便；点击中文显示 LCD，显示累积流量，瞬时流量、流速、流量百分比等。（9）传感器部分只有内衬和电极与被测液体接触，只要合理选择电极和内衬材料，即可耐腐蚀和耐磨损。（10）双向测量系统，可测正向流量、反向流量。采用特殊的生产工艺和优质材料，确保产品的性能在长时间内保持稳定。

4.7.2 激光多普勒测速

测压管测量流体速度方法虽是测量流体速度的重要手段，但其有一共同缺点，它们都是一种接触测量，因而传感器本身会不可避免地对待测流场产生干扰，对回流区的测量、小尺寸管道中流速的测量、恶劣环境下的流速测量，传感器本身的影响尤其不能忽略。激光测速是一种非接触测量技术，不干扰流场流动，尤其对小尺寸流道的流速测量和困难环境条件下（如低温、低速、高温、高速等）的流速测量，更加显出其独特的优点。激光测速技术的缺点是，它对流动介质有一定的光学要求，即流体中要释放有良好散射性、能完全跟随流体流动的粒子或者采取措施自我产生这样的粒子；要求激光能照进并穿透流体；信号质量受流体中散射粒子的影响。

激光测速技术包括激光多普勒测速技术和激光双焦点测速技术。前者主要是利用激光的多普勒效应。这种测速技术动态响应快、测量准确，其输出量仅对速度敏感而与流体的其他参数，如温度、压力、密度、成分无关。激光双焦点测速，则是测量跟随流体一起运动的粒子在光探测区内的飞行时间，从而获得粒子运动速度，即流体速度。这种测速技术的特点是测速范围宽，特别适合于测量超声速或加速度很大的流场，因为在上述流场中亚微米粒子往往不能产生很好的多普勒信号。

利用激光多普勒效应测量流体速度的基本原理是，当激光照射到跟随流体一起运动的微粒上时，激光被运动着的微粒所散射；散射光的频率和入射光的频率相比较，有正比于流体速度的频率偏移，测量这个频移，就可以测得流体速度。

当光源与光接收器之间存在相对运动时，发射光波和接收光波之间就会产生频率偏移，其大小与光源和光接收器之间的相对速度有关，这就是光学的多普勒效应。根据相对论，对静止的光源而言，运动着的光接收器所接收到的光波的频率 f 为：

$$f = \left(1 \pm \frac{v}{c}\right) f_0 \left(\sqrt{1 - \frac{v^2}{c^2}}\right)^{-1} \tag{4-39}$$

式中　f——接收到的光波频率，1/s；

f_0——光源的频率，1/s；

c——光速，3×10^5km/s；

v——光接收器的运动速度，km/s。

光接收器向着光源运动时取正号，背离光源运动时取负号。

多普勒频移中包含有速度的信息，检测出多普勒频移即可求出粒子即流体的运动速度。检测的方法有两种：直接检测和外差检测。直接检测通常是使用法布里-珀罗干涉仪来直接检测散射光的多普勒频移，但这种方法的典型分辨率为5MHz，一般只适合于测量马赫数在0.5以上的高速，对于大多数的低速测量它是不适用的，所以应用有限。外差检测法是检测两个光源的频率差，并以此作为多普勒频移，它与收音机中采用超外差技术检测无线电信号的方法类似。外差检测法的过程是：用两束频率一致的光束，其中一束经过粒子散射后与另一束会合，一起馈送到检测器件表面，通过光检测器中的混频得到它们的频差。其他与光频率接近的频率由于大大超过了光检测器的频率响应范围而检测不到。外差检测法有三种基本模式，即双光束系统、参考光束系统和单光束双散射系统。

激光多普勒测速的各种光学系统包括以下基本部分：光源、分光系统、聚焦发射系统、收集和光检测系统、机械系统和某些附件。

分光系统的作用是将光束分成两束或多束，它既可实现等强度分光，也可实现不等强度分光。此外，分光系统还能实现等光程分光或不等光程分光。分光的实现可以通过分光镜，也可以通过折射、双折射或偏振的方法来实现。

聚焦系统的作用一是为了使入射光能量集中，以提高入射光的功率密度，这样散射光的强度也随之提高；二是减小控制体（即两束入射光的相交区）的体积，以提高测量的空间分辨率。利用会聚透镜即可实现光束的聚焦。在理想的情况下，两束与透镜光轴平行的入射光，通过透镜后应聚焦在透镜的焦点处。实际上由于光束不完全平行或透镜球差的影响，光束的相交处并不在焦点，为此必须调整光束的平行度以及采用消球差透镜。

收集系统的主要任务是收集包含有多普勒频移的散射光，并让它聚焦在光检测器的阴极表面上。一个好的收集系统应只允许信号散射光落到阴极面上，而阻止其他带有噪声的散光进入阴极面，为此必须在收集系统中设置孔径光阑和小孔光阑，以保证信号质量，提高激光多普勒测量的空间分辨率。

4.7.3　计算机在流量测量中的应用

为了实现监视和操作的自动化及能源计量的管理化，对流量测量准确性的要求也提高了。以往采用的模拟显示仪表测流量时设备多、成本高，精度还不能满足，目前采用微机型流量表，使许多中间变量的运算都可由软件来实现，故成本低、精度高。由于微机型数字流量计具有多种功能，并可直接与控制系统联网，输送流量信号，故在现代生产过程中得到了广泛应用。

流体流量的检测包括瞬时流量和累计流量两种。微机型流量表的特点是：能利用软件（程序）实现多个中间变量的运算和补偿（如密度、介质膨胀校正系数等）；以数字量显示各种单位的流量，并通过网络传递到需要流量信号的设备和装置上；利用微机的快速性、准确性，能保持流量显示的实时性、储存性、报警。

以差压为输出的流量传感器可以是标准或非标准节流装置、皮托管、弯头流量管等制成。它们都有相似的差压流量公式。以微机型数字流量计为例，该仪表由三个变送器分别检测节流装置的差压、流体压力和温度，并变换成电流信号，然后将电流信号通过电流/电压转换器转换成电压信号，再通过转换器将模拟量转换成数字量，此数字量通过微处理器进行运算处理，最后由显示装置进行数字显示或打印机进行数据记录。根据需要，测量结果的数字显示可以是瞬时流量、积算流量或者包括时间记录的实时参数。

显示积算流量的方式有两种。一种是记录型的，即将累计量始终与实时时间对应后存储起来，当配用时钟管理程序后，随时可查询历史时刻的累计量。另一种是随擦型的，即仪表由“清零”后开始累计，直到下一次“清零”时结束，这显示了其间运行的实时累计量，但仪表不设实时时钟。显然，前一种要求微机有较大的内存，程序较复杂，后一种适用于小型微机，硬件简单，成本也低。

随着微机技术的发展，近年来微机型智能仪表发展的趋向是：能广泛测取被测对象的参数，性能俱全。采用超大规模数据储存，便于长期信息的记录和事故分析。不采用可动零件（如电位器、切换开关等）、防止磨损、增加寿命。能与上位机通信，适合于分散微机控制系统。

SDC 流量仪适用于供热系统及生产过程中对介质为水蒸气或其他液体、气体等的瞬时流量或累计流量进行测量、监视、报警和与计算机联网。它具有下列使用性能：能任意按 0~10mA 或 4~20mA 信号进行输入和输出，也能直接接受各种分度号的热电偶和热电阻信号。输入和输出通道采用光电隔离、抗电干扰性能强。仪表设有对输入、输出通道的温度漂移、时间漂移的自动补偿校正功能，因此测量精度高、稳定性好。仪表中不设任何调整电位器，以免磨损。能同时显示瞬时流量、累计流量，还能设置超流量、超累计量并加以显示和报警。流量测量采用流体压力、温度的全量程补偿，补偿精度高，且当压力、温度出现故障时可以解除补偿功能。具有越限报警和定时打印功能，并有时钟显示。采用看门狗电路，当电源电压任意波动下，仪表不会出现“死机”现象。断电不掉数据且无干电池。

5 物位测量仪表

随着我国科技化进程的不断加剧，各行各业都得到了前所未有的提升和进步，国家对仪表行业的重视也逐渐增加。物位是物料耗量或产量计量的参数。通过物位测量可确定容器内的原料、半成品或产品的数量，以保证能连续供应生产中各个环节所需的物料，并为进行经济核算提供可靠依据。因此，物位仪表有着巨大的发展前景。物位是保证连续生产和设备安全的重要参数。在工业生产过程中，需要测量高炉的料位和锅炉内的水位，需要测量化工生产中反应塔溶液液位，需要测量油罐、水塔、各种储液罐的液位，需要测量煤仓的煤块堆积高度等。特别是现代大工业生产，由于具有规模大，速度快，且常使用高温、高压、强腐蚀性或易燃易爆物料等特点，其物位的监测和自动控制更是至关重要。例如，火力发电厂锅炉汽包水位的测量与控制，若水位过高，不仅可造成蒸汽带水，降低蒸汽品质，还可以加重管道和汽机的积垢，降低压力和效率，重则甚至使汽机发生事故。若水位过低，可引起水冷壁水循环恶化，造成水冷壁管局部过热甚至爆炸。那么对于物位的自动检测和控制要求就更高了。测量液位、料位、相界面位置的仪表称为物位测量仪表，其结果常用绝对长度单位或百分数表示。其中，测量固体料位的仪表称为料位计，测量液位的仪表称为液位计，测量相界面位置的仪表称界面计。根据我国生产的物位测量仪表系列和工厂实际应用情况，液位测量占有相当大的比例，本章主要介绍工厂常用的液位测量仪表，其原理也适合其他物位测量。

5.1 重　　点

（1）物位测量的基本概念。
（2）应用静压原理检测物位的方法。
（3）应用浮力原理检测物位的方法。
（4）应用超声波反射检测物位的方法。

5.2 难　　点

（1）各类物位检测方法的工作原理。
（2）静压式物位测量仪表的量程迁移。

5.3 关　键　词

物位测量；压力计式物位计；差压式液位计；吹气式液位计；恒浮力式液位计；变浮力式液位计；电容式物位测量仪表；电导式物位测量仪表；电感式液位计；连续式超声波

物位计；定点式超声物位计；微波式物位计；激光液位计；核辐射式物位计；重锤式料位计；热电式物位计。

5.4 知识体系

5.4.1 物位测量仪表的基本概念及分类

5.4.1.1 基本概念

物位是指储存在容器或工业生产设备里的物料的高度或相对于某一基准的位置，是液位料位和相界面的总称。

液位是指储存在各种容器中的液体液面的相对高度或自然界的江、河、湖、海以及水库中液体表面的相对高度，通常指气液界面。

料位是指容器、堆场、仓库等所储存的块状、颗粒或粉末状固体物料的堆积高度或表面位置。

相界面位置是指同一容器中储存的两种密度不同且互不相溶的介质之间的分界面位置，通常指液-液相界面、液-固相界面。

5.4.1.2 物位测量仪表分类

物位测量仪表按工作原理可分为：（1）静压式物位测量仪表。它是利用液柱或物料堆积对某定点产生压力，通过测量该点力或测量该点与另一参考点的压差而间接测量物位的仪表，这类仪表共有压力计式物位计、差压式液位计和吹气式液位计三种。其安装和使用方便，容易实现远传和自动调节，性价比较高，工业上应用较多。(2）浮力式物位测量仪表。这是一种依据力平衡原理，利用浮子一类悬浮物的位置随液面的变化而变化来直接或间接反映液位的仪表。它又分为浮子式、浮筒式和杠杆浮球式三种，它们均可测量液位，且后两种还可测量液-液相界面。(3）电气式物位测量仪表。是将物位的变化转换为电量的变化，进行间接测量物位的仪表。根据电量参数的不同，可分为电容式、电导式和电感式三种，其中电感式只能测量液位。这类仪表通常具有极高的抗干扰性和可靠性，解决了温度、湿度、压力及物质的导电性等因素对测量过程的影响。能够测量强腐蚀性的液体。(4）声学式物位测量仪表。该仪表利用超声波在介质中的传播、衰减、穿透能力和声阻抗不同以及在不同相界面之间的反射特性来检测物位。此类仪表为非接触测量，测量对象广、反应快、准确度高，但成本高、维护维修困难，常用于要求测量准确度较高的场合。可分为气介式、液介式和固介式三种，其中气介式可测液位和料位，液介式可测液位和液-液相界面，固介式只能测液位。（5）微波式物位测量仪表。可通过测量信号强度或反射波传播时间来测量物位，为非接触测量，不受温度、压力、气体等的影响，又称作雷达式物位测量仪表。(6）光学式物位测量仪表。是利用物位对光波的遮断和反射原理来测量物位的。主要有激光式物位计，可测液位和料位。(7）核辐射式物位测量仪表。它是利用物位的高低对放射性同位素的射线吸收程度不同来测量物位的，即放射性同位素所放出的射线穿过被测介质时，因被吸收而减弱，其衰减的程度与被测介质的厚度（物位）有关。利用这种方法可实现液位和料位的非接触式检测。(8）直读式物位测量仪表。利用连通器原理，通过与被测容器连通的玻璃管或玻璃板来直接显示容器中的液位高度，是最原始、最简单直观的液位计。

除此以外，还有重锤式、音叉式和旋翼式三种机械式物位测量仪表，以及热电式、称重式、磁滞伸缩式、射流式等多种类型，且新原理、新品种仍在不断发展之中。

5.4.1.3 物位测量仪表存在问题

物位测量仪表共有的问题有：(1) 测量存在盲区。测量仪表因测量原理、传感器结构、工作条件、容器几何形状和安装位置等所限，而无法探测到的区域，称为盲区。(2) 可靠性要求。工业用的任何仪表都有可靠性要求，尤其是安全防爆问题不容忽视，但物位仪表更具有特殊性，如应用于高压容器、挥发性物料及有毒物料的物位仪表应特别注意防泄漏。接触式物位仪表往往还有防腐、防磨损、防黏附等要求。有挥发性易燃易爆气体的场合及大量粉尘的环境，还要注意防爆安全。

5.4.1.4 液位测量存在问题

液位测量存在的主要问题有：(1) 液面不平。理想情况液面是一个规则的表面，但实际工况液面是不平的，会出现如下情况，一种是当物料流进流出时，会有波浪；再有在生产过程中被测液体可能出现沸腾或起泡现象；还有一种情况是被测介质表面有悬浮物。(2) 物性参数不均匀且变化。在大型容器中常会出现被测介质各处温度、密度和黏度等物理量不均匀的现象，而且可能随时间、温度等而变化，造成测量误差。(3) 特殊情况。测量时常会有高温高压、液体黏度很大、内部含有大量杂质悬浮物和被测介质发生反应等情况，对测量造成不利影响。

5.4.1.5 料位测量存在问题

料位测量存在的主要问题有：(1) 料面不平。流动性较差的粉粒体物料，料面的局部高低与进出料口的位置有关，也和进出料的流量有关。为了使所测料位能代表平均料位，应将料位计安装在距容器内壁1/3半径处。这样，无论料面凸起或凹陷，所测量出的料位都能正确地反映平均值。(2) 存在滞留区。物料进出时，由于容器结构使物料不易流动的死角处称为滞留区。粉粒体因流动性差存在滞留区。物料在自然堆积时，有不滑坡的最大堆积倾斜角，称为安息角。安息角的大小与颗粒形状、表面粗糙程度、潮湿程度、是否带静电、是否吸附气体等因素有关。对于料位仪表，因为有安息角问题，其安装位置是否正确对测量至关重要，应给予足够重视。(3) 物料间存在空隙。储仓或料斗中，块状物料内部可能存在较大的孔隙，粉粒体物料颗粒间存在较小的间隙。它们不仅影响对物料储量的计算，而且在振动、压力或湿度变化时使物位也随之变化，后者对粉粒体的料位测量影响尤其明显。为此应该区分密度和容重这两个不同的概念。密度是指不含空隙的物料每单位体积的质量，即通常的质量密度。如果乘以重力加速度就成为重量密度，简称重度。容重是包含空隙在内的每单位体积的重量。它总是比颗粒物质本身的重度小，其差额取决于空隙率。而空隙率又取决于许多因素。因此，静粒体物料的体积储量和质量储量（或重量储量）之间不易精确换算，使用时需要注意。

相界面测量中最常见的问题是界面位置不明显或存在浑浊段。

5.4.2 静压式物位测量仪表

堆积（或容器中）的物料由于具有一定的高度，必将对底部（或侧面）产生一定的压力。若物料是均匀的，且密度为常数，则该处的压力就仅由物料的多少，即物料的高度决定。因此，测量其压力的大小就可反映出物位的高低。静压式物位测量仪表就是利用液柱或物料堆积对某定点产生压力，测量该点压力或测量该点与另一参考点的压差而间接测量物位的仪表。

压力计式物位计可用于测量液位和物位，对于液体物料，根据流体静力学原理，液体静压力与液柱高度成正比；而对于固体物料，实际上是个称重的问题。压力计式物位计是利用导压管将压力变化直接送入压力表中进行测量的，可用来测量敞口容器中的液位高度。

压力表式液位计是通过引压管与容器底部相连，利用引压管将压力变化值送入压力表中进行测量的。只有当压力表与容器底部等高时，此时压力表中的读数才可以直接反映出液位的高度。如果压力表与容器底部不等高，当容器中的液位为零时，表中读数不为零，即存在容器底部与压力表之间的液体的压力差值，该差值就是所谓的零点迁移，在实际的测量中，计算时应减去此差值。考虑到引压管必须畅通，为了不阻塞引压管，被测液体的黏度不能过高。

压力计式液位计的使用范围较广，但要求被测液体必须洁净，且黏度不能太高，以免阻塞导压管。当测量液体具有腐蚀性，或有沉淀、悬浮颗粒，或易凝、易结晶，或黏度较大时，应选用法兰式压力液位计。压力表通过法兰安装在容器底部，作为敏感元件的金属膜盒（或隔离膜片）经导压管与变送器的测量室相连。导压管内封入沸点高、膨胀系数小的硅油，它既能使被测液体与测量仪表隔离，克服管路的阻塞或腐蚀问题，又能起传递压力的作用。液位信号可变成电信号或气动信号，用于液位的显示或控制调节。利用隔离膜片和硅油，单法兰方式甚至可用来粗略地测量粉粒体料位。这种方法多半用在不很高的料位范围内作料位报警开关，即位式料位开关。

差压式液位计常用于密闭容器中的液位测量，它的优点是测量过程中可以消除液面上部气压及气压波动对测量的影响。若忽略液面上部气压及气压波动对测量的影响，可使用压力式液位计进行测量。差压式液位计采用差压式变送器，变送器的正压室与容器底部（零液位）相连，变送器的负压室与容器上部的气体相连。可以根据液体性质选择引压方式。在实际应用中，为了防止由于内外温差使气压引压管中的气体凝结成液体和防止容器内液体与气体进入变送器的取压室造成管路堵塞或腐蚀，一般在低压管中充满隔离液体。

吹气式液位计一般用于测量有腐蚀性、高黏度、密度不均或含有悬浮颗粒液体的液位。将一根吹气管插入至被测容器底部（零液位），向吹气管通入一定量的气体，通过减压阀和节流元件，最后从气管末端开口处即容器底部逸出。因为有节流元件的稳压作用，供气量几乎不变，管内压变同步。吹气管中的压力与容器底部的液柱静压力相等。通过压力计测量吹气管上端压力，可测出容器底部的液柱静压力，利用静压式液位计的测量原理就可以测出液位。由于吹气式液位计的测压装置可以移至顶部，对于实际测量和维修都很方便，所以特别适合于测量地下储罐、深井等深度较大的场合。吹气式液位计正常工作时，气体流量应取一个合适的数值。一般以在最高液位时仍有气泡逸出为宜。流量过大，则流经导管的压降变大，会引起测量的误差。流量过小，又会造成较大的滞后。为此，在管路中安装浮子流量计用以观察流量的大小，安装节流阀控制流量。

吹气式液位计的特点是：（1）结构简单，价格低廉，使用方便，最适合于具有腐蚀性、高黏度或含有悬浮颗粒的敞口容器的液位测量，如地下储罐、深井等场合。（2）不适于密闭容器的液位测量，如果不得已用于密闭容器，则要求容器上部有通气孔。(3) 缺点是需要气源，而且只能适用于静压不高、准确度要求不高的场合。(4) 若将压缩空气改为氮气或二氧化碳气体，则可测量易燃、易氧化液体的液位。任何一种静压式物位测量仪表，都与被测液体的密度有关，所以当液体的密度发生变化时，要对示值进行修正。

5.4.3 浮力式物位测量仪表

浮力式液位计是根据液体产生的浮力来测量液位的。它是根据液位变化时，漂浮在液体表面的浮子随之同步移动的原理工作的，可分为恒浮力式和变浮力式两种。

5.4.3.1 浮子式液位计

浮子式液位计是恒浮力式液位计中的一种。它是利用能够漂浮在液面上的浮子进行测量的。当浮子漂浮在液面上达到稳定时，根据力学原理，其本身的质量和所受的浮力相平衡。当液面发生变化时，浮子的位置也相应地发生变化，它就是根据这一原理来测量液位的。

当液位上升时，浮子浸没在液体中的部分变大，所受浮力增加，原来的平衡关系被破坏，浮子要向上移动。随着浮子的上浮，浮子浸没在液体中的部分变小，所受浮力也变小，直至与本身质量相等为止，即达到新的平衡位置，反之亦然。浮子移动的距离就等于液位的变化量。在每一个平衡位置，浮子所受的浮力都与它本身的质量相等，因此，将浮子式液位计又称为恒浮力式液位计，此时，浮子的位置即为被测液体的液位。该方法的实质是通过浮子把液位的变化转换成机械位移的变化。

用于常压或敞口容器的浮子重锤液位计，其工作原理是液面上的浮子由绳索（钢丝绳）经滑轮与被测液体容器外的平衡重锤和指针相连。随着液位的上升或下降，浮子带动指针上下移动，在标尺上指示出液位的高度。液位增加，浮子上移，重锤下移，即标尺下端代表液位高，与直观印象恰恰相反。若想使重锤指向与液位变化方向一致，则应增加滑轮数目，但这样会使摩擦阻力增大，进而增加测量误差。由于传动部分暴露在周围环境中，使用日久会增大摩擦。相应地，液位计的误差也会相应增大。因此，这种液位计只能用于不太重要的场合。

用于密闭容器的浮子重锤液位计，其工作原理是在密闭容器中设置一个非导磁管作为测量液位的通道。在通道的外侧装有浮子和磁铁，通道内侧装有铁芯。当浮子随液位上下移动时，磁铁随之移动，铁芯被磁铁吸引而同步移动，通过绳索带动指针指示液位的变化。

浮子重锤液位计在实际应用中，液位测量受以下几个方面的影响：

(1) 载荷变化。浮子所受的载荷，即绳索对浮子的拉力主要有重锤的重力、绳索长度左右不等时绳索本身的重力、滑轮的摩擦力。载荷改变将使浮子吃水线相对于浮子上下移动，造成测量误差。绳重对浮子施加的载荷随液位而变，相当于在恒定的浮子所受载荷之上附加了一个变化因素，进而造成测量误差。但这种误差具有规律性，可在分度时予以修正。摩擦阻力引起的误差最大，且与运动方向有关，无法修正。采用大直径的浮子能显著地增大定位力，这是减少摩擦阻力误差的最有效途径，尤其在被测介质密度小时，此点更为重要。

(2) 被测液体密度变化。温度和成分的变化均能引起被测液体密度变化，从而造成测量误差。

（3）浮子质量和直径的变化。由于黏性液体的黏附、腐蚀性液体的浸蚀均可改变浮子的质量或直径，温度变化也能导致直径的变化，这些原因都会引起测量误差。

（4）绳索长度的变化。温度和湿度均能引起绳索长度的变化，尤其对尼龙绳和有机纤维绳索影响较大。一般应采用钢丝绳传动，此时温度引起的变化基本上被支架的膨胀所抵消。

在实际应用中，浮子位置的检测方法有很多，可以直接指示，也可采用各种各样的结构形式来实现液位-机械位移的转换，并通过机械传动机构带动指针对液位进行指示。如果需要远传，还可通过电转换器或气转换器把机械位移转换为电信号或气信号。

在设计浮子时，适当地增大浮子直径，可显著增加浮子的定位力，有效地减小仪表的不灵敏区和摩擦阻力的影响，提高仪表的灵敏度，进而提高仪表的测量准确度。当被测介质密度较小时，此点尤为重要。常用的浮子形状有三种：

（1）扁平形浮子做成大直径空心扁圆盘形，不灵敏区较小，可小到十分之几毫米，测量准确度高。因为有此特性，可以测量密度较小的介质的液位。对高频小变化的波浪，其抗波浪性高。但对液面的大波动则比较敏感，易随之漂动。

（2）高圆柱形浮子的高度大、直径小，所以抗波浪性也好，但对液面变动不敏感，因此用它做成的液位计准确度差、不灵敏区较大。

（3）扁圆柱形浮子的抗波浪性和不灵敏区在上述两者之间，由于其结构简单，易加工制作，在实际应用中被大量采用。

5.4.3.2 浮球式液位计

（杠杆）浮球式液位计也属于恒浮力式液位计，其适用于温度、黏度较高，而压力不太高的密闭容器内的液位测量。它分为内浮式和外浮式两种，前者将浮球直接装在容器内部，后者在容器外侧另做一浮球室与容器相连通。浮球是不锈钢的空心球，通过连杆和转动轴连接，配合平衡重锤用来调节液位计的灵敏度，使浮球刚好一半浸没在液体中。当液位上升时，浮球被液体浸没的深度增加，则浮球所受的浮力变大，杠杆失去平衡。平衡重锤拉动杠杆做顺时针方向转动，使浮球升起，浮球被液体浸没的深度减小，直至平衡为止，此时浮球一半又浸没在液体中。这样，浮球随液位升降而带动转轴旋转，指针就在标尺上指示液位值。

5.4.3.3 磁翻转式液位计

磁翻转式液位计根据浮力原理和磁性耦合作用原理工作。可替代玻璃板或玻璃管液位计，用来测量有压容器或敞口容器内的液位。它不仅可以就地指示，还可以实现远距离液位报警和监控。

磁翻板液位计从被测容器接出不锈钢管作为导管，管内有带磁铁的浮子，管外设置一排轻而薄的翻板，每块翻板高约10mm，都有水平轴，可灵活转动。翻板一面涂红色，另一面涂白色。翻板上还附有小磁铁，小磁铁彼此吸引，使翻板始终保持红色朝外或白色朝外。当浮子在近旁经过时，浮子上的磁铁就会迫使翻板转向，以致液面下方的红色朝外，上方的白色朝外，观察起来和彩色柱效果一样。磁翻转液位计通过翻板或翻柱颜色的转换，能清晰观察液位情况，直观、简单，其测量误差为±3mm，此外还具有安全性高、密封性好的特点。

5.4.3.4　浮筒式液位计

浮筒式液位计不仅能检测液位，还能检测相界面。把一中空金属浮筒用弹簧悬挂在液体中，筒的质量大于同体积的被测液体的质量，因此，若不悬挂，浮筒就会下沉，故又称为“沉筒”。设计时，使浮筒的重心低于几何中心，这样无论液位高低，浮筒总能保持直立姿势。当液面变化时，它被浸没的体积也随之变化，浮筒受到的浮力就与原来的不同，所以可通过检测浮筒浮力变化来测定液位。

浮筒与弹簧的连接方式有两种：一是通过连杆连至弹簧的上端，此时弹簧下端固定，弹簧由于浮筒的重力而处于压缩状态。二是通过连杆直接与弹簧下端相连，此时弹簧上端固定，弹簧处于拉伸状态。随着液位的变化，浮筒浸入液体的部分不同，所受的浮力发生变化，使浮筒产生位移。弹簧的位移改变量与液位高度成正比关系。因此，改变浮力液位检测方法实质上就是将液位转换成敏感元件浮筒的位移变化。可见，浮筒式液位计的量程取决于浮筒的长度，因此改变浮筒的尺寸（更换浮筒），就可以改变量程。浮筒式液位计只能用于测量密度较小且较干净的介质液位，如柴油、汽油、水等。浮筒式液位计的输出信号不仅与液位高度有关，还与被测对象的密度有关，当测量对象改变时，应进行密度的换算。

由于液位与弹簧变形程度，即浮筒向上移动量成比例，因此，在浮筒连杆上安装指针，即可就地显示液位。应用信号变换技术可进一步将位移转换成电信号，配上显示仪表在现场或控制室进行液位指示或控制。转换方式不同，就构成了不同的变浮力式液位计。

5.4.4　电气式物位测量仪表

电气式物位测量仪表是将物位的变化转换为电量的变化，间接测量物位的仪表。根据电量参数的不同，它分为电容式、电阻式和电感式三种，其中电感式只能测量液位。

5.4.4.1　电容式液位计

电容式液位计是根据电容的变化来测量液位高度的液位仪表，它主要是由电容液位传感器和检测电容的电路组成的。它的传感部件结构简单，动态响应快，能够连续及时地反映液位的变化。电容式液位计的形式很多，有平级板式、同心圆柱式等，应用比较广泛。对被测介质本身性质的要求不是很严格，既能测量导电介质和非导电介质，也可以测量倾斜晃动及高速运动的容器的液位，因此它在液位测量中的地位比较重要。

在液位的测量中，通常采用同心圆柱式电容器，同心圆柱式电容器的电容量为：

$$C_0 = \frac{2\pi\varepsilon L}{\ln\dfrac{D}{d}} \tag{5-1}$$

式中　ε——极板间介质的介电常数，F/m；

L——极板相互重叠的长度，m；

D——外电极内径，m；

d——内电极外径，m。

从式（5-1）可以看出，改变 D、d、ε、L 中任意一个参数时，电容量 C_0 都会发生变化。但在实际液位测量中，D 和 d 通常是不变的，电容量与电极长度和介电常数的乘积成正比。由液位变化引起的等效介电常数变化使电容量发生变化，再根据电容量变化来计算液位高度，这就是电容式液位计的测量原理。

因为圆筒形电极会被导电液体短路，所以对于导电液体的液位测量，一般用绝缘物覆盖作为中间电极。内电极材质一般为紫铜或不锈钢，外套绝缘层材质为聚四氟乙烯塑料管或涂搪瓷，电容器的外电极由导电液体和容器壁构成。当容器内没有液体时，液位为0，内电极和容器壁组成电容器，绝缘层和空气为介电层，此时电容量为：

$$C_0=\frac{2\pi\varepsilon_1 L}{\ln\dfrac{D_0}{d}} \tag{5-2}$$

式中 ε_1——气体介质和绝缘套组成的介电层的介电常数，F/m；

D_0——容器的内径，m。

当液面的高度为 H 时，有液体部分由内电极和导电液体构成电容器，绝缘套为介电层，此时整个电容相当于有液体部分和无液体部分并联的两个电容，因此电容量为：

$$C=\frac{2\pi\varepsilon_1(L-H)}{\ln\dfrac{D_0}{d}}+\frac{2\pi\varepsilon_2 H}{\ln\dfrac{D}{d}} \tag{5-3}$$

式中 ε_2——绝缘套的介电常数，F/m。

式（5-3）和式（5-2）相减即可得到液面高度为 H 时的电容变化量：

$$\Delta C=C-C_0=\left(\frac{2\pi\varepsilon_2}{\ln\dfrac{D}{d}}-\frac{2\pi\varepsilon_1}{\ln\dfrac{D_0}{d}}\right)H \tag{5-4}$$

若 $D_0\gg D$，且 $\varepsilon_2\gg\varepsilon_1$，式（5-4）可以简化为：

$$\Delta C=\frac{2\pi\varepsilon_2}{\ln\dfrac{D}{d}}H \tag{5-5}$$

由式（5-5）可以看出，电容变化量与液位高度成正比，如果测得电容变化量，就可以知道液位 H 的值，因此准确地检测出电容的变化量是测量的关键。对于黏度比较大的液体介质，当液位变化时，液体会附着在内电极绝缘套管表面，较易形成虚假液位，因此应尽量使内电极表面光滑，以免造成测量误差。此方法同样也可用于测量导电物料的料位，如块状、颗粒状、粉状等。所不同的是，由于固体摩擦力大，容易形成“滞留”，产生虚假料位现象会更严重。

非导电液体电容式液位计与导电液体电容式液位计不同的是前者有专门的外电极。按结构又可分为同轴套筒电极式电容液位计和裸金属电极电容物位计两种。

同轴套筒电极式电容液位计在棒状内电极周围用绝缘支架套装同轴的金属套筒作为外电极。在外电极上均匀开设许多个孔，这样被测介质即可流进两个电极之间，使电极内外液位相同。当容器内没有液体时，介电层为绝缘支架和两极间空气。当非导电液体液位高度为 H 时，在有液体的高度 H 范围内，非导电液体作为电容器的介电层，而被测液体上部与空容器时一样，是以绝缘支架和空气为介电层。电容量的变化与液位高度成正比，测出电容量的变化，便可知道液位高度。被测介质的介电常数与空气的介电常数差别越大，仪表的灵敏度越高。D 和 d 的比值越近于1，仪表的灵敏度也越高。由于电容量与被测对象介电常数有关，所以该仪表同浮子流量计一样，需要对非标定物质和非标定状态进行刻度换算，即应考虑液体的介电常数随成分、温度及其性质变化而产生的测量误差。因为粉粒体容易滞留在极间，故该仪表仅用于液位测量。又由于同轴套筒式电极之间距离不大，所以这种电极只适用于测量流动性较好的液体，如煤油、轻油及某些有机溶液、液态气体等。此外，该仪表适用于非金属容器，或金属非立式圆筒形容器的液位测量。其电容值的大小和容器形状无关，只取决于液位。

裸金属电极电容物位计适用于金属立式圆筒形容器。它以裸露的金属棒作为内电极，容器作为电容的外电极。其测量原理是，当容器内没有液体时，介电层为容器内的空气。当液位高度为 H 时，在有液体部分，被测介质作为中间填充介质，被测液体上部的介电层为容器内的空气。由于两电极间距离较大，当物位发生变化时引起的电容量变化值较小。为了提高测量灵敏度，安装时可将测量电极安装在容器壁或辅助电极的附近，以增加电容变化量。该类仪表可用于测量黏度大的非导电介质、干燥小颗粒或粉状的绝缘物质，如沥青、重油、干燥水泥、粮食等。在测量过程中，若物料的温度、湿度、密度变化或掺有杂质，则会引起介电常数的变化，产生测量误差。为了消除该项测量误差，一般将一根辅助电极始终埋入被测物料中。辅助电极与测量电极（也称主电极）可以同轴，也可以不同轴。

电容式物位测量仪表具有如下特点：

（1）被测介质适用性广。电容式物位测量仪表几乎可以用于测量任何介质，包括液体、粉状固体、液-固浆体和相界面。还能测量有倾斜晃动及高速运动的容器的液位。

（2）适于各种恶劣的工况条件，工作压力从真空到 7MPa，工作温度为-186~540℃。

（3）测量结果与介质密度、化学成分等因素无关。

（4）无可动部件，结构简单，性能可靠，造价低廉。

（5）对非导电物位计，要求物料的介电常数与空气介电常数差别大，且需用高频电路。

（6）使用时需注意分布电容的影响。

（7）存在挂料问题。当测量具有黏附性的导电物料时，物料会黏附在传感电极的外套绝缘罩上（挂料），影响测量准确度。

射频导纳物位计是从电容物位计发展起来的新型物位测量仪表，可解决普通电容物位计的挂料问题，实现更可靠、更准确的测量。“射频导纳”中“导纳”的含义为电学中阻抗的倒数，它由阻抗成分、容性成分、感性成分综合而成。射频导纳技术可以理解为用高频无线电波测量导纳的方法。仪表工作时，传感器与容器壁及被测介质间形成导纳值。物位变化时，导纳值相应变化。高频正弦振荡器输出一个稳定的测量信号源，利用电桥原理，以准确测量导纳数值。电路单元将测量导纳值转换成物位信号输出，实现物位测量。该物位计的特点是：

（1）防挂料。独特的电路设计和传感器结构，使其测量可以不受传感器挂料影响，无须定期清洁，避免误测量。

（2）通用性强。可测量液位及料位，可满足不同温度、压力、介质的测量要求，并可应用于腐蚀、冲击等恶劣场合。

（3）准确可靠，稳定性高，使用寿命长。

(4) 免维护。测量过程无可动部件，不存在机械部件损坏问题，无须维护。

(5) 抗干扰。虽然是接触式测量，但抗干扰能力强，可克服蒸汽、泡沫及搅拌对测量的影响。

5.4.4.2 电导式物位测量仪表

对于导电性液体采用电导式液位计更为简单易行，尤其是输出开关信号的位式液位计，准确度和可靠性都比较高。此处所说导电性液体除各种液态金属及酸、碱、盐溶液外，也包括一般工业生产中的非纯水。为了防止极化腐蚀影响电极寿命，电导式所用电源一般都选用交流电源，其频率不宜太高，以免受电感电容作用的影响。

电导式电接点液位计测量原理是，若容器本身是导电的，在容器上方垂直插入适当长度的导体电极（电极也可用带重锤的钢丝绳代替），它与容器壁所构成电路的通断与否取决于液位的高低。同理，对于导电容器，长短不一的两个电极可用于液位上下限报警。若分别装有长度不等的多根电极，则可分段显示液位值。若容器是绝缘的，可插入两个长度相等的电极。这种液位计最主要的特点就是结构简单。

简易电导液位计是将电极制成同心套筒状，可根据电极间的阻值连续反映液位。该液位计工作的前提是液体的电阻率已知且为恒定值，若液体导电性强，可采用分段电阻法，使电极间的阻值近似反比于液位，也可采用氖灯显示法，液位越高发光的氖灯越多。但在使用这几种电导液位计时均应保证液体的电阻远小于器壁漏电阻。

由电导原理构成的电导跟踪式液位计，由伺服系统构成。液位上方设有重锤，重锤由伺服系统控制，包括伺服放大器、伺服电动机和滚筒。滚筒上绕有细钢丝绳，绳端系着重锤。当被测液面触及重锤时，形成电的通路，使伺服放大器产生提升信号。此信号作用于伺服电动机，使之带动滚筒将重锤提离液面。一旦重锤与液面脱离接触，伺服放大器的输出信号改变，又使伺服电动机反转，重锤又将下降，重新接触液面。如此反复动作，重锤的平衡位置始终跟踪着液位升降，滚筒轴上所带的指示装置或电远传装置便可连续反映液位值。在该液位计中，重锤相当于探针。

低温液体的液位受容器保温要求的限制，不能采用普通液位的测量方法，而采用超导液位计。这里并不是利用被测介质本身的电导或电阻，而是利用低温下某金属的超导现象。例如钽的临界温度为4.3K，而氦的沸点为4.2K。因此，浸在液氦中的钽丝处于超导状态，其电阻为零，而液面以上的部分仍有电阻，这样便可根据阻值测出液位。

5.4.4.3 电感式液位计

电感式液位计是依靠被测液体内的涡流反映液位的，所用电源必须是交流。具体地说，在平面螺旋（蚊香形）线圈内通以交流电，当导电液体表面接近线圈时，液体出现涡流将使线圈的电感量改变。若线圈与电容并联，并联回路的谐振频率会有明显变化，利用这一原理可构成液位开关，但不适合连续测液位。

5.4.5 超声波物位测量仪表

超声波物位仪表，是测量液态和粉粒状材料的液面和装载高度的工业自动化仪表，是一种非接触式物位仪表，与雷达物位仪表一起称为物位仪表的两大主流。超声波物位仪表的传感器发出的超声波碰到被测介质被反射，反射回波的质量反映了物位仪表的应用效果。回波质量定义为最小回波幅度（在最恶劣条件下回波幅度）比最大噪声幅度（虚假回波、多径反射回波等的幅度）。回波质量数值越大，物位计应用效果越好。超声波物位仪表的传感器高频（40~70kHz）工作时，传感器的尺寸小，盲区小，方向性好，精度高，但其声波衰减快，传播介质（空气）波动时穿透性差，测距较小。传感器低频（10~20kHz）工作时，传感器尺寸大，盲区大，方向性不好，精度低，其优势是声波衰减慢，传播介质（空气）波动时穿透性较好，测距稍远。

根据不同应用场合所使用的传声介质不同，连续式超声波物位计可分为气介式、液介式和固介式3种，常用的是前两种。

5.4.5.1　液介式超声液位计

液介式超声液位计其探头既可以安装在液面的底部，也可以安装在容器底的外部。单片机时钟电路定时触发发射电路发出电脉冲，激励换能器发射超声脉冲。超声波从底部传入，经被测液体传播到液面，在被测液体表面上反射回来，被探头接收，由换能器转换成电信号，经接收电路处理后送至单片机进行存储、显示等。

实际应用时，发现这种液位计存在三个问题：(1) 各种被测介质不同，声速不同，并且难以知道。(2) 对同一被测介质，其成分和温度也经常变动，声速也会随之变化。(3) 在现场，底部安装往往有困难。为此，常采取以下措施：一是采取顶部安装，利用空气作为导声介质，构成气介式超声波物位计；二是进行声速的校正。

固定式声速校正具由一个校正超声波换能器（校正探头）和反射板组成，对液介式液位计而言，校正具应安装在液体介质最低处以避免水面反射声波的影响。若在测量时，声速沿高度方向是不同的，如沿高度方向被测介质密度分布不均匀或有温度梯度时，可采用浮臂式声速校正具。浮臂式与固定式相比，因摆杆倾斜，所测声速是液体上下层声速的平均值，更有利于减小因上下层温度不同造成密度不同而产生的测量误差。液介式超声波液位计不宜测量含有气泡、悬浮物的液位及很大波浪的液面，其测量误差在不加校正具时为1%，加校正具后可达0.1%。

5.4.5.2　气介式超声波物位计

如换能器装在液面以上的气体介质中垂直向下发射和接收，则称为气介式。气介式超声波物位计的工作原理同液介式超声波液位计一样。所不同的是，超声波换能器置于液面的上方，它以空气作为介质。由于气介式在防腐和维护方面比液介式优越得多，且可测黏性及含杂质的液体，所以气介式的应用更为广泛。气介式超声波物位计的工作原理实质是回波测距原理，又称脉冲回波法、声呐法。该物位计的特点是：(1) 利用被测介质上方的气体导声，换能器不必和液体接触，便于防腐蚀和渗漏。(2) 使用维护方便。(3) 测量对象广，主要包括高黏度液体和含有颗粒杂质或气泡的液体、各种密封、敞开容器中的液位、塑料粉粒、砂子、煤、矿石、岩石等固体、沥青、焦油等黏糊液体、纸浆和泥浆等脏污介质。

5.4.5.3　定点式超声物位计

定点式超声物位计常用的有声阻式、液介穿透式和气介穿透式三种。

(1) 声阻式超声液位开关。利用气体和液体对超声振动的阻尼有显著差别这一特性来判断测量对象是液体还是气体，从而测定被测液位是否到达检测探头的安装高度。声阻式超声液位开关结构简单、使用方便。换能器上有螺纹，使用时可从容器顶部将换能器安装在预定高度即可。适用于化工、石油和食品等工业中的各种液面测量，也用于检测管道中有无液体存在。声阻式超声液位开关的工作频率约为40kHz，重复性可达1mm。由于测量黏滞液体时，会有部分液体黏附在换能器上，不随液面下降而消失，因而容易产生误动作，所以声阻式超声液位开关不适用于黏滞液体。同时也不适用于测量溶有气体的液体。

（2）液介穿透式超声液位开关。其工作原理是利用超声换能器在液体中和气体中发射系数的显著差别来判断被测液面是否达到换能器安装高度。由相隔一定距离平行放置的发射压电陶瓷与接收压电陶瓷组成，并被封装在不锈钢外壳中或用环氧树脂铸成一体，在发射与接收陶瓷片之间留有一定间隙（12mm）。控制器内有放大器和功率放大器，功率放大器用于驱动继电器动作。发射压电陶瓷与接收压电陶瓷分别通过发射电路和接收电路，被接到放大器的输出端和输入端，以形成闭环振荡。当间隙内充满液体时，由于固体与液体的声阻抗接近，超声波穿透时界面损耗较小，超声波能透过液体被接收换能器所接收。这样从发射到接收，放大器由于声反馈而连续振荡。当间隙内是气体时，由于固体与气体声阻抗差别极大，在固-气相界面上超声波大部分被反射，接收换能器所接收到的声能太少，所以声反馈中断，振荡停止。因此，可根据放大器振荡与否来判断换能器间隙是空气还是液体，从而判断液面是否到达预定高度。

（3）气介穿透式超声料位开关。其发射换能器中压电陶瓷和放大器接成正反馈振荡回路，振荡在发射换能器的谐振频率上。接收换能器同发射换能器采用相同的结构。使用时，将两换能器相对安装在预定高度的一直线上，使其声路保持畅通。当被测料位升高遮断声路时，接收换能器收不到超声波，控制器内继电器动作，发出相应的控制信号。由于超声波在空气中传播，故频率选择得较低（20~40kHz）。这种料位计适用于粉状、颗粒状、块状或其他固体料位的极限位置报警，还可用于密度小，介电常数小，电容式物位计难以测量的塑料粉末、羽毛等的物位测量。它具有结构简单、安全可靠、不受被测介质物理性质的影响、适用范围广等优点。

5.4.6 微波式物位测量仪表

5.4.6.1 微波物位计的概念及工作原理

微波物位计又称雷达物位计（radio detection and ranging，radar）。微波物位计朝一个目标发射电磁波，电磁波经发射后返回发射源。安装在发射源处的接收器捕获到反射波，并把它与发射波作比较，确定目标的存在和它到发射源的距离。微波和所有的电磁波一样在自由空间中是以光速传播，电磁波到达目标并经反射返回接收器这一来回所用的时间几乎是瞬时的。

物位测量中的微波一般是定向发射的，通常用波束角，或称发射角，来定量表示微波发射和接收的方向性。波束角和天线类型有关，也和使用的微波频率（波长）有关。频率越高，波束角越小，即波束的聚焦性能越好。同时天线的喇叭尺寸也可以做得较小，便于开孔安装。

微波物位计按结构可分为以下两类：（1）天线式（非接触式）。微波通过天线发射与接收，又称自由空间雷达式。为了使发射的微波具有良好的方向性，天线应具有特殊的结构和形状。常用的天线种类主要有绝缘棒、圆锥喇叭、平面阵列、抛物面等。（2）导波式（接触式）。是基于TDR时域反射原理工作的，俗称导波雷达式，是非接触式雷达和导波天线相结合的产物。与天线式微波物位计的不同点在于微波脉冲不是通过空间传播，而是通过一根（或两根）从罐顶伸入、直达罐底的导波杆传播。导波杆可以是金属硬杆或柔性金属缆绳，有单杆和双杆之分。微波沿导波杆外侧向下传播，在碰到物料面时由于介电常数与空气不同，就会在被测物料表面产生反射。回波被天线接收，由发射脉冲与回波脉冲的时间差即可计算出传播距离。

微波物位计按照使用微波的波形可分为调频连续波（FMCW）、脉冲波及调频脉冲波3类。依据测量准确度等级的不同，微波物位计又可分为控制级微波物位计和计量级微波物位计，前者测量误差一般在10mm左右，后者可用于贸易结算，测量误差为1mm。此外，微波物位计根据用途不同，也可分为位式作用和连续作用两类。

5.4.6.2 位式微波物位计

微波振荡器和微波天线是微波物位计的重要组成部分。微波振荡器是产生微波的装置。振荡器产生的微波电流，送给安装在容器一侧的发射天线向物料表面发射微波，并被安装在对面的接收天线接收。当被测物位较低时，发射天线发出的微波束无衰减地全部由接收天线接收，先经前置放大器放大到适当的电平，再经检波、放大与设定电压比较，发出正常工作信号，表示物位没有超过规定高度。当被测物位升高到天线所在高度时，微波束部分被物体吸收，部分被反射。接收天线接收到的微波功率相应减弱，经检波、放大后与设定电压进行比较。由于其电位低于设定电压，使仪表发出被测物位高出设定物位的信号。

5.4.6.3 反射式微波液位计

反射式微波液位计是利用微波反射原理制成的，可以连续检测液位和实现液位定点控制。通常微波发射天线倾斜一定的角度向液面发射微波束。波束遇到液面即发生反射，反射微波束被微波接收天线接收，从而测定液位。用热电阻、霍尔效应等敏感元件配以相应的线路，测量微波的功率，并将接收到的信号功率显示出来。也可以用微波检波管检波成直流，再用微安表来指示。

当物料含水、周围气氛多水蒸气或物料湿度变化较大时，水分会大量吸收微波，造成测量误差。当微波频率在3000MHz以上，即波长在10cm以下时，这个影响是严重的。在这种情况下，应认真考虑微波波长的选择。

5.4.6.3 测时间反射式微波物位计

此微波物位计根据脉冲-回波方式工作，其工作原理类似于气介式超声料位计。天线向被测对象发射出较短波段的微波脉冲，一部分微波穿过介质，另外一部分在被测物料的表面产生反射后，由发射器接收。也就是说，发射器同时还起着接收器的作用，置于物料的上方。发射天线到物料表面的距离正比于微波脉冲的运行时间。这种测量原理不适合于近距离的高准确度测量。如果希望高准确度测量，则需要应用频差原理，于是复合脉冲雷达技术应运而生。应用这种技术，一段经调制的脉冲被同一天线发射和接收，由被测介质表面返回的脉冲信号不断地与天线发射的一个固定频段的脉冲信号作比较，其频差代表了所测距离，从而测得物位高度。

5.4.7 激光式物位测量仪表

光学式物位测量仪表的代表是激光式物位计。激光是一种单色性、方向性极好且亮度极高的相干光。与普通光一样，激光也具有光的反射、透射、折射、干涉等特性。激光用于液位测量，克服了普通光源亮度差、方向性差、传输距离近、单色性差、易受干扰等缺点，使测量准确度大为提高。不足之处在于其光学镜头容易受到污染，影响测量结果。

激光液位计由激光发射器、接收器及测量控制电路组成。工作方式有反射式和遮断式，在液位测量中两种方式都可使用，但一般只用作定点检测控制，不易进行连续测量。发射器采用氦-氖激光器，激光束以一定角度照射到被测液面上，再经液面反射到接收器的光敏检测元件上。测量控制电路由3个硅光电池、3个放大器、报警灯和控制电路组成。当液位在正常范围时，上、下液位接收器光敏元件均无法接收到激光反射信号，只有对应正常液位的硅光电池接收到信号，此时正常液位灯亮。当液面上升或下降到上、下限位置，光点反射像升高或降低，相应位置的光敏检测元件产生信号，相对应的硅光电池接收到光电信号后，点亮相应报警灯并发出不同信号进行控制。

光学式物位计是一种比较古老的料位控制方法。一般只用来进行定点控制，工作方式采用遮断式。这类物位仪表最简单的模式是，发光光源（如灯泡）放在容器的一侧，另一侧相对光源处安装接收器。当料位未达到控制位置时，接收器能够正常接收到光信号，而当料值上升至控制位置时，光路被遮断，接收器接收的信号迅速减小，电子线路检测到信号变化后转化成报警信号或控制信号。

激光料位计其工作方式为遮断方式。激光器采用砷化镓半导体为工作介质，经电流激发，调制发出 8.4×10^{-7}m 波长的红外光束。光束经过透镜后到达接收器，接收器由硅光敏三极管组成，当接收到激光照射时，光敏元件产生光电流。当有物料挡住光束时，在接收器上形成突变，线路终端输出脉冲信号，经信号处理电路放大滤波后控制可控硅导通，继电器工作，并发出报警信号。

5.4.8 核辐射式物位测量仪表

放射性同位素在衰变过程中放出一种特殊的、带有一定能量的粒子或射线，这种现象称为滤射性或核辐射。当具有一定强度的射线穿过介质时，会被物质的原子散射或吸收，其辐射强度随之减弱。介质厚度不同，衰减也不同，两者为指数规律。因此，测量物位可通过测量射线穿过液面时强度的变化量来实现。不同介质吸收射线的能力不同，实验证明，物质的密度越大，吸收能力越强，所以固体吸收能力较强，液体次之，气体最弱。根据是否有衰减可构成位式开关，根据衰减程度可构成连续作用的物位计。

核辐射式物位计主要由放射源、接收器和显示仪表组成，目前，用于物位检测仪表中的主要放射源有钴 Co^{60} 及铯 Cs^{137}。它们被封装在灌铅的钢保护罩内，设有能开闭的窗口，不用时闭锁，以免辐射危害。这两种同位素能发射出很强的 γ 射线，而且半衰期较长。接收器由探测器与前置放大器组成，安装在被测容器另一侧，射线由盖革计数管吸收，每接收到一个粒子，就输出一个脉冲电流。射线越强，电流脉冲数越多。该脉冲信号既可直接经整形后，由计数器计数并显示，又可经积分电路变成与脉冲数成正比的积分电压，再经电流放大和电桥电路，最终得到与物位相关的电流输出。

定点监视型 γ 射线物位计，可水平、垂直、倾斜安装。将放射源和探测器对置安装在容器的同一水平面上。当料位（或液位）低于此平面时，射线就穿过空间气体送至探测器。当料位超过此平面时，射线就穿过固体。由于固体吸收射线的能力远比气体强，因而当料位超过和低于此平面时，接收器吸收到的射线强度发生急剧变化，从而显示仪表就可显示料位值或发出上下限报警信号。

自动跟踪型 γ 射线物位计将放射源和探测器分别装在容器两侧的导轨上。当放射源、探测器和液面（或料面）处于同一平面上时，系统处于平衡状态。当液面发生波动时，透过液面的射线强度相应改变，探测器接收到的射线强度与平衡状态时不同。此信号经放大处理后，输出一个不平衡电压信号，驱动伺服电机动作，使放射源和探测器沿导轨升降，并向平衡位置运动，这样可实现对物位的自动跟踪，被测液位的变化经显示仪表指示。

为了测量变化范围较大的液位，可以采用放射源多点组合或探测器多点组合或两者并用的方式。

核辐射式物位计目前已广泛应用于冶金、化工和玻璃工业，它具有以下一些特点：(1) 不受温度、压力、湿度、黏度和流速等被测介质性质和状态的影响。(2) 既可进行连续测量，也可进行定点检测。(3) 不仅能测液体，也可以测量粉粒体和块状等介质的物位，还可以测量相对密度差很小的两层介质的相界面位置。(4) 可以从容器、罐等密封装置的外部以非接触的方式进行测量，可以穿透各种介质，包括固体，所以受外界条件和内盛物料性质、形状以及内壁附着物的影响小，工作稳定可靠。(5) 适合于特殊场合或恶劣环境下不常有人之处的物位测量，如高温、高压、强腐蚀、剧毒、有爆炸性、易结晶、强黏滞性、沸腾状态介质、高温熔融体等。(6) 在使用时要注意控制剂量，做好防护，以防射线泄漏对人体造成伤害。

5.5 例 题

【例 5-1】 选择。

(1) 将被测差压转换成电信号的设备是（C）。

A. 平衡容器　　B. 脉冲管路　　C. 差压变送器　　D. 显示器

(2) 用压力法测量开口容器液位时，液位的高低取决于（B）。

A. 取压点位置和容器横截面　　B. 取压点位置和介质密度

C. 介质密度和容器横截面　　D. 环境参数

解析：同压力计式物位计一样，差压式液位计的示值除了与液位高度有关外，还与液体密度和差压仪表的安装位置有关。当这些因素影响较大时，必须进行修正。

(3) 浮球液面计平衡锤在最上时，实际液面（B）。

A. 最高　　B. 最低　　C. 为零　　D. 不确定

(4) 用浮筒式液位计测量液位时，液位越高，浮筒受浮力越______，弹簧所产生的变形______，液位越低，浮筒受浮力越______，弹簧所产生的变形______。（A）

A. 大，小，小，大　　B. 大，大，小，小

C. 小，大，大，小　　D. 小，小，大，大

(5) 煤粉仓粉位检测必须考虑下列因素（D）。

A. 用接触式探测时可用截面积小的重锤

B. 检测探头可选用任意型号

C. 宜用电阻式检测

D. 应考虑温度对声速的影响

解析：煤粉仓粉位是锅炉运行人员需要随时掌握的重要参数，是控制磨煤机运转的主要依据。在对仓粉位检测的过程中，必须要考虑的因素是检测探头最好具有防尘性，以及考虑温度对声速的影响。因为温度高，煤粉飞扬等恶劣环境会使料位测量装置可靠性变差。

【例 5-2】 判断。

（1）对密闭容器，只要测得液位起始点高度的压力和容器内波面处的压力，然后求得压差，即可换算成该压力差所代表的液柱高度？（✓）

（2）任何一种静压式物位测量仪表，都与被测液体的密度有关，所以当液体的密度发生变化时，要对示值进行修正。（✓）

（3）浮球式液位计优点在于即使浮球上积有沉淀物或凝结物，也不会影响测量精度？（×）

解析：由于黏性液体的黏附、腐蚀性液体的浸蚀均可改变浮子的质量和直径，温度变化也能导致直径 D 的变化，这些原因都会引起测量误差。

（4）浮子式液化计的缺点是：由于滑轮、导轨等存在着机械摩擦，以及绳索受热伸长、绳索自重等影响，测量精度受到了限制。（✓）

（5）用超声波液位计测量液位时，换能器的形式可以由发射和接收两个探头分别承担，也可以用一个探头轮换发射和接收声脉冲，但其测量原理是相同的。（✓）

（6）由于声速不受介质的温度和压力的影响，所以采用超声波液位计测量液位可以消除温度及压力变化所造成的测量误差。（×）

解析：各种被测介质不同，声速不同；对同一被测介质，其成分和温度也经常变动，声速也会随之变化。

（7）用电容式液位计测量导电液体的液位时，液位变化相当于电极间的介电常数变化。（×）

解析：电容式液位计是利用物位升降变化导致电容器电容值变化的原理设计而成的。

【例 5-3】 试分析图 5-1 和图 5-2 分别为何种迁移？迁移量分别为多少？

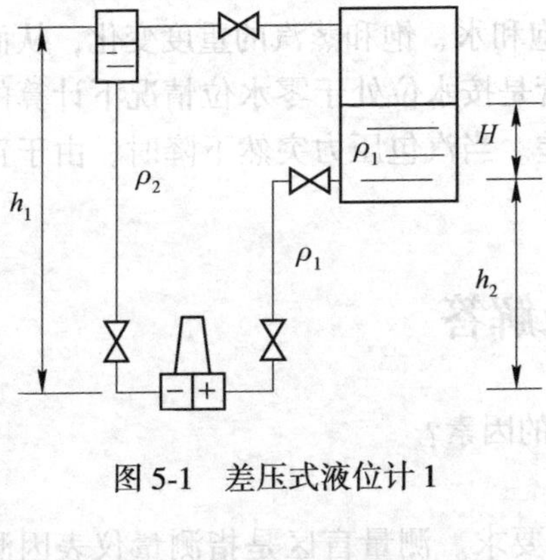

图 5-1　差压式液位计 1

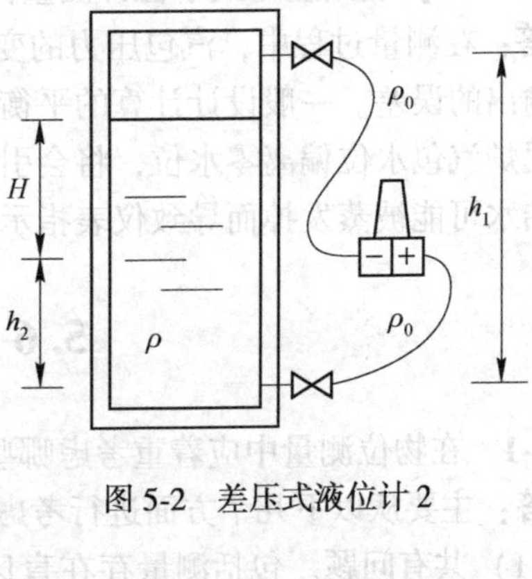

图 5-2　差压式液位计 2

解：（1）对于图 5-1，差压变送器两端压力分别为：

$p_+ = p_{大气} + \rho_1 gH + \rho_1 gh_2$

$p_-=p_{大气}+\rho_2gh_1$

则差压变送器两端压力差为：

$\Delta p=p_+-p_-=p_{大气}+\rho_1gH+\rho_1gh_2-p_{大气}-\rho_2gh_1=\rho_1gH+\rho_1gh_2-\rho_2gh_1$

当液位高度 $H=0$ 时，差压变送器两端压差 $\Delta p_{\min}=\rho_1gh_2-\rho_2gh_1$，此时，即使容器中液位为 0，仪表的读数也不为 0。

按照差压变送器的安装要求，为防止被测介质冷凝后进入差压变送器负端压力管，通常要求隔离液密度 $\rho_2>\rho_1$，另外，由于 $h_1>h_2$，则：$\Delta p_{\min}<0$。

因此，图 5-1 的安装方法为负迁移，迁移量为 $\rho_1gh_2-\rho_2gh_1$。

(2) 对于图 5-2，设差压变送器安装高度为 x，则其两端压力分别为：

$p_+=p_{大气}+\rho g(H+h_2)-\rho_0gx$

$p_-=p_{大气}+\rho_0g(h_1-x)$

则差压变送器两端压力差为：

$\Delta p=p_+-p_-=p_{大气}+\rho g(H+h_2)-\rho_0gx-p_{大气}-\rho_0g(h_1-x)$

$=\rho gH+\rho gh_2-\rho_0gh_1$

当液位高度 $H=0$ 时，$\Delta p_{\min}=\rho gh_2-\rho_0gh_1$

虽然 $h_1>h_2$，但按差压变送器的安装方式，无法确定 ρ 和 ρ_0 的大小，因此分为 3 种情况，

$\Delta p_{\min}<0$ 时，负迁移，迁移量为 $\rho gh_2-\rho_0gh_1$。

$\Delta p_{\min}=0$ 时，无迁移。

$\Delta p_{\min}>0$ 时，正迁移，迁移量为 $\rho gh_2-\rho_0gh_1$。

【例 5-4】 火力发电厂中使用的汽包水位表有哪几种？

答： 汽包水位表主要有云母水位计、差压型低置水位计和电极式水位计。

【例 5-5】 简述电接点水位计的工作原理。

答： 由于水和蒸汽的电阻率存在着极大的差异，因此，可以把饱和蒸汽看作非导体（或高阻导体），而把水看成导体（或低阻导体）。电接点水位计就是利用这一原理，通过测定与容器相连的测量筒内处于汽水介质中的各电极间的电阻来判别汽水界面位置的。

【例 5-6】 利用差压式水位计测量汽包水位时产生误差的主要原因有哪些？

答： 在测量过程中，汽包压力的变化将引起饱和水、饱和蒸汽的重度变化，从而造成差压输出的误差。一般设计计算的平衡容器补偿管是按水位处于零水位情况下计算的，运行时锅炉汽包水位偏离零水位，将会引起测量误差。当汽包压力突然下降时，由于正压室内凝结水可能被蒸发掉而导致仪表指示失常。

5.6 习题及解答

5-1 在物位测量中应着重考虑哪些影响测量的因素？

答： 主要从以下几个方面进行考虑：

(1) 共有问题。包括测量存在盲区和可靠性要求。测量盲区是指测量仪表因测量原理、传感器结构、工作条件、容器几何形状和安装位置等所限，而无法探测到的区域。可靠性是指安全防爆、防泄漏、防腐、防磨损、防黏附等要求。

（2）液位测量存在的主要问题。包括液面不平、物性参数不均匀且变化，以及一些特殊情况。

（3）料位测量存在的主要问题。包括料面不平、由于容器结构使物料不易流动的死角处（滞留区），以及物料间存在的空隙。

（4）相界面测量存在的主要问题。常见问题是界面位置不明显或存在浑浊段。

以上因素给实现高准确度的物位测量带来了不少困难，在选择仪表或设计传感器时，应慎重考虑。

5-2 料位测量仪表的种类有哪些，各自基本原理是什么？

答：料位测量仪表按工作原理可分为以下几类：

（1）静压式物位测量仪表。是利用液柱或物料堆积对某定点产生压力，通过测量该点压力或测量该点与另一参考点的压差而间接测量物位的仪表。

（2）浮力式物位测量仪表。这是一种依据力平衡原理，利用浮子一类悬浮物的位置随液面的变化而变化来直接或间接反映液位的仪表。

（3）电气式物位测量仪表。是将物位的变化转换为电量的变化，进行间接测量物位的仪表。

（4）声学式物位测量仪表。利用超声波在介质中的传播、衰减、穿透能力和声阻抗不同以及在不同相界面之间的反射特性来检测物位。

（5）微波式物位测量仪表。可通过测量信号强度或反射波传播时间来测量物位，为非接触测量，不受温度、压力、气体等的影响，又称作雷达式物位测量仪表。

（6）光学式物位测量仪表。是利用物位对光波的遮断和反射原理来测量物位的。

（7）核辐射式物位测量仪表。是利用物位的高低对放射性同位素的射线吸收程度不同来测量物位的，即放射性同位素所放出的射线穿过被测介质时，因被吸收而减弱，其衰减的程度与被测介质的厚度（物位）有关。

（8）直读式物位测量仪表。利用连通器原理，通过与被测容器连通的玻璃管或玻璃板来直接显示容器中的液位高度，是最原始、最简单直观的液位计。

5-3 静压式物位测量仪表如何考虑量程迁移问题？

答：无论是压力计式物位计，还是差压式液位计都要求取压口（零物位）与压力（或差压）测量仪表的入口在同一水平高度，否则会产生附加静压误差。但是，在实际安装时，不一定能满足这个要求。在这种情况下，可通过计算进行校正，更多的是对压力计物位计或差压式液位计进行零点调整，使它在只受附加静压（或静压差）时输出为“0”，这种方法称为“量程迁移”。迁移时，可以调整迁移弹簧。

“无量程迁移”主要指以下两种情况：（1）对压力计式物位计，压力表与取压点（零物位）处于同一水平位置。（2）对差压式液位计，将差压变送器的正、负压室分别与容器下部（零液位）和上部的气体取压口相连通。

“负量程迁移”情况：（1）对差压式液位计，在变送器正、负压室与取压口之间分别装有隔离罐，压力表又比容器底（零物位）低。（2）带隔离罐的差压式液位计。（3）对压力计式物位计，由于现场条件的限制，压力表比容器底（零物位）高。

正量程迁移与负量程迁移相反，但分析方法相同。

5-4 浮子式液位计与浮筒式液位计都是利用浮力工作的，原理上究竟有什么不同？

答： 浮子式液位计中的浮子始终漂浮在液面上，其所受浮力为恒定值。浮子的位置随液面的升降而变化，这样就把液位的测量转化为浮子位置或位移的测量。

浮筒式液位计不仅能检测液位，而且还能检测相界面。把一中空金属浮筒用弹簧悬挂在液体中，筒的质量大于同体积的被测液体的质量，因此，若不悬挂，浮筒就会下沉，故又称为“沉筒”。设计时，使浮筒的重心低于几何中心，这样无论液位高低，浮筒总能保持直立姿势。当液面变化时，它被浸没的体积也随之变化，浮筒受到的浮力就与原来的不同，所以可通过检测浮筒浮力变化来测定液位。

5-5 浮力式液位计受不受气体压力的影响，为什么？

答： 在实际应用中，浮力式液位计主要受四方面影响：载荷变化、被测液体密度变化、浮子质量和直径的变化，以及绳索长度的变化。而气体压力影响不大。

5-6 用电容式液位计测量导电物质与非导电物质的液位时，在原理和结构等方面有何异同点？

答： 电容式物位测量仪表是电气式物位测量仪表中常见的一种，它是利用物位升降变化导致电容器电容值变化的原理设计而成的。

用于导电介质的电容物位计只用一根电极作为电容器的内电极。当容器内没有液体时，容器为外电极，内电极与容器壁组成电容器，空气加塑料或搪瓷作为介电层，电极覆盖长度近似为整个容器的长度。当容器内有高度为 H 的导电液体时，总电容由以下两个电容并联组成：(1) 在有液体的高度 H 范围内，导电液体作为电容器外电极，其内径为绝缘层的直径，介电层为绝缘塑料套管或搪瓷。(2) 无液体部分的电容与空容器的类似，只是电极覆盖长度仅为容器上部的气体部分。此时整个电容相当于有液体部分和无液体部分两个电容的并联。

用于非导电介质的电容物位计是以被测介质作为介电层，组成电容式物位测量仪表的。可分为同轴套筒电极式电容液位计和裸金属电极电容物位计。以同轴套筒电极式电容液位计为例，它是在棒状内电极周围用绝缘支架套装同轴的金属套筒作为外电极，在外电极上均匀开设许多个孔，这样被测介质即可流进两个电极之间，使电极内外液位相同。当容器内没有液体时，介电层为绝缘支架和两级间空气；当非导电液体液位高度为 H 时，在有液体的高度 H 范围内，非导电液体作为电容器的介电层，而被测液体上部与空容器时一样，是以绝缘支架和空气为介电层。

5-7 射频导纳物位计如何解决电容式液位计的挂料问题？

答： 任何被测介质都不是完全导电的，从电学角度看，挂料层相当于一个电阻。敏感元件被挂料覆盖的部分相当于一条由无数个无穷小的电容和电阻元件组成的传输线。从数学上可以证明，只要挂料足够长，则挂料的电容和电阻具有相同的阻抗，这就是射频导纳定理。根据对挂料阻抗所产生误差的研究，对原有电路进行改进，以分别测量电容和电阻 R，用测量的总电容减去与挂料电容相等的电阻，就可以获得物位真实值即物料的电容，从而排除挂料的影响。另外，由于导电物料的截面很大，可近似认为其电阻为 0，即物料本身对探头相当于一个电容，它不消耗变送器的能量。但挂料等效为电容和电阻，会消耗能量，从而将振荡器电压拉下来，导致桥路输出改变，产生测量误差。为此在振荡器与电桥之间增加了一个驱动器，使消耗的能量得到补充，因而不会降低加在探头的振荡电压。

5-8 简述液介式和气介式超声物位计的工作原理和声速校正方法。

答： 液介式超声液位计是以被测液体为导声介质，其探头既可以安装在液面的底部，也可以安装在容器底的外部。单片机时钟电路定时触发发射电路发出电脉冲，激励换能器发射超声脉冲。超声波从底部传入，经被测液体传播到液面，在被测液体表面上反射回来，被探头接收，由换能器转换成电信号，经接收电路处理后送至单片机进行存储、显示等。声速校正有两种方式：（1）固定式声速校正，由一个校正超声波换能器和反射板组成。对液介式液位计而言，校正具应安装在液体介质最低处以避免水面反射声波的影响。（2）浮臂式声速校正具，该校正具的上端连接一个浮子，下端装有转轴，使校正具的反射板位置随液面变化而升降，使校正探头与测量探头发射和接收的声波所经过的液体状态相近，以消除由于传播速度差异而带来的误差。

气介式超声物位计是将换能器装在液面以上的气体介质中垂直向下发射和接收。它的工作原理和液介式超声液位计一样，不同的是，超声波换能器置于液面上方，以空气作为介质。采用的声速校正方式有：（1）多反射板式，换能器发出的超声波束靠近容器壁，在壁上安装多个反射板，各板按等距排列，这些板对声波都有反射作用，使回波曲线中呈现若干小脉冲。（2）单反射板式，与固定式声速校正具类似，只是整个校正装置置于液体上方。

5-9 非接触式物位仪表有哪些，有什么特点？

答：（1）超声波物位计是非接触式物位测量技术中的典型代表，可分为连续式超声波物位计和定点式超声物位计。包括液介式超声液位计、气介式超声波物位计、声阻式超声液位开关、液介穿透式超声液位开关、气介穿透式超声料位开关。其优点是：1）能定点及连续测量物位，并提供遥控信号。2）无机械可动部分，安装维修方便，换能器压电体振动振幅很小，寿命长。3）能实现非接触测量，适应性很强。4）能测量高速运动或有倾斜晃动的液体液位。5）量程大，可从毫米数量级到几十米以上。6）响应时间短，可以方便地实现无滞后的实时测量。缺点是：1）结构复杂，价格相对昂贵。2）超声波的传播速度受介质的温度、密度、压力、浓度等因素影响，要实现较高的准确度，应采用温度补偿等措施并对测量方法进行相对较复杂的改进，以排除超声波速度变化所带来的干扰。3）只能用于能充分反射声波且传播声波的对象，因而不能用于真空对象。4）在超声波传播通道中，若存在某些介质对超声波有强烈吸收作用，则会影响测量准确度。5）存在较大盲区。

（2）微波式物位测量仪表，它是雷达技术衍化而来，又称雷达物位计。包括位式微波物位计、反射式微波液位计和测时间反射式微波物位计。特点是具有无盲区、非接触测量、测量速度快、测量范围较大、灵敏度高、抗干扰能力强、不受被测介质物性参数变化影响等。

（3）激光式物位测量仪表，包括激光液位计和激光料位计。特点是可实现远距离、大量程的非接触测量；适合恶劣工况测量；能准确判定目标方位，保证测量精度；无活动部件，安装维护较方便简单，价格相对较低。不足之处在于其光学镜头容易受到污染，影响测量结果。

（4）核辐射式物位计，例如定点监视型 γ 射线物位计、跟踪型 γ 射线物位计和多线源型 γ 射线物位计。特点是不受温度、压力、湿度、黏度和流速等被测介质性质和状态的影响；既可进行连续测量，也可进行定点检测；不仅能测液体，也可以测量粉粒体和块状等介质的物位，还可以测量相对密度差很小的两层介质的相界面位置；可以从容器、罐等密封装置的外部以非接触的方式进行测量，可以穿透各种介质，包括固体，所以受外界条件和内盛物料性质、形状以及内壁附着物的影响小，工作稳定可靠；适合于特殊场合或恶劣环境下不常有人之处的物位测量；在使用时要注意控制剂量，做好防护，以防射线泄露对人体造成伤害。

5-10 何谓TOF技术，代表仪表有哪些，各有何特点？

答：TOF（time of flight，行程时间或传播时间）测量技术，又称回波测距技术或渡越时间法，其原理是利用安装在料仓顶部的探头向仓内发射某种能量波，当传播到被测物料表面时，产生反射并返回到探头上被接收。波的来回传播时间就是距离的量度，据此可以计算物位。相应的物位计及其特点是：

（1）超声波物位计，其优点是：1）能定点及连续测量物位，并提供遥控信号。2）无机械可动部分，安装维修方便，换能器压电体振动振幅很小，寿命长。3）能实现非接触测量，适应性很强。4）能测量高速运动或有倾斜晃动的液体液位。5）量程大，可从毫米数量级到几十米以上。6）响应时间短，可以方便地实现无滞后的实时测量。缺点是：1）结构复杂，价格相对昂贵。2）超声波的传播速度受介质的温度、密度、压力、浓度等因素影响，要实现较高的准确度，应采用温度补偿等措施并对测量方法进行相对较复杂的改进，以排除超声波速度变化所带来的干扰。3）只能用于能充分反射声波且传播声波的对象，因而不能用于真空对象。4）在超声波传播通道中，若存在某些介质对超声波有强烈吸收作用，则会影响测量准确度。5）存在较大盲区。

（2）激光式物位测量仪表，特点是可实现远距离、大量程的非接触测量；适合恶劣工况测量；能准确判定目标方位，保证测量精度；无活动部件，安装维护较方便简单，价格相对较低。不足之处在于其光学镜头容易受到污染，影响测量结果。

（3）微波式物位测量仪表，特点是具有无盲区、非接触测量、测量速度快、测量范围较大、灵敏度高、抗干扰能力强、不受被测介质物性参数变化影响等。

5-11 如何选择物位测量仪表？

答：（1）应深入了解工艺条件、被测介质的性质、测量控制系统要求，以便对仪表的技术性能和经济效果做出充分评价，使其在保证生产稳定、提高产品质量、增加经济效益等方面起到应有的作用。

（2）液面和液-液相界面测量应选用差压式仪表、浮筒式仪表和浮子式仪表。当不满足要求时，可选用电气式、电阻式（电接触式）、声波式等仪表。料面测量应根据物料的粒度、物料的安息角、物料的导电性能、料仓的结构形式及测量要求进行选择。

（3）仪表的结构形式和材质，应根据被测介质的特性来选择。主要考虑的因素为压力、温度、腐蚀性、导电性；是否存在聚合、黏稠、沉淀、结晶、结膜、气化、起泡等现象；密度和密度变化；液体中含悬浮物的多少；液面扰动的程度以及固体物料的粒度。

（4）仪表的显示方式和功能，应根据工艺操作及系统组成的要求确定。当要求信号传输时，可选择具有模拟信号输出功能或数字信号输出功能的仪表。

（5）仪表量程应根据工艺对象的实际需要显示的范围或实际变化范围确定。

（6）仪表精度应根据工艺要求选择，但供容积计量用的物位仪表，其精度等级应在0.5级以上。

(7) 用于可燃性气体、蒸汽及可燃性粉尘等爆炸危险场所的电子式物位仪表。应根据所确定的危险场所类别以及被测介质的危险程度，选择合适的防爆结构型式或采取其他的防护措施。

(8) 用于腐蚀性气体及有害粉尘等场所的电子式物位仪表，应根据使用环境条件，选择合适的外壳防护型式。

5-12 请任选三种物位计，分析各自测量盲区所在。

答：(1) 浮子式液位计。测量液位时，浮子的底部触及容器底面之后就不能再下降，浮子顶部触及容器顶面也不能再升高，因为有盲区。

(2) 超声波物位测量仪表。由于发射的超声波脉冲有一定的宽度，使得距离换能器较近的小段区域内的反射波与发射波重叠，无法识别，这个区域称为测量盲区。

(3) 雷达物位计。当天线在底部的时候，在附近存在无法测量出准确数据的一段距离，只有离开这段距离之后才能保证测量数据的准确度，这一段即为测量盲区。

5.7 知识扩容

5.7.1 磁致伸缩液位计

随着科学技术的高速发展，高科技含量的物位测量仪表层出不穷。磁致伸缩液位传感器逐渐取代了其他传统的传感器，称为液位测量中的精品。该种液位计具有精度高、环境适应性强、安装方便等特点，被广泛应用于石油、化工原料储存、工业流程、生化、医药、食品饮料、罐区管理和加油站地下库存各种液罐的液位工业计量和控制，大坝水位、水库水位监测与污水处理等领域。

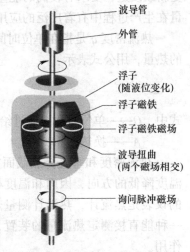

磁致伸缩液位计是一种磁致伸缩液位位移传感器。磁性体的外部一旦加上磁场，则磁体的外形尺寸会发生变化，被称为焦耳效应，也称为磁致伸缩效应。磁致伸缩液位计由探测杆、电路单元和浮子三部分组成。探测杆由三条同轴的圆管组成：外管由防腐蚀材料制成，以提供保护作用；中间圆管可根据要求装配一个或多个测温传感器；最中心的是波导管，其内部是由磁致伸缩材料构成的波导丝；在液位仪探测杆外配有内含磁铁随液位变化的浮子。磁致伸缩液位计结构图如图 5-3 所示。

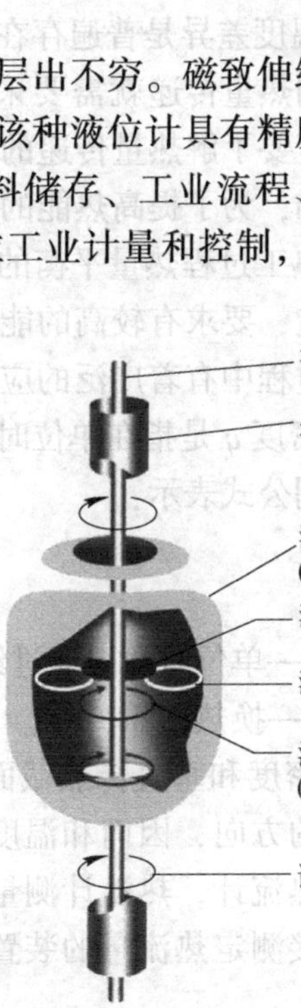

图 5-3 磁致伸缩液位计结构图

液位计工作时，电路单元产生电流脉冲，该脉冲在波导丝中传输，并产生沿着波导丝方向前进的旋转磁场。在探测杆外配有浮子，浮子沿探测杆随液位的变化而上下移动。由于浮子内装有一组永磁铁，所以浮子同时产生一个磁场。当电流磁场与浮子磁场相遇时，产生磁致伸缩效应，使波导丝发生扭动，产生扭动脉冲，也称为返回脉冲。这个脉冲以固定的速度沿波导丝传回并由检出机构检出。通过测量脉冲电流与扭转波的时间差可以确定浮子所在的位置，即液面的位置。

磁致伸缩液位计的特点：

（1）原理先进，功能多，测量范围较大。量程范围可达200~5000mm。

（2）高精度、高稳定性、高可靠性、高分辨率。由于磁致伸缩液位计采用波导原理，工作中通过测量起始脉冲和终止脉冲的时间来确定被测位移量，因此测量精度高，分辨率优于0.01%FS，这是其他传感器难以达到的精度。

（3）非接触式测量，寿命长。无机械可动部分，无摩擦，无磨损。整个变换器封闭在不锈钢管内，和测量介质非接触，介质的雾化和蒸气、介质表面的泡沫等不会对测量精度造成影响。传感器工作可靠，无故障工作时间最长可达23年，适合多种恶劣环境。

（4）隔离防爆型或本质安全型。该液位计的防爆性能高，使用安全，特别适合对化工原料和易燃液体的测量。

（5）结构精巧，环境适应性强，防污、防尘、防水。

（6）安装调试简单，维护方便。不需要像其他类型的液位传感器那样进行定期标定和维护，大大节省了人力和物力，为用户带来极大的方便。

（7）可进行多点、多参数的液位测量，有自校正、免维护等独特功能。

5.7.2　热量测量

由于温度差异是普遍存在的，因此热量的传递也是普遍存在的。在某些情况下，为了阻止或限制热量传递就需要采取各种绝热措施，而在另外一些情况下，则往往要增强传热。所以若要了解热量传递的过程，并在需要的场合对其进行控制，热量的测量是非常必要的。例如，为了提高热能的利用效率，要求掌握多种热能设备（如锅炉、工业炉窑、冷库等）与热工过程热量平衡的情况，这时需要对其热流量进行测量。再如，对某些设备的更新或改造，要求有较高的能量效率，也需要获得热流量的定量数据。因此，热流量的测量在生产过程中有着广泛的应用。

热流密度 q 是指在单位时间、单位面积内，温度较高的物体向温度较低的物体所传输的热量，用公式表示：

$$q = \frac{Q}{A} \tag{5-6}$$

式中　Q——单位时间内通过给定换热面积的热量，W；

　　A——换热面积，m^2。

热流密度和垂直传热截面方向的温度变化率成正比，热流密度是矢量，其方向指向温度降低的方向，因而和温度梯度的方向相反。热流量测量的方法有很多种，目前常用的仪表是热流计，热流计测量热流量利用的是一种既实用又方便的测试方法。热流计是一种能直接测定热流量的装置，能直接指示热流量的大小，并起到反映热量交换状态的作用。

目前已研制成各种热传导热流计和辐射热流计以及测量流体输送热量的输送式蒸汽或热水热流计，又称热量计。热流计按照结构不同可分为五种，金属片型、薄板型、热电堆型、热量型及潜热型，其工作原理、使用范围、测量精度、应用方法等都各有不同。

5.7.2.1　热流密度的测量

（1）热阻式热流计是应用最普遍的一类热流计，是测量固体传导热流或表面热量损失的仪表，它还可以与热电偶或热电阻温度计配合使用，测量各种材料或保温材料的热物性参数，有着非常广泛的应用。

热阻式热流计由热阻式热流传感器和热流显示仪两部分组成，热阻式热流传感器将热流信号变换为电势信号输出，供指示仪表显示测量数值。其工作原理是，当热流通过平板（或平壁）时，由于平板具有热阻，在其厚度方向上的温度梯度为下降过程，因此平板的两侧面具有一定的温差，利用温差与热流量之间的对应关系进行热流量的测定，这就是热流计的基本工作原理。

（2）金属片型热流计是用具有一定厚度以及具有较稳定导热系数的金属片制成的。在安装时，用螺栓固定在热源的待测壁上，用两个反向串联的热电偶测出两点的温度差即可得出热流密度的大小。如果同时测得辐射热流，则称为全热流计。这种热流计结构简单，使用起来非常方便，在一般没有特殊要求的情况下经常使用。

（3）薄板型热流计与金属片型热流计的工作过程相同，它也是利用热电偶测量被测物两点的温度或电势，从而确定热流的大小。这种热电偶是利用自然方法构成的，一般是在铜或康铜板的表面镀上康铜或铜就构成了薄板型热流计，然后将这种薄板型热流计安装在待测物的表面，由于热流通过薄板型热电偶两面将产生温度差，而温度差又将产生热电势，因此通过测出热电势的大小即可确定出热流密度的大小。

（4）热电堆型热流计是目前应用最广泛且最为简便的热流计，它是由数量很多的热电偶串联在一起而构成的，总的热电势很强，因此很容易反映热流密度的大小。热电堆热流计的测量精度是由传感器在检定时的传热条件和在实际测量时的传热条件的差异支配的。形成测量误差的主要原因有以下几个方面：1）被测量表面与传感器接触状态的差异。2）被测量表面与传感器发射率的差异。3）对流换热的差异。4）传感器埋设处的导热系数的差异。

5.7.2.2 热量的测量

热水热量的测量在工程中是经常遇到的，所谓热水热量的测量，确切地说，就是测量载热介质——水通过热水锅炉或热网的某个热力点（热交换站）时所得到的热能数量。热水的质量流量可以利用流量计测得容积流量，用温度计测得供水温度，并按该温度的热水密度对流量值进行修正计算求得。

参考文献

[1] 张华，赵文柱．热工测量仪表 [M]．2版．北京：冶金工业出版社，2013.

[2] 邢桂菊，黄素逸．热工实验原理和技术 [M]．北京：冶金工业出版社，2007.

[3] 王云峰，罗熙，李国良，等．热工测量及热工基础实验 [M]．合肥：中国科学技术大学出版社，2018.

[4] 张东风．热工测量及仪表 [M]．北京：中国电力出版社，2007.

[5] 任俊英．热工仪表测量与调节 [M]．北京：北京理工大学出版社，2014.

[6] 潘汪杰．热工测量及仪表 [M]．北京：中国电力出版社，2005.

[7] 朱小良，方可人．热工测量及仪表 [M]．北京：中国电力出版社，2011.

[8] 程广振．热工测量与自动控制 [M]．2版．北京：中国建筑工业出版社，2013.

[9] 叶江祺．热工测量和控制仪表的安装 [M]．2版．北京：中国电力出版社，1998.

[10] 万金庆．热工测量 [M]．北京：机械工业出版社，2013.

[11] 黄文鑫．仪表工问答 [M]．北京：化学工业出版社，2013.

[14] 张志刚，王宇，由玉文．测量基础及常用仪器仪表教程 [M]．天津：天津大学出版社，2012.

[15] 朱用湖．热工测量及自动装置 [M]．北京：中国电力出版社，2000.

[16] 潘维加．热工过程控制仪表 [M]．北京：中国电力出版社，2013.

[17] 蔡培力．热工过程控制系统实验教程 [M]．北京：冶金工业出版社，2016.

[18] 乐建波．化工仪表及自动化 [M]．4版．北京：化学工业出版社，2010.